自学经典

C#程序设计自学经典

杨 光 刘志勇 编著

清华大学出版社
北 京

内 容 简 介

本书从 C#基础开始，主要介绍了流程控制语句的应用，数组、集合、结构及枚举的应用，面向对象编程的基本概念及应用，索引器、委托、事件和 Lambda 表达式的应用，LINQ 的基础知识，调试与异常处理，WinForm 应用程序开发基础，WinForms 控件应用，文件及数据流技术，WPF 编程基础，ADO.NET 操作数据库，网络编程技术，XML 编程技术，注册表技术，线程的基础知识，Windows 应用程序的打包及部署以及 Windows 安全性等内容。

本书结构清晰合理，案例教学通俗易懂。不仅可以作为大、中专院校以及培训班相关专业的教材，对于编程爱好者来讲，同样是一本难得的入门图书。

本书封面贴有清华大学出版社防伪标签，无标签者不得销售。
版权所有，侵权必究。侵权举报电话：010-62782989　13701121933

图书在版编目（CIP）数据

C#程序设计自学经典 / 杨光，刘志勇编著. —北京：清华大学出版社，2016
（自学经典）
ISBN 978-7-302-42296-9

Ⅰ. ①C… Ⅱ. ①杨…②刘… Ⅲ. ①C 语言 – 程序设计 Ⅳ. ①TP312

中国版本图书馆 CIP 数据核字（2015）第 287006 号

责任编辑：袁金敏　薛　阳
封面设计：刘新新
责任校对：徐俊伟
责任印制：何　芊

出版发行：清华大学出版社
　　　　网　　址：http://www.tup.com.cn, http://www.wqbook.com
　　　　地　　址：北京清华大学学研大厦 A 座　　邮　编：100084
　　　　社 总 机：010-62770175　　邮　购：010-62786544
　　　　投稿与读者服务：010-62776969，c-service@tup.tsinghua.edu.cn
　　　　质量反馈：010-62772015，zhiliang@tup.tsinghua.edu.cn

印 装 者：北京鑫海金澳胶印有限公司
经　　销：全国新华书店
开　　本：185mm×260mm　　印　张：27.5　　字　数：673 千字
版　　次：2016 年 3 月第 1 版　　印　次：2016 年 3 月第 1 次印刷
印　　数：1～3000
定　　价：69.00 元

产品编号：063954-01

前　　言

C#是微软公司发布的一种面向对象的、运行于.NET Framework 之上的高级程序设计语言，是微软公司.NET Windows 网络框架的主角。C#是由 C 和 C++衍生出来的面向对象的编程语言，它在继承 C 和 C++强大功能的同时去掉了一些它们的复杂特性，以其强大的操作能力、优雅的语法风格、创新的语言特性和便捷的面向组件编程的支持成为.NET 开发的首选语言，使得程序员可以快速地编写各种基于 Microsoft .NET 平台的应用程序。为了广大读者能够更好更快地学习并掌握这门语言，作者精心策划并编写了本书。

本书具有以下特色。

（1）循序渐进，由浅入深。结构安排合理、内容全面系统。既有最基本的概念，又有实际操作，难度适中，使读者在阅读过程中很顺畅、自然地了解其基本知识。

（2）内容充实、层次清晰。对于 C#语言的各个知识点，本书对其做了合理的分类与规划，使读者能够更清晰地掌握各个知识点，并且每个知识点都有相应的案例应用。

（3）语言通俗易懂、简洁明了，全书中没有晦涩的字句。不但适合课堂教学，也适合读者自学使用。

本书共分为 20 章。

第 1 章介绍.NET 平台和 C#语言以及 C#与.NET 的关系。并对.NET 框架的体系结构和 Visual Studio 2012 进行简介。

第 2 章讲解 C# 的基础知识，其中包括常量、变量、数据类型、运算符和表达式以及字符与字符串的处理等。

第 3 章讲解流程控制语句的应用，其中包括选择语句、迭代语句、跳转语句等。

第 4 章讲解数组、集合、结构及枚举的应用等。

第 5 章讲解面向对象编程的基本概念及应用，其中包括类的基本概念及其应用、继承和多态性、接口、抽象类与抽象方法等内容。

第 6 章讲解索引器、委托、事件和 Lambda 表达式的应用。

第 7 章讲解 LINQ 应用。

第 8 章讲解调试和异常处理的相关知识。

第 9 章讲解 WinForm 应用程序开发基础，其中包括 Windows 窗体应用程序的简介以及开发的一般流程、多文档界面等内容。

第 10 章讲解 WinForms 基本控件，其中包括标签控件、按钮控件、文本框控件、列表框控件等。

第 11 章讲解 WinForms 的高级控件的用法。

第 12 章讲解文件及数据流技术的应用。包括文件与文件夹的读写、复制、删除、移动等操作。

第 13 章讲解 WPF 编程基础。

第 14 章讲解 ADO.NET 操作数据库的相关知识。

第 15 章讲解网络编程技术。其中包括 HTTP 网络编程以及套接字网络编程。

第 16 章讲解 XML 编程技术。

第 17 章讲解注册表的相关知识。

第 18 章讲解线程的基础知识，如线程调度、线程同步等。

第 19 章讲解 Windows 应用程序的打包及部署。

第 20 章讲解 Windows 安全性的相关知识。

全书基础知识介绍清晰，理论联系实际，具有很强的操作性。实例介绍知识面广，不但复习了前面所学的内容，而且还增加了一定量的创作技巧，从而保证读者能够更好地掌握 C# 程序设计语言。因此，本书不仅可以作为大、中专院校以及培训班相关专业的教材，还可作为程序设计人员和编程爱好者的参考用书。

本书由杨光、刘志勇编著，作者均有多年 C#程序开发实战经验，在结构安排上更加能够考虑到初学者的需求。另外，参与本书编写的还有张丽、曹培培、胡文华、尚峰、蒋燕燕、杨诚、张悦、李凤云、薛峰、张石磊、孙蕊、王雪丽、张旭、伏银恋、张班班等，由于编者水平所限，加之时间仓促，书中难免有疏漏和不足之处，恳请专家和广大读者指正。

目 录

第1章 从零认识 C# ·· 1
1.1 C#简介 ··· 1
1.2 .NET 概述 ·· 2
1.3 C#与.NET 的关系 ··· 2
1.4 .NET Framework 的体系结构 ··· 2
    1.4.1 公共语言运行库 ··· 3
    1.4.2 .NET Framework 类库 ·· 4
1.5 Visual Studio 2012 简介 ·· 4
    1.5.1 Visual Studio 2012 新功能 ·· 5
    1.5.2 安装 Visual Studio 2012 ·· 6
    1.5.3 卸载 Visual Studio 2012 ·· 8
    1.5.4 启动 Visual Studio 2012 ·· 10
1.6 第一个 C#程序 ·· 11
    1.6.1 编写第一个 C#程序 ··· 11
    1.6.2 编译和运行 C#控制台应用程序 ·· 12
1.7 应用程序结构 ·· 13
    1.7.1 控制台应用程序文件夹结构 ·· 13
    1.7.2 C#程序结构 ··· 13
小结 ·· 19

第2章 C#基础知识 ··· 20
2.1 变量与常量 ·· 20
    2.1.1 C#中的变量 ··· 20
    2.1.2 C#中的常量 ··· 21
    2.1.3 变量与常量的初始化 ·· 23
2.2 数据类型的分类 ·· 24
2.3 运算符和表达式 ·· 25
    2.3.1 运算符的分类 ·· 25
    2.3.2 运算符的优先级 ·· 30
2.4 字符与字符串的处理 ·· 30
    2.4.1 char 的使用 ··· 30
    2.4.2 字符串类 String 的使用 ·· 35
    2.4.3 可变字符串类 StringBuilder 的使用 ·· 52
小结 ·· 54

第3章 流程控制语句的应用 ··· 55
3.1 选择语句的应用 ·· 55

3.1.1	简单的 if 条件语句	55
3.1.2	if…else 条件语句	55
3.1.3	if…else if…else 多分支语句	56
3.1.4	嵌套 if 语句	57
3.1.5	switch 多分支语句	58
3.1.6	三元运算符	59
3.2	迭代语句的应用	60
3.2.1	for 循环语句	60
3.2.2	while 循环语句	62
3.2.3	do…while 循环语句	63
3.2.4	foreach 循环语句	64
3.2.5	for、foreach、while 和 do…while 的区别	66
3.2.6	双重循环	66
3.3	跳转语句的应用	67
3.3.1	break 跳转语句	68
3.3.2	continue 跳转语句	69
3.3.3	return 跳转语句	70
3.3.4	goto 语句	72
3.3.5	各跳转语句的区别	73
小结		73

第 4 章 数组与集合、结构与枚举的应用 74

4.1	数组概述	74
4.2	一维数组的声明和使用	74
4.3	二维数组的声明和使用	76
4.4	ArrayList 类	77
4.4.1	ArrayList 类的声明与初始化	77
4.4.2	ArrayList 的使用	77
4.5	Hashtable	86
4.5.1	Hashtable 的属性及其方法	86
4.5.2	Hashtable 元素的添加	87
4.5.3	Hashtable 元素的删除	87
4.5.4	Hashtable 元素的遍历	88
4.5.5	Hashtable 元素的查找	88
4.6	枚举	90
4.6.1	枚举的声明	90
4.6.2	枚举类型与基本类型的转换	91
4.7	结构类型	92
小结		93

第 5 章 面向对象编程的基本概念及应用 94

5.1	类	94
5.1.1	类的概述	94
5.1.2	类的面向对象的概述	94

        5.1.3 类的声明及其类成员 ··· 95
        5.1.4 构造函数和析构函数 ··· 98
        5.1.5 this 关键字 ··· 100
        5.1.6 属性 ·· 101
    5.2 继承 ·· 103
        5.2.1 继承简述 ··· 103
        5.2.2 抽象类及类成员 ··· 105
    5.3 接口 ·· 105
        5.3.1 接口的介绍及声明 ·· 106
        5.3.2 实现接口 ··· 106
    5.4 多态 ·· 108
    5.5 抽象类与抽象方法的应用 ··· 110
        5.5.1 抽象类的声明 ··· 110
        5.5.2 抽象方法的声明 ··· 110
        5.5.3 如何使用抽象类与抽象方法 ·· 111
    5.6 密封类与密封方法 ·· 113
    小结 ··· 114

第 6 章 索引器、委托、事件和 Lambda 表达式的应用 ·················· 115
    6.1 索引器 ··· 115
        6.1.1 索引器的概述及声明 ·· 115
        6.1.2 索引器的重载 ··· 117
    6.2 委托 ·· 119
        6.2.1 委托的基本用法 ··· 119
        6.2.2 方法与委托相关联 ·· 121
    6.3 事件 ·· 122
        6.3.1 事件处理程序 ··· 123
        6.3.2 事件的应用 ·· 124
    6.4 Lambda 表达式 ·· 125
        6.4.1 匿名方法的简介 ··· 126
        6.4.2 Lambda 表达式简介 ··· 126
        6.4.3 表达式 Lambda 的应用 ·· 126
        6.4.4 语句 Lambda 的应用 ··· 127
        6.4.5 Lambda 表达式中的变量范围 ···································· 127
    小结 ··· 128

第 7 章 LINQ 应用 ·· 129
    7.1 LINQ 基础知识 ·· 129
        7.1.1 简单的查询 ·· 129
        7.1.2 函数的支持 ·· 131
        7.1.3 使用混合的查询和函数语法 ·· 132
    7.2 LINQ 子句 ·· 133
        7.2.1 where 子句的应用 ·· 134
        7.2.2 orderby 子句的应用 ··· 135

	7.2.3 select 子句的应用	137
	7.2.4 多个 from 子句的应用	139
	7.2.5 group 子句的应用	140
	7.2.6 into 子句的应用	142
	7.2.7 let 子句的应用	144
	7.2.8 join 子句的应用	146
小结		148

第 8 章 调试和异常处理 149

- 8.1 程序调试概述 149
- 8.2 程序错误与程序调试 149
  - 8.2.1 程序错误 149
  - 8.2.2 程序调试 150
- 8.3 异常类与异常处理 155
  - 8.3.1 异常类 155
  - 8.3.2 异常处理 156
- 小结 165

第 9 章 WinForm 应用程序开发基础 166

- 9.1 Windows 应用程序的开发界面 166
  - 9.1.1 创建 Windows 程序 166
  - 9.1.2 解决方案资源管理器 167
  - 9.1.3 窗体设计器和代码编辑器 169
  - 9.1.4 工具箱 169
  - 9.1.5 工具栏 169
- 9.2 多文档界面 170
  - 9.2.1 多文档界面设置及窗体属性 170
  - 9.2.2 窗体传值技术 172
- 9.3 开发一个简单的 Windows 应用程序 181
  - 9.3.1 菜单栏 182
  - 9.3.2 工具栏 184
  - 9.3.3 状态栏 186
- 小结 187

第 10 章 WinForms 基本控件 188

- 10.1 Control 类 188
  - 10.1.1 Control 类的属性 188
  - 10.1.2 Control 类的事件 189
- 10.2 标签控件（Label 控件） 192
- 10.3 按钮控件（Button 控件） 193
  - 10.3.1 Button 控件的常用属性 193
  - 10.3.2 Button 控件的应用 194
- 10.4 文本框控件（TextBox 控件） 198
  - 10.4.1 TextBox 控件的常用属性 198

10.4.2　TextBox 控件的常用事件 199
10.4.3　TextBox 控件的简单应用 200
10.5　ListBox 控件和 CheckedListBox 控件 201
　10.5.1　ListBox 控件的属性 201
　10.5.2　ListBox 控件的方法 202
　10.5.3　ListBox 控件的事件 203
　10.5.4　ListBox 控件的常见用法 203
10.6　消息对话框 206
小结 208

第 11 章　WinForms 高级控件 209

11.1　单选按钮（RadioButton） 209
　11.1.1　RadioButton 类的常见属性和事件 209
　11.1.2　RadioButton 的用法 210
11.2　图片框控件（PictureBox） 211
　11.2.1　PictureBox 类的常见属性和事件 212
　11.2.2　PictureBox 控件实例 212
11.3　选项卡控件（TabControl） 215
　11.3.1　TabControl 类的常见属性和事件 215
　11.3.2　TabControl 控件实例 215
11.4　进度条控件（ProgressBar） 217
　11.4.1　ProgressBar 类的常见属性 218
　11.4.2　ProgressBar 控件实例 218
11.5　ImageList 控件 220
　11.5.1　ImageList 类的常见属性 220
　11.5.2　ImageList 控件实例 220
11.6　ToolStrip 控件 222
　11.6.1　ToolStrip 类的常见属性 222
　11.6.2　ToolStrip 相关的伴随类 223
　11.6.3　ToolStrip 中的项 223
　11.6.4　创建工具栏 224
11.7　ListView 控件 225
　11.7.1　ListView 类的常见属性、事件和方法 226
　11.7.2　ListView 控件实例 228
11.8　TreeView 控件 231
　11.8.1　TreeView 类的属性 231
　11.8.2　TreeNode 类的属性 232
　11.8.3　TreeView 控件实例 233
11.9　MonthCalendar 控件 235
　11.9.1　MonthCalendar 类的属性 235
　11.9.2　MonthCalendar 控件实例 236
11.10　DataTimePicker 控件 237
　11.10.1　DataTimePicker 类的属性 238
　11.10.2　DataTimePicker 控件实例 238

小结 ··· 240

第 12 章　文件及数据流技术 ··· 241
12.1　System.IO 命名空间 ··· 241
12.1.1　System.IO 命名空间中包含的类 ··· 241
12.1.2　File 类的常用方法 ··· 242
12.1.3　FileInfo 类的方法 ·· 244
12.1.4　Directory 类的方法 ··· 245
12.1.5　File 类的使用 ··· 247
12.1.6　Directory 类的使用 ··· 250
12.2　FileStream 文件流类 ·· 252
12.2.1　FileMode 枚举对象的成员 ··· 252
12.2.2　FileAccess 枚举对象的成员 ··· 253
12.2.3　FileStream 类的常用属性 ··· 253
12.2.4　FileStream 类的常用方法 ··· 253
12.3　StreamReader 类和 StreamWriter 类 ·· 254
12.3.1　StreamReader 类 ··· 254
12.3.2　StreamWriter 类 ·· 255
12.3.3　StreamReader 类与 StreamWriter 类的使用 ·· 257
12.4　BinaryReader 类和 BinaryWriter 类 ·· 259
12.4.1　BinaryReader 类 ·· 259
12.4.2　BinaryWriter 类 ··· 260
12.4.3　BinaryReader 类与 BinaryWriter 类的使用 ·· 261
小结 ··· 262

第 13 章　WPF 编程基础 ·· 263
13.1　WPF 概述 ·· 263
13.2　WPF 体系结构 ·· 264
13.3　WPF 的特点 ·· 266
13.4　XAML ··· 267
13.4.1　XAML 简述 ··· 267
13.4.2　XAML 的优点 ··· 267
13.4.3　XAML 基本语法 ··· 268
13.4.4　Application 对象 ·· 271
13.5　WPF 布局控件简述 ·· 273
13.5.1　Canvas 控件 ··· 273
13.5.2　DockPanel 控件 ··· 276
13.5.3　Grid 控件 ··· 277
13.5.4　StackPanel 控件 ··· 278
13.5.5　WrapPanel 控件 ··· 279
小结 ··· 280

第 14 章 ADO.NET 操作数据库 ·· 281
14.1 ADO.NET 简介 ·· 281
14.1.1 ADO.NET 的作用 ·· 282
14.1.2 ADO.NET 的主要组件 ·· 282
14.2 Connection 对象 ·· 283
14.2.1 SqlConnection 类的常用属性 ·· 283
14.2.2 SqlConnection 类的常用方法 ·· 284
14.3 Command 对象 ·· 285
14.3.1 SqlCommand 类的创建 ·· 285
14.3.2 SqlCommand 类的常用属性 ·· 285
14.3.3 SqlCommand 类的常用方法 ·· 286
14.3.4 SqlCommand 类的使用 ·· 286
14.4 事务处理 ·· 289
14.4.1 事务的特性 ·· 289
14.4.2 执行事务的步骤 ·· 289
14.4.3 事务类 SqlTransaction 类的使用 ·· 289
14.5 DataReader 对象 ·· 291
14.5.1 SqlDataReader 类的属性 ·· 292
14.5.2 SqlDataReader 类的方法 ·· 292
14.5.3 SqlDataReader 类的使用 ·· 295
14.6 DataSet 对象和 DataAdapter 对象 ·· 297
14.6.1 DataSet 对象 ·· 297
14.6.2 DataAdapter 对象 ·· 301
14.6.3 DataSet 和 SqlDataAdapter 的应用 ·· 303
14.7 DataView 对象 ·· 304
14.7.1 DataView 类的属性 ·· 305
14.7.2 DataView 类的方法 ·· 305
14.7.3 DataView 类的使用 ·· 306
14.8 DataGridView 控件显示和操作数据 ·· 309
14.8.1 DataGridView 类的属性 ·· 310
14.8.2 DataGridview 控件的案例教学 ·· 311
小结 ·· 315

第 15 章 网络编程技术 ·· 316
15.1 HTTP 网络编程 ·· 316
15.1.1 System.Net 命名空间 ·· 316
15.1.2 WebClient 类 ·· 318
15.1.3 WebRequest 类和 WebResponse 类 ·· 325
15.1.4 WebBrowser 浏览器控件 ·· 329
15.2 套接字网络编程 ·· 338
15.2.1 TcpClient 类和 TcpListener 类 ·· 338
15.2.2 Socket 类 ·· 343
15.2.3 UDPClient 类 ·· 350
小结 ·· 355

第 16 章 XML 编程技术……356
16.1 XML 基础……356
16.2 XML 语法……357
16.2.1 XML 标记、元素和属性……357
16.2.2 XML 的语法规则……358
16.2.3 XML 名称命名规则……360
16.3 操作 XML 文档……361
16.3.1 XML 文档对象模型概述……361
16.3.2 XML 文档的 DOM 实现……361
16.3.3 XML 文档的应用实例……362
16.3.4 装载 XML 文档……362
16.3.5 遍历 XML 文档……363
16.3.6 查询特殊元素和节点……364
16.3.7 修改 XML 文档……365
16.3.8 Save 方法……365
16.4 综合实例……366
小结……370

第 17 章 注册表技术……371
17.1 注册表基础知识……371
17.1.1 简述注册表……371
17.1.2 展示注册表的结构……371
17.2 操作注册表……372
17.2.1 读取注册表中信息……373
17.2.2 创建和修改注册表信息……373
17.2.3 删除注册表中信息……374
17.2.4 情景应用：利用注册表设计注册软件……375
17.3 实战练习：添加"用记事本打开"快捷菜单项……377
小结……378

第 18 章 线程的基础知识……379
18.1 线程简述……379
18.1.1 单线程……379
18.1.2 多线程……380
18.1.3 线程的生命周期……381
18.2 线程调度……382
18.2.1 简述 Thread 类……382
18.2.2 创建线程……383
18.2.3 挂起与恢复线程……384
18.2.4 线程休眠……385
18.2.5 终止与阻止线程……387
18.2.6 情景应用：使用多线程制作端口扫描工具……387
18.3 线程同步……389
18.3.1 简述线程同步机制……389

	18.3.2 使用 lock 关键字实现线程同步	391
	18.3.3 使用 Monitor 类实现线程同步	391
18.4	综合实例	393
	小结	402

第 19 章 Windows 应用程序的打包及部署 403

19.1	安装工具简介	403
19.2	创建部署项目	403
19.3	简单的打包和部署	404
19.4	自定义的打包程序	411
	小结	412

第 20 章 Windows 安全性 413

20.1	Windows 应用程序的安全性概述	413
	20.1.1 如何创建、卸载域	413
	20.1.2 如何实现域间的通信	414
20.2	身份验证和授权	414
	20.2.1 标识和 Principal	416
	20.2.2 角色	417
	20.2.3 声明基于角色的安全性	418
20.3	加密	418
	20.3.1 签名	421
	20.3.2 交换密钥和安全传输	422
20.4	资源的访问控制	423
20.5	代码访问安全性	424
	20.5.1 声明式安全性	424
	20.5.2 强制安全性	424
	20.5.3 请求权限	425
	小结	425

第 1 章 从零认识 C#

本章将从零开始,为学习 C#打下一个良好的基础,首先会简要介绍.NET 平台和 C#语言,让读者对.NET 平台和 C#语言有初步的认识,了解 C#与.NET 的关系。此外还会介绍.NET Framework 的体系结构以及如何使用 Visual Studio 2012 编写和执行 C#的控制台程序。

本章主要内容:
- .NET Framework 体系结构
- 使用 Visual Studio 2012
- 编译和执行 C#控制台应用程序

1.1 C#简介

C#是 Microsoft 公司于 2000 年 7 月发布的,它是运行于.NET Framework 之上的一种简单、现代、安全、面向对象的高级程序设计语言。它使得程序员可以快速地编写各种基于 Microsoft .NET 平台的应用程序,Microsoft .NET 提供了一系列的工具和服务来最大程度地开发利用计算与通信领域。

正是由于 C#面向对象的卓越设计,使它成为构建各类组件的理想之选——无论是高级的商业对象还是系统级的应用程序。使用简单的 C#语言结构,这些组件可以方便地转化为 XML 网络服务,从而使它们可以由任何语言在任何操作系统上通过 Internet 进行调用。最重要的是,C#使得 C++程序员可以高效地开发程序,而绝不损失 C/C++原有的强大的功能。因为这种继承关系,C#与 C/C++具有极大的相似性,熟悉类似语言的开发者可以很快地转向 C#。

C#具有以下突出的特点。

(1)语法简洁。不允许直接操作内存,去掉了指针操作。

(2)彻底的面向对象设计。C#具有面向对象语言所应有的一切特性——封装、继承和多态。

(3)与 Web 紧密结合。C#支持绝大多数的 Web 标准,如 HTML、XML、SOAP 等。

(4)强大的安全机制。可以消除软件开发中的常见错误,.NET 提供的垃圾回收器能够帮助开发者有效地管理内存资源。

(5)兼容性。因为 C#遵循.NET 的公共语言规范(Common Language Specification,CLS),从而保证能够与其他语言开发的组件兼容。

(6)灵活的版本处理技术。因为 C#语言本身内置了版本控制功能,使得开发人员可以更容易地开发和维护。

（7）完善的错误、异常处理机制。C#提供了完善的错误和异常处理机制，使程序在交付应用时能够更加健壮。

（8）强大的类库支持。C#有着数量庞大、功能齐全的.NET 类库的支持，从而可以轻易地完成复杂的加密操作、网络应用操作等。使用 C#可以轻松构建功能强大、开发快捷、运用方便的应用程序。

1.2 .NET 概述

.NET 是微软的新一代技术平台——Microsoft XML Web Services 平台，XML Web Services 允许应用程序通过 Internet 进行通信和共享数据，而不管所采用的是哪种操作系统、设备或编程语言。Microsoft .NET 平台提供创建 XML Web Services，并将这些服务集成在一起，为敏捷商务构建互连互通的应用系统，这些系统是基于标准的，连通的，适应变化的，稳定的和高性能的。从技术的角度，一个.NET 应用是一个运行于.NET Framework 之上的应用程序。

1.3 C#与.NET 的关系

C#是一种相当新的编程语言，C#的重要性体现在以下两个方面。

（1）它是专门为与 Microsoft 的.NET Framework 一起使用而设计的。(.NET Framework 是一个功能非常丰富的平台，可开发、部署和执行分布式应用程序。)

（2）它是一种基于现代面向对象设计方法的语言，在设计它时，Microsoft 还吸取了其他类似语言的经验，这些语言是近二十年来面向对象规则得到广泛应用后才开发出来的。有一个很重要的问题要弄明白：C#就其本身而言只是一种语言，尽管它是用于生成面向.NET 环境的代码，但它本身不是.NET 的一部分。.NET 支持的一些特性，C#并不支持。而 C#语言支持的另一些特性，.NET 却不支持。但是，因为 C#语言是和.NET 一起使用的，所以如果要使用 C#高效地开发应用程序，理解 Framework 就非常重要了，所以下面将介绍.NET 的核心——.NET Framework 的体系结构。

1.4 .NET Framework 的体系结构

C# 程序在.NET Framework 上运行，它是 Windows 的一个必要组件，如图 1-1 所示为.NET Framework 的体系结构。.NET Framework 包括两大组件：公共语言运行库（Common Language Runtime，CLR）和.NET Framework 类库（Framework Class Library，FCL）。

第 1 章　从零认识 C#

图 1-1　.NET Framework 的体系结构

1.4.1　公共语言运行库

公共语言运行库提供了异常处理、安全、调试以及任何语言的版本支持等功能。它可以使用各种程序设计语言，并提供跨语言的公共工具集，从而确保了代码之间的互用性。如图 1-2 所示为.NET 框架的组件。

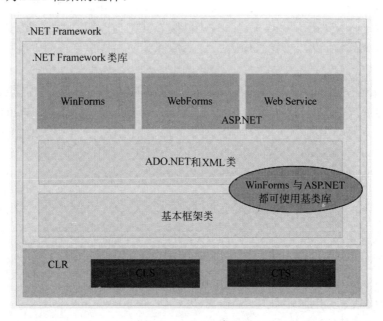

图 1-2　.NET 框架组件

CTS（Common Type System，通用类型系统）和 CLS（Common Language Specification，公共语言规范）是 CLR 的子集。

CTS 定义了在 IL 中的数据类型，如 C#中的 int 类型和 VB.NET 中的 Integer 类型都被编译成 Int32。

CLS 是 CLR 支持的语言功能的子集，它包括几种面向对象的编程语言的通用功能。

公共语言运行库是 Microsoft 的公共语言基础结构（Common Language Infrastructure，CLI）的一个商业实现。CLI 是一种国际标准，是用于创建语言和库在其中无缝协同工作的执行和开发环境的基础。可以将运行时看作一个在执行时管理代码的代理，它提供内存管理、线程管理和远程处理等核心服务，并且还强制实施严格的类型安全以及可提高安全性和可靠性的其他形式的代码准确性。事实上，代码管理的概念是运行时的基本原则。以运行时为目标的代码称为托管代码，而不以运行时为目标的代码称为非托管代码。类库是一个综合性的面向对象的可重用类型集合，可以使用它开发多种应用程序，这些应用程序包括传统的命令行或图形用户界面（Graphical User Interface，GUI）应用程序，也包括基于 ASP.NET 所提供的最新创新的应用程序。

.NET Framework 可由非托管组件承载，这些组件将公共语言运行库加载到它们的进程中并启动托管代码的执行，从而创建一个可以同时利用托管和非托管功能的软件环境。.NET Framework 不但提供若干个运行时宿主，而且还支持第三方运行时宿主的开发。

用 C#编写的源代码被编译为一种符合 CLI 规范的中间语言（Intermediate Language，IL）。IL 代码与资源（如位图和字符串）一起作为一种称为程序集的可执行文件存储在磁盘上，通常具有的扩展名为.exe 或 .dll。程序集包含清单，它提供关于程序集的类型、版本、区域性和安全要求等信息。

执行 C# 程序时，程序集将加载到 CLR 中，这可能会根据清单中的信息执行不同的操作。然后，如果符合安全要求，CLR 执行实时（Just In Time，JIT）编译以将 IL 代码转换为本机机器指令。CLR 还提供与自动垃圾回收、异常处理和资源管理有关的其他服务。由 CLR 执行的代码有时称为"托管代码"，它与编译为面向特定系统的本机机器语言的"非托管代码"相对应。

语言互操作性是 .NET Framework 的一个关键功能。因为由 C# 编译器生成的 IL 代码符合 CTS 的规范，因此从 C# 生成的 IL 代码可以与从 Visual Basic、Visual C++、Visual J# 的 .NET 版本或者其他二十多种符合 CTS 的语言中的任何一种生成的代码进行交互。单一程序集可能包含用不同 .NET 语言编写的多个模块，并且类型可以相互引用，就像它们是用同一种语言编写的。

1.4.2　.NET Framework 类库

除了运行时服务外，.NET Framework 还包含一个由四千多个类组成的和任何.NET 语言协同工作的内容详尽的库——.NET Framework 类库，这些类被组织为命名空间，为从文件输入和输出到字符串操作、到 XML 解析、到 Windows 窗体控件的所有内容提供多种有用的功能。比如对数据库支持的类库以及线程的类库等。典型的 C# 应用程序使用 .NET Framework 类库广泛地处理常见的"日常"任务。

1.5　Visual Studio 2012 简介

Visual Studio 是微软公司推出的最流行的 Windows 平台应用程序开发环境。它和

Microsoft .NET 开发框架紧密结合，是构建下一代互联网应用的优秀工具。2012 年 9 月 12 日，微软在西雅图发布 Visual Studio 2012。

1.5.1　Visual Studio 2012 新功能

应用程序的新纪元已经到来，这一点毋庸置疑。利用联网设备和基于云的服务，可以获得比以往任何时候都更大更精彩的机遇。独立的开发人员随时随地都可以进行连接，向不计其数的用户提供自己所构建优秀的应用程序。而大型敏捷的开发团队则可以获得明显的业务优势——执行效率越快，优势越明显。

Visual Studio 2012 的目的就是帮助开发者在"贵在创意、重在速度"的市场中发展壮大。Visual Studio 2012 的新功能如下。

1．全新的外观和感受

一打开 IDE，就会看到不同之处。整个界面经过了重新设计，简化了工作流程，并且提供了访问常用工具的捷径。工具栏经过了简化，降低了选项卡的混乱性，可以使用全新快速的方式找到代码。所有这些改变都可以使开发者更轻松地导航应用程序，以用户喜爱的方式工作。

2．为Windows 8做好准备

随着 Windows 8 的发布，世界已经发生了显著的变化。Visual Studio 2012 提供了新的模板、设计工具以及测试和调试工具——在尽可能短的时间内构建具有强大吸引力的应用程序所需要的一切。同时，Blend for Visual Studio 还提供了一款可视化工具集，使开发者可以充分利用 Windows 8 全新而美观的界面。

不过，最有价值的地方在于创建应用程序之后。以前，要想将一款客户需要的产品展现在客户面前并不总是一件容易的事情。但是如今，通过 Windows Store 这一广泛的分布式渠道，开发者可以接触数百万的用户。条款是透明且易于理解的。所以，开发者可以轻松编写代码和销售软件，而且说不定接下来几年，可以悠闲地在海滩度假。

3．Web 开发升级

对于 Web 开发，Visual Studio 2012 也提供了新的模板、更优秀的发布工具和对新标准（如 HTML5 和 CSS3）的全面支持，以及 ASP.NET 中的最新优势。此外，还可以利用 Page Inspector 在 IDE 中与正在编码的页面进行交互，从而更轻松地进行调试。那么对于移动设备又如何呢？有了 ASP.NET，便可以使用优化的控件针对手机、平板电脑以及其他小屏幕来创建应用程序。

4．Visual Studio 2012新增了一些可以增进团队生产力的新功能

（1）IntelliTrace in production。开发者一般无法使用本地调试会话来调试生成程序，因此重现、诊断和解决生成程序的问题非常困难。而通过新的 IntelliTrace in production 功能，开发团队可以通过运行 PowerShell 命令来激活 IntelliTrace collector 来收集数据，然后 IntelliTrace 会将数据传输给开发团队。开发者就可以使用这些信息在一个类似于本地调试会话的会话中调试程序。IntelliTrace in production 仅为 Visual Studio 2012 旗舰版客户提供。

（2）task/suspend resume。这个功能解决了困扰人们多年的中断问题。假设开发者正在试图解决某个问题或者 bug，然后领导需要开发者做其他事情，开发者不得不放下手头工作，然后过几小时以后才能回来继续调试代码。task/suspend resume 功能会保存所有的工作（包括断点）到 Visual Studio Team Foundation Server（TFS）。开发者回来之后，单击几下鼠标，即可恢复整个会话。

（3）代码检阅功能。新的代码检阅功能允许开发者将代码发送给另外的开发者检阅。启用"查踪"后，可以确保修改的代码会被送到高级开发者那里检阅，得到确认。

（4）PowerPoint Storyboarding 工具。这个新工具是为了方便开发者和客户之间的交流而设计。使用 PowerPoint 插件，开发者可以生成程序 mockups，这会帮助客户与开发者就客户所需的功能进行交流。

5．云功能

以前，每个人都需要维护一台服务器。光是扩展容量便占用了基础架构投资的一大半。而拥有了云功能，可以利用云环境中动态增加存储空间和计算能力的功能快速访问无数虚拟服务器。Visual Studio 提供了新的工具来将应用程序发布到 Windows Azure（包括新模板和发布选项），并且支持分布式缓存，维护时间更少。

6．为重要业务做好准备

在 SharePoint 开发中，不难发现很多重要的改进，包括新设计工具、模板以及部署选项。开发者可以利用为 SharePoint 升级的应用生命周期管理功能，如性能分析、单元测试和 IntelliTrace。但是最令人惊讶的还是 LightSwitch，有了它，用户只需编写少量代码就可以创建业务级应用程序。

7．灵活敏捷的流程，可靠的应用生命周期管理

到目前为止，我们主要在关注开发方面。但是随着应用程序变得越来越复杂，还需要能帮助团队更快更智能工作的工具。这就是要加入一种灵活的敏捷方法的原因。利用 Visual Studio 和 Team Foundation Server，可以根据自己的步调采用效率更高的方法，同时还不会影响现有工作流程。还提供了让整个组织来参与整个开发测试过程，通过新的方法让利益相关方、客户和业务团队成员跟踪项目进度并提出新的需求和反馈。

甚至还可以将应用生命周期管理的工作外包出去。利用 Team Foundation Service，无须基础架构，就可以进行应用生命周期管理。这样，即使规模最小的团队也可以从版本控制、代码审查和敏捷计划工具中获益。

1.5.2 安装 Visual Studio 2012

安装 Visual Studio 2012 要满足一些条件，读者可以到其官网上查询，这里就不再一一

列出了。下面详细介绍下 Visual Studio 2012 的安装过程。

（1）运行 Visual Studio 2012 的安装程序，如图 1-3 所示进入 Visual Studio 2012 安装界面。

图 1-3　Visual Studio 2012 安装界面

（2）读者可自行选择或使用默认安装路径，此处将安装到 F:\Program Files (x86)\Microsoft Visual Studio 11.0 路径下，选择完路径后勾选"我同意许可条款和条件"选项后，出现"下一步"按钮，如图 1-4 所示。

（3）单击"下一步"按钮后，选择所需安装的功能，如图 1-5 所示。

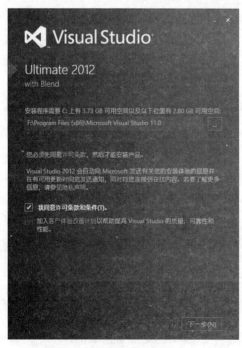

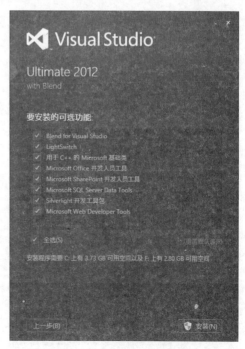

图 1-4　选择路径以及同意条款　　　　　　　图 1-5　选择所需安装的功能

（4）单击"安装"按钮进行安装。如图1-6所示为开始安装过程。

（5）经过一段时间的等待，出现如图1-7所示界面表示安装完成，单击"启动"按钮，启动Visual Studio 2012，或单击右上角的"×"按钮完成安装。

 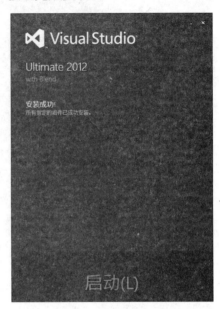

图1-6 Visual Studio 2012开始安装过程　　　　图1-7 完成安装界面

1.5.3 卸载Visual Studio 2012

如果想要卸载Visual Studio 2012，可以按如下步骤进行。

（1）在Windows 8操作系统中，依次选择"控制面板"→"程序"→"程序和功能"命令，在打开的"卸载或更改程序"窗口中选择Microsoft Visual Studio Ultimate 2012选项，如图1-8所示。

图1-8 卸载或更改程序

（2）单击"更改"按钮，进入 Visual Studio 2012 的安装维护界面，如图 1-9 所示。

（3）单击"卸载"按钮，即可进行卸载确认，如图 1-10 所示。

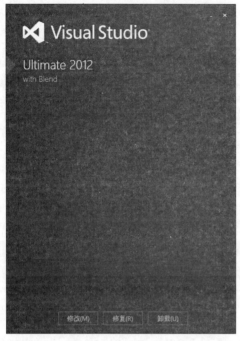

图 1-9　Visual Studio 2012 的安装维护界面

图 1-10　卸载确认

（4）单击"是"按钮，即进入 Visual Studio 2012 卸载过程，如图 1-11 所示。

（5）最后经过一段时间的等待，Visual Studio 2012 卸载完成，如图 1-12 所示。

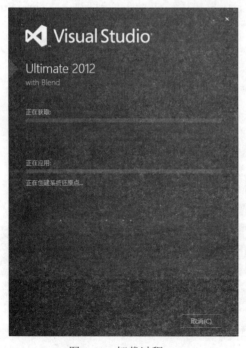

图 1-11　卸载过程

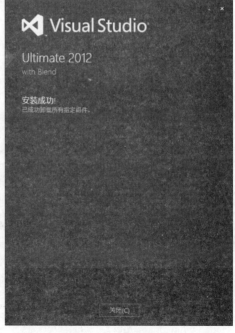

图 1-12　卸载完成

1.5.4 启动 Visual Studio 2012

安装 Visual Studio 2012 完成后，打开 Visual Studio 2012，出现如图 1-13 所示的启动界面。第一次打开会出现"选择默认环境设置"界面，在此选择"Visual C#开发设置"，如图 1-14 所示。

图 1-13　Visual Studio 2012 的启动界面　　　　图 1-14　选择默认环境设置

单击"启动 Visual Studio"按钮，会出现加载用户设置的提示，随后即进入 Visual Studio 2012 的主界面，如图 1-15 所示。

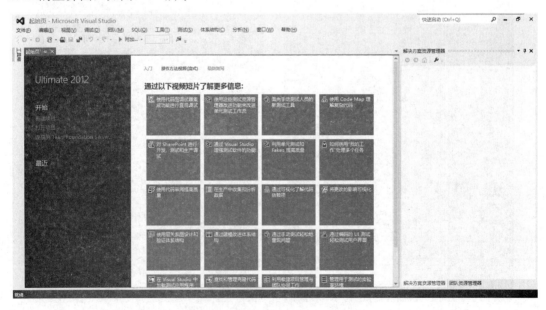

图 1-15　Visual Studio 2012 主界面

1.6 第一个 C#程序

现在就来学习下使用 Visual Studio 2012 编写第一个 C#程序。

1.6.1 编写第一个 C#程序

首先，打开 Visual Studio 2012，依次单击菜单栏中的"文件"→"新建"→"项目"命令，弹出"新建项目"对话框，在左侧的项目类型中选择 Visual C#，在右侧的模板列表中选择"控制台应用程序"，然后给项目起个名字，在此还是以最经典的"Hello World"开始。之后单击"确定"按钮即可，如图 1-16 所示。

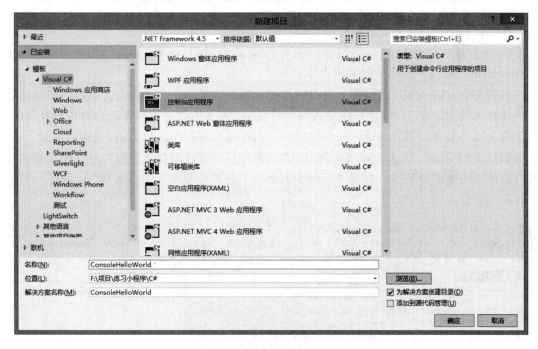

图 1-16 新建控制台应用程序

初始化项目后，在主窗口上会显示如下代码。

```
using System;
using System.Collections.Generic;
using System.Linq;
using System.Text;
using System.Threading.Tasks;

namespace ConsoleHelloWorld
{
    class Program
    {
```

```
        static void Main(string[] args)
        {
        }
    }
}
```

在 Main 方法中添加如下语句。

```
Console.WriteLine("Hello World! ");
Console.ReadLine();
```

至此,第一个 C#程序就完成了。下面来学习下编译和运行以上程序。

1.6.2 编译和运行 C#控制台应用程序

在编译以上程序之前先讲解一下 C#编译的过程。

C#语言运行时要经过两次编译,第一次编译是将源代码编译为 MSIL(Microsoft Intermediate Language,微软中间语言)。

当程序运行时 MSIL 代码载入内存时会进行第二次编译,中间语言会编译为机器语言以供计算机调用,第二次编译只在载入内存时发生,编译的结果被储存起来以备重复利用。编译时是按需编译,即只编译所用到的代码,而不是全部程序,称为 JIT(即时编译)。

如图 1-17 所示,在 Visual Studio 2012 的菜单栏中依次选择"生成"→"生成解决方案"选项(快捷键为 F6)。如果 Visual Studio 的状态栏中显示"生成成功",就表示代码没有编译错误。

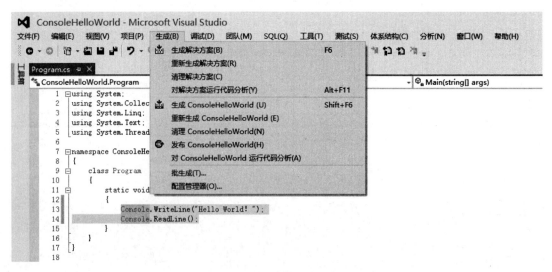

图 1-17 编译程序

在 Visual Studio 2012 菜单栏中依次选择"调试"→"开始执行(不调试)"选项(快捷键为 Ctrl+F5),或选择"启动调试"选项(快捷键为 F5)。运行后结果如图 1-18 所示,在控制台输出了"Hello World!"。

图 1-18　运行控制台程序

至此，第一个 C#程序就编译并运行成功了！

1.7　应用程序结构

学习了编译和运行 C#控制台应用程序之后，下面将对应用程序结构做简要的介绍。

1.7.1　控制台应用程序文件夹结构

以上一例子来说，在建立项目时，Visual Studio 已经在"F:\项目\练习小程序\C#"文件夹下创建了一个与 ConsoleHelloWorld 项目同名的文件，此文件夹被叫作解决方案文件夹，解决方案和项目都是 Visual Studio 提供的有效管理应用程序的容器，一个解决方案可以包含一个或多个项目。在 ConsoleHelloWorld 文件夹下有一个名为 ConsoleHelloWorld.sln 的文件，此文件为 Visual Studio 的解决方案文件，还有一个与解决方案同名的文件夹，此文件夹为项目文件夹。在项目文件夹中包含比较重要的文件夹——bin 文件夹，此文件夹下用于存放 Visual Studio 编译后生成的可执行文件等。此外，还有一个名为 Program.cs 的文件，该文件是项目的入口文件（启动文件），该文件中定义了项目的启动入口（Main() 方法），在 C#中程序的源文件以.cs 作为扩展名。

Visual Studio 提供了一个叫"解决方案资源管理器"的窗口，在这里可以管理解决方案中包含的所有文件。如图 1-19 所示，单击解决方案资源管理器中的"显示所有文件"按钮，就可以看到解决方案下的程序结构了。

1.7.2　C#程序结构

C#程序结构大致可分为注释、命名空间、类、Main 方法等。还以上述例子来说，下面就由外向内分析上述代码。

1. using关键字与namespace关键字

C#中 using 关键字用来引入其他命名空间，它的作用与 Java 中的 import 类似。最上面 5 条 using 语句在模板生成时 Visual Studio 就已经自动添加了。

图 1-19　解决方案资源管理器

　　C#程序中组织代码是用 namespace（命名空间）的形式来实现的，通过命名空间来分类，以区别不同的代码功能，同时也是 VS.NET 中所有类的完全名称的一部分。如果要调用某个命名空间中的类或方法，首页需要使用 using 指令引入相应的命名空间，从而可以直接使用每个被导入的类型的标识符，而不必加上它们的完全限定名。

2．class关键字

　　class 关键字表示类，类是一种数据结构，C#中所有的语句都必须位于类内。所以，类是 C#语言的核心和基本构成模块。类要包含在一个命名空间中，在创建项目时 Visual Studio 自动创建了一个名为 Program 的类。在 Main 方法中使用的 Console 类表示控制台应用程序的标准输入流、输出流和错误流。此类不能被继承。它的属性、方法与事件如表 1-1 所示。

表 1-1　Console类的属性、方法与事件

属　　性	
名　　称	说　　明
BackgroundColor	获取或设置控制台的背景色
BufferHeight	获取或设置缓冲区的高度
BufferWidth	获取或设置缓冲区的宽度
CapsLock	获取一个值，该值指示 Caps Lock 键盘切换键是打开的还是关闭的
CursorLeft	获取或设置光标在缓冲区中的列位置
CursorSize	获取或设置光标在字符单元格中的高度

续表

属性	
名　　称	说　　明
CursorTop	获取或设置光标在缓冲区中的行位置
CursorVisible	获取或设置一个值，用以指示光标是否可见
Error	获取标准错误输出流
ForegroundColor	获取或设置控制台的前景色
In	获取标准输入流
InputEncoding	获取或设置控制台用于读取输入的编码
IsErrorRedirected	获取指示错误输出流是否已经从标准错误流被再定位的值
IsInputRedirected	获取指示输入是否已从标准输入流中重定向的值
IsOutputRedirected	获取指示输出是否已从标准输入流中重定向的值
KeyAvailable	获取一个值，该值指示按键操作在输入流中是否可用
LargestWindowHeight	根据当前字体和屏幕分辨率获取控制台窗口可能具有的最大行数
LargestWindowWidth	根据当前字体和屏幕分辨率获取控制台窗口可能具有的最大列数
NumberLock	获取一个值，该值指示 Num Lock 键盘切换键是打开的还是关闭的
Out	获取标准输出流
OutputEncoding	获取或设置控制台用于写入输出的编码
Title	获取或设置要显示在控制台标题栏中的标题
TreatControlCAsInput	获取或设置一个值，该值指示是将 Ctrl+C 键视为普通输入，还是视为由操作系统处理的中断
WindowHeight	获取或设置控制台窗口区域的高度
WindowLeft	获取或设置控制台窗口区域的最左边相对于屏幕缓冲区的位置
WindowTop	获取或设置控制台窗口区域的最顶部相对于屏幕缓冲区的位置
WindowWidth	获取或设置控制台窗口的宽度

方法	
名　　称	说　　明
Beep()	通过控制台扬声器播放提示音
Beep(Int32, Int32)	通过控制台扬声器播放具有指定频率和持续时间的提示音
Clear	清除控制台缓冲区和相应的控制台窗口的显示信息
MoveBufferArea(Int32, Int32, Int32, Int32, Int32, Int32)	将屏幕缓冲区的指定源区域复制到指定的目标区域
MoveBufferArea(Int32, Int32, Int32, Int32, Int32, Int32, Char, ConsoleColor, ConsoleColor)	将屏幕缓冲区的指定源区域复制到指定的目标区域
OpenStandardError()	获取标准错误流
OpenStandardError(Int32)	获取设置为指定缓冲区大小的标准错误流
OpenStandardInput()	获取标准输入流
OpenStandardInput(Int32)	获取设置为指定缓冲区大小的标准输入流

续表

方 法	
名 称	说 明
OpenStandardOutput()	获取标准输出流
OpenStandardOutput(Int32)	获取设置为指定缓冲区大小的标准输出流
Read	从标准输入流读取下一个字符
ReadKey()	获取用户按下的下一个字符或功能键。按下的键显示在控制台窗口中
ReadKey(Boolean)	获取用户按下的下一个字符或功能键。按下的键可以选择显示在控制台窗口中
ReadLine	从标准输入流读取下一行字符
ResetColor	将控制台的前景色和背景色设置为默认值
SetBufferSize	将屏幕缓冲区的高度和宽度设置为指定值
SetCursorPosition	设置光标位置
SetError	将 Error 属性设置为指定的 TextWriter 对象
SetIn	将 In 属性设置为指定的 TextReader 对象
SetOut	将 Out 属性设置为指定的 TextWriter 对象
SetWindowPosition	设置控制台窗口相对于屏幕缓冲区的位置
SetWindowSize	将控制台窗口的高度和宽度设置为指定值
Write(Boolean)	将指定的布尔值的文本表示形式写入标准输出流
Write(Char)	将指定的 Unicode 字符值写入标准输出流
Write(Char[])	将指定的 Unicode 字符数组写入标准输出流
Write(Decimal)	将指定的 Decimal 值的文本表示形式写入标准输出流
Write(Double)	将指定的双精度浮点值的文本表示形式写入标准输出流
Write(Int32)	将指定的 32 位有符号整数值的文本表示写入标准输出流
Write(Int64)	将指定的 64 位有符号整数值的文本表示写入标准输出流
Write(Object)	将指定对象的文本表示形式写入标准输出流
Write(Single)	将指定的单精度浮点值的文本表示形式写入标准输出流
Write(String)	将指定的字符串值写入标准输出流
Write(UInt32)	将指定的 32 位无符号整数值的文本表示写入标准输出流
Write(UInt64)	将指定的 64 位无符号整数值的文本表示写入标准输出流
Write(String, Object)	使用指定的格式信息将指定对象的文本表示形式写入标准输出流
Write(String, Object[])	使用指定的格式信息将指定的对象数组的文本表示形式写入标准输出流
Write(Char[], Int32, Int32)	将指定的 Unicode 字符子数组写入标准输出流
Write(String, Object, Object)	使用指定的格式信息将指定对象的文本表示形式写入标准输出流
Write(String, Object, Object, Object)	使用指定的格式信息将指定对象的文本表示形式写入标准输出流

续表

方法	
名 称	说 明
Write(String, Object, Object, Object, Object)	使用指定的格式信息将指定的对象和可变长度参数列表的文本表示形式写入标准输出流
WriteLine()	将当前行终止符写入标准输出流
WriteLine(Boolean)	将指定布尔值的文本表示形式（后跟当前行终止符）写入标准输出流
WriteLine(Char)	将指定的 Unicode 字符值（后跟当前行终止符）写入标准输出流
WriteLine(Char[])	将指定的 Unicode 字符数组（后跟当前行终止符）写入标准输出流
WriteLine(Decimal)	将指定的 Decimal 值的文本表示形式（后跟当前行终止符）写入标准输出流
WriteLine(Double)	将指定的双精度浮点值的文本表示形式（后跟当前行终止符）写入标准输出流
WriteLine(Int32)	将指定的 32 位有符号整数值的文本表示（后跟当前行的结束符）写入标准输出流
WriteLine(Int64)	将指定的 64 位有符号整数值的文本表示（后跟当前行的结束符）写入标准输出流
WriteLine(Object)	将指定对象的文本表示形式（后跟当前行终止符）写入标准输出流
WriteLine(Single)	将指定的单精度浮点值的文本表示形式（后跟当前行终止符）写入标准输出流
WriteLine(String)	将指定的字符串值（后跟当前行终止符）写入标准输出流
WriteLine(UInt32)	将指定的 32 位无符号的整数值的文本表示（后跟当前行的结束符）写入标准输出流
WriteLine(UInt64)	将指定的 64 位无符号的整数值的文本表示（后跟当前行的结束符）写入标准输出流
WriteLine(String, Object)	使用指定的格式信息，将指定对象（后跟当前行终止符）的文本表示形式写入标准输出流
WriteLine(String, Object[])	使用指定的格式信息，将指定的对象数组（后跟当前行终止符）的文本表示形式写入标准输出流
WriteLine(Char[], Int32, Int32)	将指定的 Unicode 字符子数组（后跟当前行终止符）写入标准输出流
WriteLine(String, Object, Object)	使用指定的格式信息,将指定对象的文本表示形式(后跟当前行终止符)写入标准输出流
WriteLine(String, Object, Object, Object)	使用指定的格式信息,将指定对象的文本表示形式(后跟当前行终止符)写入标准输出流
WriteLine(String, Object, Object, Object, Object)	使用指定的格式信息，将指定的对象和可变长度参数列表（后跟当前行终止符）的文本表示形式写入标准输出流

事 件	
名 称	说 明
CancelKeyPress	当 Ctrl 键和 C 键或 Break 键同时按住（Ctrl+C 或 Ctrl+Break）

3. Main方法

Main 方法是程序的入口方法，C#控制台程序中必须包含且只能包含一个 Main 方法，并且 Main 方法必须为静态方法（即必须使用 static 修饰符），C#是面向对象的编程语言，静态方法可以不依赖于类的实例对象而执行，这样才能在程序启动还没有创建类的对象时被执行了。在该方法中可以创建对象和调用其他方法等。

Main 方法有如下 4 种形式。

```
static void Main (string[] args){}
static int Main (string[] args){}
static void Main (){}
static int Main (){}
```

可以根据自己的需要进行选择使用。

4. 注释

注释是用来对某行或某段代码进行说明，方便日后对代码的维护。编译器编译程序时不执行注释的代码和文字。由于软件的复杂性以及不可预知性，所以在程序当中添加注释是一个非常明智的选择，尤其是在团队开发当中，可以使自己的程序更加适于阅读。

C#中注释分为如下三种。

（1）单选注释：使用 "//" 进行注释，只可注释一行。

（2）多行注释：以 "/*" 开始，"*/" 为结束，中间部分为要注释的内容。

（3）文档注释：使用 "///" 进行注释，此注释在类或方法前面，连续输入三个 "/"，用于对类和方法进行注释。

为上例代码添加注释，添加注释后的代码如下。

```
/*
    此程序演示了使用Console输出Hello World!字符串
    此程序的重点在于Console类的使用
*/
using System;
using System.Collections.Generic;
using System.Linq;
using System.Text;
using System.Threading.Tasks;

namespace ConsoleHelloWorld
{
    class Program
    {
        /// <summary>
        /// 我是程序的入口方法
        /// </summary>
        /// <param name="args"></param>
        static void Main(string[] args)
        {
            Console.WriteLine("Hello World! ");  //输出Hello World!
            Console.ReadLine();
        }
    }
```

}

运行效果与未添加注释时效果相同。

小结

本章主要帮助读者了解了.NET 平台和 C#语言的一些基本知识，如.NET Framework 的体系结构，使读者对.NET 平台和 C#语言有了初步的认识，了解了 C#与.NET 的关系。以及学习了如何使用 Visual Studio 2012 编写和执行 C#的控制台程序。

第 2 章　C#基础知识

千里之行，始于足下，任何一门语言都要先打下良好的基础，而对于一门语言来讲，这些基础就要从数据类型、常量与变量、运算符和表达式开始讲起。因此，本章将重点介绍 C#的一些基础知识，帮助读者了解 C#中的变量与常量，熟悉 C#的数据类型的分类，掌握运算符和表达式以及对字符与字符串处理的相关知识，为后续章节的学习打下坚实的基础。

本章主要内容：
- C#中的变量与常量
- 数据类型的分类
- 运算符和表达式
- 字符与字符串的处理

2.1　变量与常量

变量与常量都是用来存储数据的容器。在不同环境下需要使用不同的容器对数据进行存储，本节主要介绍变量与常量的定义以及使用。

2.1.1　C#中的变量

变量是被用来存储特定类型的数据。可以根据需要随时改变变量中所存储的数据值。变量具有名称，类型和值。可以把变量看作是若干个不同的储物箱，在这些箱子中，可以放入一些东西，还可以把它们取出来，或是想看下箱子中是否有东西，又或是想知道箱子中是否是需要寻找的东西。变量也是如此，数据可以存放在变量中，还可以从变量中取出数据或是查看是否有需要的数据。

1. 变量的声明方式

要使用变量就要先声明它们。C#中的变量声明方式与 Java 等编程语言相同，使用如下方式声明：

数据类型 变量名称；

2. 变量的命名

1）C#变量命名规则

（1）由包括大小写在内的 52 个英文字母、0~9 的 10 个数字、下划线"_"组成。不能含有其他字符。

（2）必须以字母或下划线开头。

（3）不能使用 C#中的关键字作为变量名。下面列出为 C#中关键字的完整列表。

abstract	explicit	null	struct
as	extern	object	switch
base	false	operator	this
bool	finally	out	throw
break	fixed	override	true
byte	float	params	try
case	for	partail	typeof
catch	foreach	private	uint
char	get	protected	ulong
checked	goto	public	unchecked
class	if	readonly	unsafe
const	implicit	ref	ushort
continue	in	return	using
decimal	int	sbyte	value
default	interface	sealed	virtual
delegate	internal	set	volatile
do	is	short	void
double	lock	sizeof	where
else	long	stackalloc	while
enum	namespace	static	yield
event	new	string	

2）变量命名规范

（1）要有意义，尽量使用对应的英文命名。比如一个变量代表年龄，尽量不要使用 a、aa、bb 等，而应该使用类似 age 这样有意义的名称。

（2）尽量避免使用单个字符作为变量名（循环变量除外）。

（3）使用多个单词组成变量名时应使用驼峰命名法，即第一个单词的首字母小写。

2.1.2 C#中的常量

常量是在编译时其值能够确定，并且程序运行过程中值保持不变的量。

1．常量的声明方式

使用 const 关键字来定义常量，其语法格式如下：

```
const 数据类型 常量名称；
```

2. 常量的命名规范

(1) 常量命名必须具有一定的实际意义。

(2) 常量名称最好以大写字母来命名,可根据实际意义用下划线连接。

(3) 常量名称最好不要超过 25 个字符。

3. 常量的使用

下面通过一个小实例来了解常量的使用。

例 2-1:常量的应用(**ConsoleMyApp**)

```
using System;
using System.Collections.Generic;
using System.Linq;
using System.Text;
using System.Threading.Tasks;
namespace ConsoleMyApp
{
    class Program
    {
        static void Main(string[] args)
        {
            //定义圆周率常量 PI
            const double PI = 3.1415926;
            //圆的半径
            double r = 3;
            //圆的周长
            double c = 2 * PI * r;
            //圆的面积
            double s = PI * r * r;
            Console.Write("圆的周长 C=");
            //输出圆的周长
            Console.WriteLine(c);
            Console.Write("圆的面积 S=");
            //输出圆的面积
            Console.WriteLine(s);
            Console.ReadLine();
        }
    }
}
```

运行结果如图 2-1 所示。

关键点解析:

上述例子中使用了两个公式:圆的周长 C=2πr,圆的面积 S=πr^2。圆周率 π 是一个不变的量,而且书写起来很麻烦。解决方法是像例 2-1 一样,可以把 π 定义为一个常量 PI,然后在代码中直接使用 PI 进行计算。

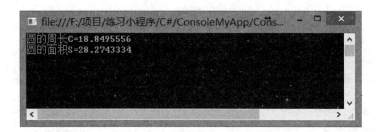

图 2-1　常量的应用

2.1.3　变量与常量的初始化

变量与常量的初始化，也就是给变量或常量赋值，在使用变量或常量之前一定要先为变量或常量初始化。在 C#中使用 "=" 为变量或常量初始化。

前面两节介绍了声明变量与常量的语法格式，如果程序中使用了未声明的变量或常量，代码将无法通过编译，此时编译器会提示一个错误，如图 2-2 所示。

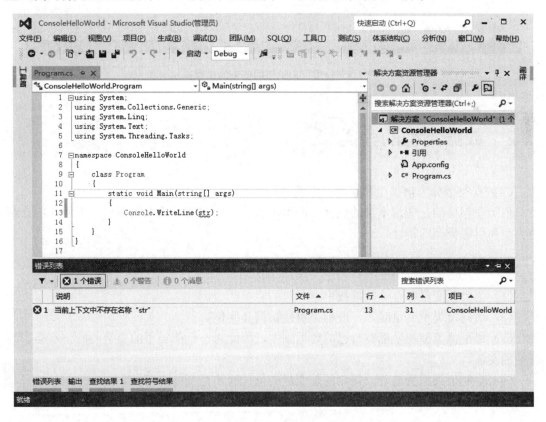

图 2-2　使用了未声明的变量或常量的错误提示

如果程序中使用了未赋值的变量或常量，编译器也会产生一个错误，如图 2-3 所示。

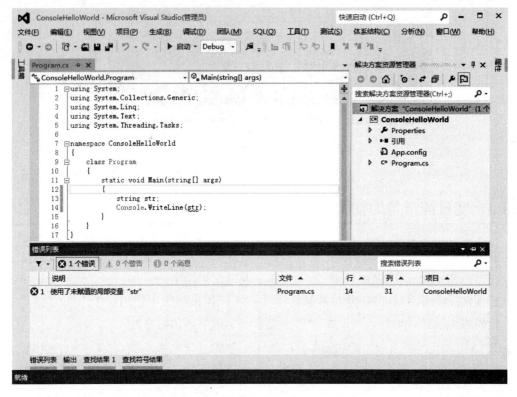

图 2-3　使用了未赋值的变量的错误提示

2.2　数据类型的分类

C#数据类型分为值类型和引用类型两种。

值类型存储的是变量本身的数据，而引用类型则存储实际数据的引用。下面详细介绍值类型和引用类型的特性。

1．值类型

（1）值类型变量都存储在堆栈中。

（2）访问值类型变量时，一般都是直接访问其实例。

（3）每个值类型变量都有自己的数据副本，因此对一个值类型的变量的操作不会影响其他的变量。

（4）复制值类型变量时，复制的是变量的值，而不是变量的地址。

（5）值类型变量不能为 null，必须具有一个确定的值。

2．引用类型

（1）必须在托管堆中为引用类型变量分配内存。

（2）必须使用 new 关键字来创建引用类型变量。

（3）在托管堆中分配的每个对象都有与之相关联的附加成员，这些成员必须被初始化。
（4）引用类型变量是由垃圾回收机制来管理的。
（5）多个引用类型变量都可以引用同一个对象，这种情形下，对一个变量的操作会影响另一个变量所引用的同一对象。
（6）引用类型被赋值之前的值都是 null。

值类型又可分为简单值类型和复合值类型。

简单值类型就是组成应用程序中基本构件的类型，包括整数类型、字符类型、实数类型、布尔类型等。复合值类型包括结构类型、枚举类型。引用类型包括类、接口、委托和数组。本节只介绍简单值类型以及比较特殊的引用类型——字符串类型，复合值类型以及其他引用类型将在后续章节进行介绍。

表 2-1 为 C#中的数据类型表。一些类型名称前面的"u"是 unsigned 的缩写，表示不能在这些类型的变量中存储负数。

表 2-1　C#数据类型表

类　型	别　名	允　许　的　值	示　　例
bool	System.Boolean	布尔值：true 或 false	bool isDog=true;
byte	System.Byte	无符号 8 位整数	byte myByte=5;
sbyte	System.SByte	有符号 8 位整数	sbyte mySbyte=-101;
char	System.Char	16 位 Unicode 字符	char myChar='N';
decimal	System.Decimal	128 位浮点数，精确到小数点后 28 或 29 位	decimal money=789.12M;
double	System.Double	64 位浮点数，精确到小数点后 15 或 16 位	double num=22.32D;
float	System.Single	32 位浮点数，精确到小数点后 7 位	float score=89.5F;
int	System.Int32	有符号 32 位整数	int num=1;
uint	System.UInt32	无符号 32 位整数	uint num=111;
long	System.Int64	有符号 64 位整数	long num=123456789;
ulong	System.UInt64	无符号 64 位整数	ulong num=1111111111;
short	System.Int16	有符号 64 位整数	short num=1010;
ushort	System.U Int16	无符号 64 位整数	ushort=1234;
string	System.String	Unicode 字符串，引用类型	string name="zhangsan";

2.3　运算符和表达式

C#提供了许多处理变量的运算符，表达式是由操作数和运算符组合而成，表达式中的操作数可以是变量、常量或者子表达式，它是计算的基本构件。

2.3.1　运算符的分类

1．按操作数划分

运算符按操作数来分，大致可以分为如下三类。
（1）一元运算符：处理一个操作数。

（2）二元运算符：处理两个操作数。
（3）三元运算符：处理三个操作数。

2．按类型划分

按类型来划分，可以分为算术运算符、赋值运算符、关系运算符、逻辑运算符等。

1）算术运算符

算术运算符包括一元运算符++、--，以及二元运算符+、-、*、/、%，如图2-4所示。其中，一元运算符又称为单目运算符。

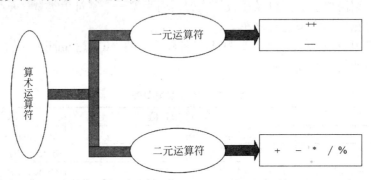

图 2-4 算术运算符分类

表 2-2 列出了这些运算符，并使用简单的示例介绍了它们的用法。

表 2-2 算术运算符

运 算 符	类 别	示 例	结 果
+	二元运算符	num = 6 + 3;	两操作数之和：9
-	二元运算符	num = 6 - 3;	两操作数之差：3
*	二元运算符	num = 6 * 3;	两操作数之积：18
/	二元运算符	num = 6 / 3;	两操作数之商：2
%	二元运算符	num = 6 % 3;	两操作数取余：0
++	一元运算符	6++;	对操作数自增1：7
--	一元运算符	6--;	对操作数自减1：5

表 2-2 中的运算符+在用于字符串类型的操作数时，其结果的含义为：两操作数的字符串的拼接值。++运算符和--运算符可位于操作数的前面，也可位于操作数的后面，位于操作数前面表示操作数先进行自增（自减）再参与运算，位于操作数后面表示操作数先参与运算再进行自增（自减）。

下面通过一个小实例来练习算术运算符的使用。

例 2-2：算术运算符的使用（ConsoleArithmeticOperators）

```
using System;
using System.Collections.Generic;
using System.Linq;
using System.Text;
using System.Threading.Tasks;
namespace ConsoleArithmeticOperators
```

```csharp
{
    class Program
    {
        static void Main(string[] args)
        {
            double num1, num2;
            Console.WriteLine("请输入两个数字。");
            Console.Write("第一个数字为: ");
            num1 = Convert.ToDouble(Console.ReadLine());
            Console.Write("第二个数字为: ");
            num2 = Convert.ToDouble(Console.ReadLine());
            Console.WriteLine("第一个数{0}与第二个数{1}之和为{2}", num1, num2, num1 + num2);
            Console.WriteLine("第一个数{0}与第二个数{1}之差为{2}", num1, num2, num1 - num2);
            Console.WriteLine("第一个数{0}与第二个数{1}之积为{2}", num1, num2, num1 * num2);

            Console.WriteLine("第一个数{0}与第二个数{1}之商为{2}", num1, num2, num1 / num2);
            Console.WriteLine("第一个数{0}与第二个数{1}取余为{2}", num1, num2, num1 % num2);
            Console.WriteLine("第一个数{0}后自增的结果为{1}", num1, num1++);
            Console.WriteLine("第二个数{0}先自增的结果为{1}", num2, ++num2);
            Console.WriteLine("当前第一个数的值为{0}", num1);
            Console.WriteLine("当前第二个数的值为{0}", num2);
            Console.WriteLine("第一个数{0}后自减的结果为{1}", num1, num1--);
            Console.WriteLine("第二个数{0}先自减的结果为{1}", num2, --num2);
            Console.WriteLine("当前第一个数的值为{0}", num1);
            Console.WriteLine("当前第二个数的值为{0}", num2);
            Console.ReadLine();
        }
    }
}
```

运行结果如图 2-5 所示。

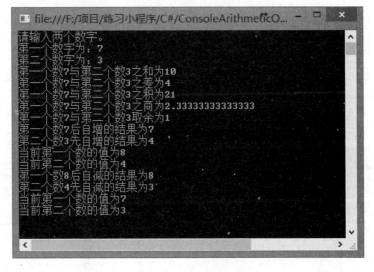

图 2-5　算术运算符的使用

关键点解析：

```
Console.WriteLine("第一个数{0}后自增的结果为{1}", num1, num1++);
```

此句使用了一元运算符++，num1++因为是后自增，即 num1 先参与运算，再自增 1，所以此句输出：第一个数 7 后自增的结果为 7。

```
Console.WriteLine("第二个数{0}先自增的结果为{1}", num2, ++num2);
```

此句同上也使用了一元运算符++，++num2 因为是先自增，即 num2 先自增 1 再参与运算，所以此句输出：第二个数 3 先自增的结果为 4。

```
Console.WriteLine("当前第一个数的值为{0}", num1);
Console.WriteLine("当前第二个数的值为{0}", num2);
```

此时，num1 与 num2 的值较最初都已经自增了 1，所以此时 num1 与 num2 的值分别为 8 和 4。

```
Console.WriteLine("第一个数{0}后自减的结果为{1}", num1, num1--);
```

此句使用了一元运算符--，num1--因为是后自减，即 num1 先参与运算，再自减 1，所以此句输出：第一个数 8 后自减的结果为 8。

```
Console.WriteLine("第二个数{0}先自减的结果为{1}", num2, --num2);
```

此句使用了一元运算符--，--num2 因为是先自减，即 num2 先自减 1 再参与运算，所以此句输出：第二个数 4 先自减的结果为 3。

```
Console.WriteLine("当前第一个数的值为{0}", num1);
Console.WriteLine("当前第二个数的值为{0}", num2);
```

此时，num1 与 num2 的值都已经自减 1 完成，所以此时 num1 与 num2 的值分别为 7 和 3。

2）赋值运算符

除了一直在使用的=赋值运算符外，还有其他赋值运算符，如表 2-3 所示，它们都是根据运算符和右操作数，把一个值赋给左边的变量。

表 2-3 赋值运算符

运 算 符	类 别	示 例	结 果
=	二元运算符	int num = 2;	num=2，把右操作数 2 赋值给变量 num
+=	二元运算符	int num = 6; num += 2;	8，等同于 num=num+2;
-=	二元运算符	int num = 6; num -= 2;	4，等同于 num=num-2;
*=	二元运算符	int num = 6; num *= 2;	12，等同于 num=num*2;
/=	二元运算符	int num = 6; num /= 2;	3，等同于 num=num/2;
%=	二元运算符	int num = 6; num %= 2;	0，等同于 num=num%2;

+=运算符也可用于字符串类型的操作数，与+运算符相同。

3）关系运算符

关系运算符用于测试两个操作数或两个表达式之间的关系,其中操作数可以是变量、常量或表达式。关系运算符的计算结果为 bool 值。关系运算符包括以下 6 种,如表 2-4 所示。

表 2-4 关系运算符

运算符	类别	示例	结果
==	二元运算符	v1==v2;	如果 v1 等于 v2,结果为 true,否则为 false
!=	二元运算符	v1!=v2;	如果 v1 不等于 v2,结果为 true,否则为 false
<	二元运算符	v1<v2;	如果 v1 小于 v2,结果为 true,否则为 false
>	二元运算符	v1>v2;	如果 v1 大于 v2,结果为 true,否则为 false
<=	二元运算符	v1<=v2;	如果 v1 小于或等于 v2,结果为 true,否则为 false
>=	二元运算符	v1>=v2;	如果 v1 大于或等于 v2,结果为 true,否则为 false

4)逻辑运算符

逻辑运算符用于连接一个或多个条件,判断这些条件是否成立。逻辑运算符的类型如表 2-5 所示。

表 2-5 逻辑运算符

运算符	类别	示例	结果
!	一元运算符	v1=!v2;	如果 v2 为 false,则 v1 的值为 true,否则为 false
&	二元运算符	v1=v2&v3;	如果 v2 和 v3 都为 true,则 v1 的值为 true,否则为 false
&&	二元运算符	v1=v2&&v3;	如果 v2 和 v3 都为 true,则 v1 的值为 true,否则为 false
|	二元运算符	v1=v2|v3;	如果 v2 或 v3 中至少有一个为 true,则 v1 的值为 true,否则为 false
||	二元运算符	v1=v2||v3;	如果 v2 或 v3 中至少有一个为 true,则 v1 的值为 true,否则为 false
^	二元运算符	v1=v2^v3;	如果 v2 或 v3 中有且仅有一个为 true,则 v1 的值为 true,否则为 false

其中,&和&&、|和||运算符的结果完全相同,但两者的区别是:如果&&运算符的第一个操作数为 false,就不需要判断第二个操作数的值了,因为无论第二个操作数的结果是什么,其结果都是 false。同样,如果第一个操作数是 true,则||运算符返回 true,则不需要判断第二个操作数的值了。但&和|运算符无论第一个操作数结果是什么,却总要计算第二个操作数,这样就带来了程序性能上的损耗,所以应尽量使用&&和||运算符来代替&和|运算符。

2.3.2 运算符的优先级

当计算表达式时，会按顺序处理每个运算符，但这并不意味着必须从左右至右地运用这些运算符，需要确定先执行哪种运算，此时就需要考虑运算符的优先级。

例如，表达式 p=x-y+z*n*(m/q)+28-t%3-6; 应先算哪部分？要解决诸如此类的问题就要使用运算符的优先级了。

表 2-6 列出了各运算符的优先级。

表 2-6 运算符的优先级

优 先 级	运 算 符	描 述	结 合 性
优先级由高到低	( )	圆括号	自左向右
	+ - ! ++ --	一元运算符	自左向右
	* / %	乘除运算符	自左向右
	+ -	加、减	自左向右
	<< >>	移位运算符	自左向右
	< > <= >=	关系运算符	自左向右
	== !=	比较运算符	自右向左
	& | ^	按位 AND、XOR、OR	自左向右
	&& ||	布尔 AND、OR	自左向右
	= *= /= %= += -=	赋值运算符	自左向右
	&= |= ^= >>>= <<= >>=	其他运算符	自左向右

2.4 字符与字符串的处理

本节主要讲解字符和字符串的处理。C#中对于文字的处理大多数是通过对字符和字符串的操作来实现。本节通过字符与字符串的定义、使用以及它们之间的区别、常见的字符串的处理方法，以及可变字符串类的定义及使用，详细地介绍字符与字符串的相关内容。

2.4.1 char 的使用

1. char 简介

char 关键字用于声明 .NET Framework 中使用 Unicode 字符表示 System.Char 结构的实例。Char 对象的值是 16 位数字（序号值）。

Unicode 字符是 16 位字符，用于表示世界上大多数已知的书面语言。与 C++中的 char 不一样，C#中的 char 的长度不是一个字节，而是两个字节。char 表示一个 16 位的 Unicode 字符。

char 的声明与初始化：

```
char 变量名 = '变量值';
```

例如：

```
char char1='T';
char char2='9';
```

2．Char类的应用

Char 类提供了丰富的操作字符的方法，Char 类的方法及说明如表 2-7 所示。

表 2-7　Char类的方法及说明

方　　法	说　　明
CompareTo(Char)	将此实例与指定的 Char 对象进行比较，并指示此实例在排序顺序中是位于指定的 Char 对象之前、之后还是与其出现在同一位置
CompareTo(Object)	将此实例与指定的对象进行比较，并指示此实例在排序顺序中是位于该指定的 Object 之前、之后还是与其出现在同一位置
ConvertFromUtf32	将指定的 Unicode 码位转换为 UTF-16 编码字符串
ConvertToUtf32(Char, Char)	将 UTF-16 编码的代理项对的值转换为 Unicode 码位
ConvertToUtf32(String, Int32)	将字符串中指定位置的 UTF-16 编码字符或代理项对的值转换为 Unicode 码位
Equals(Char)	返回一个值，该值指示此实例是否与指定的 Char 对象相等
Equals(Object)	返回一个值，该值指示此实例是否与指定的对象相等（重写 ValueType.Equals(Object)）
GetHashCode	返回此实例的哈希代码（重写 ValueType.GetHashCode()）
GetNumericValue(Char)	将指定的数字 Unicode 字符转换为双精度浮点数
GetNumericValue(String, Int32)	将指定字符串中位于指定位置的数字 Unicode 字符转换为双精度浮点数
GetType	获取当前实例的 Type（继承自 Object）
GetTypeCode	返回值类型 Char 的 TypeCode
GetUnicodeCategory(Char)	将指定的 Unicode 字符分类到由某个 UnicodeCategory 值标识的组中
GetUnicodeCategory(String, Int32)	将指定字符串中位于指定位置的字符分类到由一个 UnicodeCategory 值标识的组中
IsControl(Char)	指示指定的 Unicode 字符是否属于控制字符类别
IsControl(String, Int32)	指示指定字符串中位于指定位置处的字符是否属于控制字符类别
IsDigit(Char)	指示指定的 Unicode 字符是否属于十进制数字类别
IsDigit(String, Int32)	指示指定字符串中位于指定位置处的字符是否属于十进制数字类别
IsHighSurrogate(Char)	指示指定的 Char 对象是否为高代理项
IsHighSurrogate(String, Int32)	指示字符串中指定位置处的 Char 对象是否为高代理项
IsLetter(Char)	指示指定的 Unicode 字符是否属于 Unicode 字母类别
IsLetter(String, Int32)	指示指定字符串中位于指定位置处的字符是否属于 Unicode 字母类别
IsLetterOrDigit(Char)	指示指定的 Unicode 字符是否属于字母或十进制数字类别
IsLetterOrDigit(String, Int32)	指示指定字符串中位于指定位置处的字符是否属于字母或十进制数字类别
IsLower(Char)	指示指定的 Unicode 字符是否属于小写字母类别
IsLower(String, Int32)	指示指定字符串中位于指定位置处的字符是否属于小写字母类别
IsLowSurrogate(Char)	指示指定的 Char 对象是否为低代理项
IsLowSurrogate(String, Int32)	指示字符串中指定位置处的 Char 对象是否为低代理项

续表

方 法	说 明
IsNumber(Char)	指示指定的 Unicode 字符是否属于数字类别
IsNumber(String, Int32)	指示指定字符串中位于指定位置的字符是否属于数字类别
IsPunctuation(Char)	指示指定的 Unicode 字符是否属于标点符号类别
IsPunctuation(String, Int32)	指示指定字符串中位于指定位置处的字符是否属于标点符号类别
IsSeparator(Char)	指示指定的 Unicode 字符是否属于分隔符类别
IsSeparator(String, Int32)	指示指定字符串中位于指定位置处的字符是否属于分隔符类别
IsSurrogate(Char)	指示指定的字符是否具有代理项码单元
IsSurrogate(String, Int32)	指示指定字符串中位于指定位置的字符是否具有代理项码单元
IsSurrogatePair(Char, Char)	指示两个指定的 Char 对象是否形成代理项对
IsSurrogatePair(String, Int32)	指示字符串中指定位置处的两个相邻 Char 对象是否形成代理项对
IsSymbol(Char)	指示指定的 Unicode 字符是否属于符号字符类别
IsSymbol(String, Int32)	指示指定字符串中位于指定位置处的字符是否属于符号字符类别
IsUpper(Char)	指示指定的 Unicode 字符是否属于大写字母类别
IsUpper(String, Int32)	指示指定字符串中位于指定位置处的字符是否属于大写字母类别
IsWhiteSpace(Char)	指示指定的 Unicode 字符是否属于空白类别
IsWhiteSpace(String, Int32)	指示指定字符串中位于指定位置处的字符是否属于空白类别
Parse	将指定字符串的值转换为它的等效 Unicode 字符
ToLower(Char)	将 Unicode 字符的值转换为它的小写等效项
ToLower(Char, CultureInfo)	使用指定的区域性特定格式设置信息将指定 Unicode 字符的值转换为它的小写等效项
ToLowerInvariant	使用固定区域性的大小写规则,将 Unicode 字符的值转换为其小写等效项
ToString()	将此实例的值转换为其等效的字符串表示形式(重写 ValueType.ToString())
ToString(Char)	将指定的 Unicode 字符转换为它的等效字符串表示形式
ToString(IFormatProvider)	使用指定的区域性特定格式信息将此实例的值转换为它的等效字符串表示形式
ToUpper(Char)	将 Unicode 字符的值转换为它的大写等效项
ToUpper(Char, CultureInfo)	使用指定的区域性特定格式设置信息将指定 Unicode 字符的值转换为它的大写等效项
ToUpperInvariant	使用固定区域性的大小写规则,将 Unicode 字符的值转换为其大写等效项
TryParse	将指定字符串的值转换为它的等效 Unicode 字符。返回一个指示转换是否成功的代码

使用这些方法可以方便地操作字符,下面通过一个小例子演示如何使用 Char 类提供的这些方法。

例 2-3:使用 Char 类方法操作字符(ConsoleCharClass)

```
using System;
using System.Collections.Generic;
using System.Linq;
using System.Text;
using System.Threading.Tasks;
```

```csharp
namespace ConsoleCharClass
{
    class Program
    {
        static void Main(string[] args)
        {
            //声明字符a到g
            char a = 'a';
            char b = 'M';
            char c = '6';
            char d = '.';
            char e = '☆';
            char f = '|';
            char g = ' ';

            //使用 IsLetter 方法判断变量 a 是否为字母
            Console.WriteLine("IsLetter 方法判断变量 a 是否为字母：{0}", Char.IsLetter(a));

            //使用 IsLetterOrDigit 方法判断变量 b 是否为字母或数字
            Console.WriteLine("IsLetterOrDigit 方法判断变量 b 是否为字母或数字：{0}", Char.IsLetterOrDigit(b));

            //使用 IsDigit 方法判断变量 c 是否为十进制数字
            Console.WriteLine("IsDigit 方法判断变量 c 是否为十进制数字：{0}", Char.IsDigit(c));

            //使用 IsLower 方法判断变量 a 是否为小写字母
            Console.WriteLine("IsLower 方法判断变量 a 是否为小写字母：{0}", Char.IsLower(a));

            //使用 IsUpper 方法判断变量 b 是否为大写字母
            Console.WriteLine("IsUpper 方法判断变量 b 是否为大写字母：{0}", Char.IsUpper(b));

            //使用 IsPunctuation 方法判断变量 d 是否为标点符号
            Console.WriteLine("IsPunctuation 方法判断变量 d 是否为标点符号：{0}", Char.IsPunctuation(d));

            //使用 IsSymbol 方法判断变量 e 是否为符号
            Console.WriteLine("IsSymbol 方法判断变量 e 是否为符号：{0}", Char.IsSymbol(e));

            //使用 IsSeparator 方法判断变量 f 是否为分隔符
            Console.WriteLine("IsSeparator 方法判断变量 f 是否为分隔符：{0}", Char.IsSeparator(f));

            //使用 IsWhiteSpace 方法判断变量 g 是否为空白
            Console.WriteLine("IsWhiteSpace 方法判断变量 g 是否为空白：{0}", Char.IsWhiteSpace(g));
            Console.ReadLine();
```

```
        }
    }
}
```

程序运行结果如图 2-6 所示。

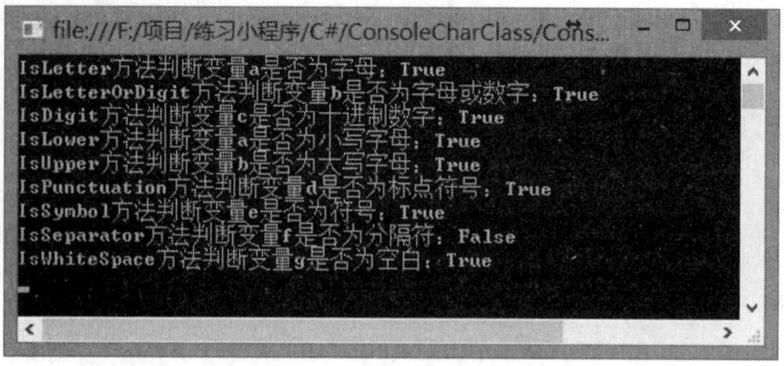

图 2-6 使用 Char 类方法操作字符

3. 转义字符

转义字符是一种特殊的字符常量；C#中采用字符"\"作为转义字符。它具有特定的含义，不同于字符原有的意义，故称为"转义"字符。转移字符具有以下特点。

（1）以反斜线"\"开头，后跟一个或多个字符。
（2）转义字符主要用来表示那些用一般字符不便于表示的控制代码。
（3）它的作用是消除紧随其后的字符的原有含义。
（4）用可以看见的字符表示那些不可以看见的字符，如'\n'表示换行。

表 2-8 列出了一些常用的转义字符及其含义。

表 2-8 转义字符及其含义

转 义 字 符	意　　义
\'	单引号符
\"	双引号符
\\	反斜线符"\"
\0	空字符（null）
\a	鸣铃
\b	退格
\f	走纸换页
\n	换行
\r	回车
\t	横向跳到下一制表位置
\v	竖向跳格

下面通过一个小例子来了解转义符的应用。

例 2-4：转义符的应用（ConsoleEscapeCharacter）

```
using System;
using System.Collections.Generic;
using System.Linq;
```

```
        using System.Text;
        using System.Threading.Tasks;

        namespace ConsoleEscapeCharacter
        {
            class Program
            {
                static void Main(string[] args)
                {
                    string name, address, age;
                    Console.Write("请输入您的姓名：");
                    name = Console.ReadLine();
                    Console.Write("请输入您的年龄：");
                    age = Console.ReadLine();
                    Console.Write("请输入您的出生地：");
                    address = Console.ReadLine();
                    Console.WriteLine("您的基本信息如下：");
                    Console.WriteLine("姓名\t年龄\t出生地");
                    Console.WriteLine("{0}\t{1}\t{2}", name, age, address);
                    Console.ReadLine();
                }
            }
        }
```

程序运行结果如图 2-7 所示。

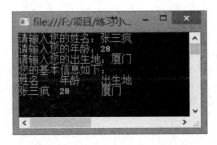

图 2-7　转义符的应用

2.4.2　字符串类 String 的使用

字符串是应用程序中最常用的一种数据类型。C#中专门处理字符串的 String 类，位于 System 命名空间中，我们一直使用的 string 只不过是 String 类的一个别名。

1. String类的使用

C#中 string 与 C++一样，都是由多个 char 组成。也就是说，C#中的 string 也是由多个 16 位的 Unicode 字符组成。

字符串是 Unicode 字符的有序集合，用于表示文本。String 对象是 System.Char 对象的有序集合，用于表示字符串。String 对象的值是该有序集合的内容，并且该值是不可变的。正是因为字符构成了字符串，根据字符在字符串中的不同位置，字符在字符串中有一个索引值，可以通过索引值获取字符串中的某个字符。字符在字符串中的索引从零开始。例如，字符串"hellow"中的第一个字符为 h，而"h"在字符串中的索引顺序为 0。需要注意的是，String 类所定义的变量是一个引用类型，可以对 String 类型的变量进行 null 赋值。

例 2-5：字符串中字符的获取

```csharp
using System;
using System.Collections.Generic;
using System.Linq;
using System.Text;
using System.Threading.Tasks;

namespace ConsoleGetCharByString
{
    class Program
    {
        static void Main(string[] args)
        {
            //声明一个字符串变量
            string str = "Hello World! ";
            //获取字符串 str 的第 2 个字符
            char char1 = str[1];
            //获取字符串 str 的第 3 个字符
            char char2 = str[2];
            //获取字符串 str 的第 7 个字符
            char char3 = str[6];
            //输出
            Console.WriteLine("字符串 str 中的第二个字符是：{0}", char1);
            Console.WriteLine("字符串 str 中的第三个字符是：{0}", char2);
            Console.WriteLine("字符串 str 中的第七个字符是：{0}", char3);
            Console.ReadLine();
        }
    }
}
```

程序运行结果如图 2-8 所示。

图 2-8　字符串中字符的获取

代码中采取在字符串变量后加一个方括号，并在方括号里面给出索引值的方法获取相应的字符。这是数组变量通用的索引方法。str[1]获取的是字符串变量 str 的第二个字符。

2．常用的字符串处理方法

C#中提供了比较丰富的字符串处理方法，表 2-9 中列出了一些常用的字符串处理方法和每个方法接收的参数和返回值及其说明。

表 2-9 常用字符串处理方法

方 法	说 明
bool Equals(string value)	比较一个字符串与另一个字符串 value 的值是否相等。如果二者相等返回 true；如果不相等返回 false。该方法的作用与运算符"=="相同
int Compare(string str1,string str2)	比较两个字符串的大小关系，返回一个整数。如果 str1 小于 str2，返回值小于 0；如果 str1 等于 str2，返回值为 0；如果 str1 大于 str2，返回值大于 0
int IndexOf(string value)	获取指定的 value 字符串在当前字符串中的第一个匹配项的位置。如果找到了 value，就返回它的位置；如果没有找到，就返回 –1
int LastIndexOf(string value)	获取指定的字符串 value 在当前字符串中最后一个匹配项的位置。如果找到了 value，就返回它的位置；如果没有找到，就返回 –1
string Join(string separator,string[] value)	把字符串数组 value 中的每个字符串用指定的分隔符 separator 连接，返回连接后的字符串
string Split(char separator)	用指定的分隔符 separator 分割字符串，返回分割后的字符串数组
string Sunstring(int startIndex,int length)	从指定的位置 startIndex 开始检索长度为 length 的子字符串
string ToLower()	获得字符串的小写形式
string ToUpper()	获得字符串的大写形式
string Trim()	去掉字符串前后两端多余的空格

1）比较字符串

C#中最常见的比较字符串的方法有 Equals、Compare、CompareTo 和 CompareOrdinal，这些方法都属于 String 类。下面就分别对这 4 种方法进行详细介绍。

（1）Equals 方法

Equals 方法通常用来比较两个对象的值是否相等，如果相同返回 true，否则返回 false。其常用的两种语法如下：

```
public bool Equals(string value)
public static bool Equals(string a,string b)
```

其中，value 是与实例比较的字符串，a 和 b 是要进行比较的两个字符串。

例 2-6：使用 Equals 比较字符串（ConsoleEquals）

```
using System;
using System.Collections.Generic;
using System.Linq;
using System.Text;
using System.Threading.Tasks;

namespace ConsoleEquals
{
    class Program
    {
        static void Main(string[] args)
        {
            string str1 = "Hello World!";
            string str2 = "HelloWorld! ";
```

```
            Console.WriteLine(str1.Equals(str2));
            Console.WriteLine(String.Equals(str1, str2));
            Console.ReadLine();
        }
    }
}
```

程序运行结果如图 2-9 所示。

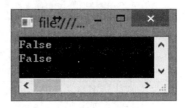

图 2-9 使用 Equals 比较字符串

补充:
运算符==和 String 类方法 Equals()的区别如下。
① ==通常用来比较 int、double 等数值类型的数据是否相等。
② Equals()通常用来比较两个对象的值是否相等。
""和 String.Empty()的区别如下。
① ""为 String 对象分配长度为 0 的内存空间。
② String.Empty()不会为对象分配内存空间。
（2）Compare 方法
Compare 方法用来比较两个字符串是否相等，它有很多个重载方法，其中最常用的方法如下。

```
static Int Compare(string a,string b)
static Int Compare(string a,string b,bool ignorCase)
```

其中，a 和 b 代表要比较的两个字符串。
ignorCase 如果是 true，那么在比较字符串时就忽略大小写的差别。
下面通过一个小实例来演示 Compare 方法的使用。
例 2-7：使用 Compare 比较字符串（ConsoleCompare）

```
using System;
using System.Collections.Generic;
using System.Linq;
using System.Text;
using System.Threading.Tasks;

namespace ConsoleCompare
{
    class Program
    {
        static void Main(string[] args)
        {
            string str1 = "Hello World!";
            string str2 = "HelloWorld! ";
            Console.WriteLine(string.Compare(str1, str2));
```

```
            Console.WriteLine(string.Compare(str2, str1));
            Console.WriteLine(String.Compare(str1, str1));
            Console.ReadLine();
        }
    }
}
```

程序运行结果如图 2-10 所示。

图 2-10　使用 Compare 比较字符串

关键点解析：

比较字符串并非比较字符串长度的大小，而是比较字符串在英文字典中的位置。比较字符串按照字典排序规则判断两个字符串的大小，在英文字典中，前面的单词小于后面的单词。

（3）CompareTo 方法

CompareTo 方法与 Compare 方法类似，都可以比较两个字符串是否相等，不同的是 CompareTo 方法以实例对象本身指定的字符串做比较，其语法如下：

```
public  int CompareTo(string a)
```

下面通过一个小实例来演示 CompareTo 方法的使用。

例 2-8：使用 CompareTo 比较字符串（ConsoleCompareTo）

```
using System;
using System.Collections.Generic;
using System.Linq;
using System.Text;
using System.Threading.Tasks;

namespace ConsoleCompareTo
{
    class Program
    {
        static void Main(string[] args)
        {
            string str1 = "你好啊";
            string str2 = "你好";
            Console.WriteLine(str1.CompareTo(str2));
            Console.ReadLine();
        }
    }
}
```

程序运行结果如图 2-11 所示。

图 2-11　使用 CompareTo 比较字符串

（4）CompareOrdinal 方法

CompareOrdinal 方法对两个字符串进行比较，不考虑本地化语言和文化。其中常用的语法如下：

```
public static CompareOrdinal(string a,string b)
```

下面通过一个小实例来演示 CompareOrdinal 方法的使用。

例 2-9：使用 **CompareOrdinal** 比较字符串（**ConsoleCompareOrdinal**）

```
using System;
using System.Collections.Generic;
using System.Linq;
using System.Text;
using System.Threading.Tasks;

namespace ConsoleCompareOrdinal
{
    class Program
    {
        static void Main(string[] args)
        {
            string str1 = "Hello Worlda";
            string str2 = "Hello WorldA";
            Console.WriteLine(string.CompareOrdinal(str1, str2));
            Console.ReadLine();
        }
    }
}
```

程序运行结果如图 2-12 所示。

图 2-12　使用 CompareOrdinal 比较字符串

2）截取字符串

String 类提供了 Substring 方法，该方法用于截取字符串中指定位置和指定长度的字符。其语法格式如下：

```
public string Substring(int startIndex,int length)
```

其中，startIndex 代表子字符串的起始位置的索引，length 代表要截取的子字符串的字符串。

例 2-10：使用 Substring 截取字符串（ConsoleSubstring）

```
using System;
using System.Collections.Generic;
using System.Linq;
using System.Text;
using System.Threading.Tasks;

namespace ConsoleSubstring
{
    class Program
    {
        static void Main(string[] args)
        {
            string str1 = "HelloWorld! ";
            string str2 = str1.Substring(5, 6);
            Console.WriteLine(str2);
            Console.ReadLine();

        }
    }
}
```

程序运行结果如图 2-13 所示。

图 2-13　使用 Substring 截取字符串

3）IndexOf 方法取索引

IndexOf 方法报告指定的字符在此实例中的第一个匹配项的索引。搜索从指定字符位置开始，并检查指定数量的字符位置。

其语法格式如下：

```
public int IndexOf(value, [startIndex], [count])
```

其中，
value：要查找的 Unicode 字符。对 value 的搜索区分大小写。
startIndex（Int32）：可选项，搜索起始位置。不设置则从 0 开始。
count（Int32）：可选项，要检查的字符位数。
下面通过一个实例来演示 IndexOf 的使用。

例 2-11：使用 IndexOf 获取指定字符串索引（ConsoleIndexOf）

```
using System;
using System.Collections.Generic;
using System.Linq;
using System.Text;
```

```
using System.Threading.Tasks;

namespace ConsoleIndexOf
{
    class Program
    {
        static void Main(string[] args)
        {
            string str1 = "HelloWorld! ";
            string str2 = "o";
            Console.WriteLine(str1.IndexOf(str2));
            Console.WriteLine(str1.IndexOf(str2, 5));
            Console.WriteLine(str1.IndexOf(str2, 0, 4));
            Console.ReadLine();

        }
    }
}
```

程序运行结果如图 2-14 所示。

图 2-14　使用 IndexOf 获取指定字符串索引

4）连接字符串

C#中连接字符串使用 String 类的 Join()方法。

其语法格式如下：

```
public string Join(string value,string[] args)
```

其中，value 为连接字符串的连接符，args 为要连接的 string 数组对象。

在指定的 args 数组的每个元素之间串联指定的分隔符 value，从而产生单个串联的字符串。

例 2-12：使用 Join 连接字符串（ConsoleJoin）

```
using System;
using System.Collections.Generic;
using System.Linq;
using System.Text;
using System.Threading.Tasks;

namespace ConsoleJoin
{
    class Program
    {
        static void Main(string[] args)
        {
            string str1 = "-";
```

```
            string[] strs = new string[] { "hi", "china", "hello", "world" };
            Console.WriteLine(string.Join(str1, strs));
            Console.ReadLine();
        }
    }
}
```

程序运行结果如图 2-15 所示。

图 2-15　使用 Join 连接字符串

5）分割字符串

String 类提供了一个用于分割字符串的 Split 方法，该方法的返回值是包含所有分割子字符串的数组对象。

其语法格式如下：

```
public string[] Split(params char[] separator)
public string[] Split(char[] separator, int count)
public string[] Split(char[] separator, StringSplitOptions options)
public string[] Split(string[] separator, StringSplitOptions options)
public string[] Split(char[] separator, int count, StringSplitOptions options)
public string[] Split(string[] separator, int count, StringSplitOptions options)
```

例 2-13：使用 **Split** 分割字符串（**ConsoleSplit**）

```
using System;
using System.Collections.Generic;
using System.Linq;
using System.Text;
using System.Threading.Tasks;

namespace ConsoleSplit
{
    class Program
    {
        static void Main(string[] args)
        {
            string str1 = "a,b.c,,d,e";
            //1. public string[] Split(params char[] separator)
            string[] split1 = str1.Split(new Char[] { ',' });
            string[] split2 = str1.Split(new Char[] { ',', '.' });
            foreach (string s in split1)
            {
                Console.Write(s + "#");
            }
            Console.WriteLine();
            foreach (string s in split2
```

```csharp
{
    Console.Write(s + "#");
}
//2. public string[] Split(char[] separator, int count)

string[] split3 = str1.Split(new Char[] { ',', '.' }, 2);
string[] split4 = str1.Split(new Char[] { ',', '.' }, 6);
Console.WriteLine();
foreach (string s in split3)
{
    Console.Write(s + "#");
}
Console.WriteLine();
foreach (string s in split4)
{
    Console.Write(s + "#");
}
//3. public string[] Split(char[] separator, StringSplitOptions options)
string[] split5 = str1.Split(new Char[] { ',', '.' }, StringSplitOptions.RemoveEmptyEntries);
string[] split6 = str1.Split(new Char[] { ',', '.' }, StringSplitOptions.None);
Console.WriteLine();
foreach (string s in split5)
{
    Console.Write(s + "#");
}
Console.WriteLine();
foreach (string s in split6)
{
    Console.Write(s + "#");
}
//4. public string[] Split(string[] separator, StringSplitOptions options)
string[] split7 = str1.Split(new string[] { ",", "." }, StringSplitOptions.RemoveEmptyEntries);
//返回:{"1","2","3","4"} 不保留空元素
string[] split8 = str1.Split(new string[] { ",", "." }, StringSplitOptions.None);//返回:{"1","2","3","","4"} 保留空元素
Console.WriteLine();
foreach (string s in split7)
{
    Console.Write(s + "#");
}
Console.WriteLine();
foreach (string s in split8)
{
    Console.Write(s + "#");
}
//5. public string[] Split(char[] separator, int count, StringSplitOptions options)

string[] split9 = str1.Split(new Char[] { ',', '.' }, 2, StringSplitOptions.RemoveEmptyEntries);
string[] split10 = str1.Split(new Char[] { ',', '.' }, 6, StringSplitOptions.None);
Console.WriteLine();
foreach (string s in split9)
```

```csharp
{
    Console.Write(s + "#");
}
Console.WriteLine();
foreach (string s in split10)
{
    Console.Write(s + "#");
}

//6. public string[] Split(string[] separator, int count, 
StringSplitOptions options)

string[] split11 = str1.Split(new string[] { ",", "." }, 2, 
StringSplitOptions.RemoveEmptyEntries);
string[] split12 = str1.Split(new string[] { ",", "." }, 6, 
StringSplitOptions.None);
Console.WriteLine();
foreach (string s in split11)
{
    Console.Write(s + "#");
}
Console.WriteLine();
foreach (string s in split12)
{
    Console.Write(s + "#");
}

Console.ReadLine();
    }
  }
}
```

程序运行结果如图 2-16 所示。

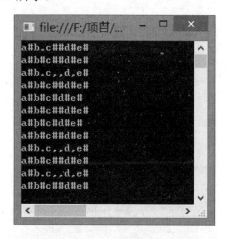

图 2-16　使用 Split 分割字符串

关键点解析：

代码中使用 foreach 循环输出数组的每个元素，并用#号连接，目的是使读者能更清晰地看到执行结果。foreach 语句将在后续章节进行介绍，在此不作为重点内容。

需要注意的是没有重载函数 public string[] Split(string[] separator)，所以不能像 VB.NET

那样使用 words.Split(",")，而只能使用 words.Split(',')。很多读者都很奇怪为什么把双引号改为单引号就可以了？看了上边的重载函数就应该知道答案了。

6）替换字符串

String 类提供了一个 Replace 的方法，该方法用于将字符串中的某个字符或字符串替换成其他的字符或字符串。

其语法格式如下：

```
public string Replace(char oldChar,char newChar)
public string Replace(string oldStr,string newStr)
```

第一个参数为待替换的字符或字符串，第二个参数为替换后的新字符或新字符串。

第一种语法格式主要用于替换字符串中指定的字符，第二种语法格式主要用于替换字符串中指定的字符串。

下面通过一个小实例来演示 Replace 的使用。

例 2-14：使用 Replace 替换字符串（ConsoleReplace）

```
using System;
using System.Collections.Generic;
using System.Linq;
using System.Text;
using System.Threading.Tasks;

namespace ConsoleReplace
{
    class Program
    {
        static void Main(string[] args)
        {
            string str1 = "hello world.";
            string str2 = str1.Replace('.', '!');
            Console.WriteLine(str2);
            string str3 = str1.Replace("world", "Tom");
            Console.WriteLine(str3);
            Console.ReadLine();
        }
    }
}
```

程序运行结果如图 2-17 所示。

图 2-17　使用 Replace 替换字符串

7）格式化字符串

在 C#中，String 类提供了一个静态的 Format 方法，用于将字符串数据格式化成指定的格式。

其语法格式如下:

```
public static string Format(string format,object obj)
```

其中,format 是用来指定字符串所要格式化的形式,obj 则是要被格式化的对象。

例 2-15:使用 Format 格式化字符串(ConsoleFormat)

```csharp
using System;
using System.Collections.Generic;
using System.Linq;
using System.Text;
using System.Threading.Tasks;

namespace ConsoleFormat
{
    class Program
    {
        static void Main(string[] args)
        {
            string str1 = "你好";
            string str2 = "中国";
            string newStr = string.Format("{0},{1}!!", str1, str2);
            Console.WriteLine(newStr);
            Console.ReadLine();
        }
    }
}
```

程序运行结果如图 2-18 所示。

图 2-18 使用 Format 格式化字符串

表 2-10 列出了 Format()方法的格式字符串中各种格式化定义字符和示例。

表 2-10 格式化数值结果

字 符	说 明	示 例	输 出 结 果
C	货币格式	String.Format("{0:C3}",5555)	¥5555.000
D	十进制格式	String.Format("{0:D3}",5555)	5555
F	小数点后的位数固定	String.Format("{0:F3}",5555)	5555.000
N	用逗号隔开的数字	String.Format("{0:N}",5555)	5,555.00
P	百分比记数法	String.Format("{0:P3}",0.2345)	23.45
X	十六进制格式	String.Format("{0:X000}",11)	B

如果需要按某种格式输出日期时间,那么可以使用 Format 方法将日期时间格式化后再

输出，表 2-11 列出了格式化日期时间的格式规范。

表 2-11 格式化日期时间

字 符	说 明
d	简短日期格式（YYYY-MM-dd）
D	完整日期格式（YYYY 年 MM 月 dd 日）
t	简短时间格式（hh:mm）
T	完整时间格式（hh:mm:ss）
f	简短日期/时间格式（YYYY 年 MM 月 dd 日 hh:mm）
F	完整日期/时间格式（YYYY 年 MM 月 dd 日 hh:mm:ss）
g	简短的可排序的日期/时间格式（YYYY-MM-dd hh:mm）
G	完整的可排序的日期/时间格式（YYYY-MM-dd hh:mm:ss）
M 或 m	月/日格式（MM 月 dd 日）
Y 或 y	年/月格式（YYYY 年 MM 月）

例 2-16：使用 Format 格式化日期时间（ConsoleFormatDateTime）

```
using System;
using System.Collections.Generic;
using System.Linq;
using System.Text;
using System.Threading.Tasks;

namespace ConsoleFormatDateTime
{
    class Program
    {
        static void Main(string[] args)
        {
            DateTime dt = DateTime.Now;
            string str1 = String.Format("{0:t}", dt);
            Console.WriteLine(str1);
            Console.ReadLine();

        }
    }
}
```

程序运行结果如图 2-19 所示。

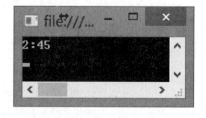

图 2-19 使用 Format 格式化日期时间

3．类型转换

1）简单的类型转换

在 C#中简单的类型转换包括隐式类型转换和显式类型转换。下面就简单介绍这两种类型转换。

（1）隐式类型转换

对于任何数值类型 A 来说，只要其取值范围完全包含在类型 B 的取值范围内，就可以隐式转换为类型 B。也就是说，int 类型可以隐式转换为 float 类型或 double 类型，float 类型也可以隐式转换为 double 类型。

（2）显式类型转换

显式类型转换与隐式类型转换相反，当要把取值范围大的类型转换为取值范围小的类型时，就需要执行显式转换了。

下面通过一个小例子来了解下显式类型转换。

例 2-17：显式类型转换（ConsoleConvert）

```
using System;
using System.Collections.Generic;
using System.Linq;
using System.Text;
using System.Threading.Tasks;

namespace ConsoleConvert
{
    class Program
    {
        static void Main(string[] args)
        {
            //文化课成绩
            double score = 73.5;
            //艺术课加分
            int bonus = 43;
            //总分
            int sum = (int)score + bonus;

            Console.WriteLine("文化课成绩：{0}分", score);
            Console.WriteLine("艺术课加分：{0}分", bonus);
            Console.WriteLine("总分：{0}分", sum);
            Console.ReadLine();
        }
    }
}
```

程序运行结果如图 2-20 所示。

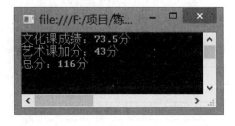

图 2-20　显式类型转换

关键点解析：

从运行结果中不难看出，变量 score 的值仍然是 73.5，但 sum 的值却变成了 116。这是因为在计算加法时，将 score 的值转换为 73 进行计算，丢失了精度所致。尽管对变量 score 进行了强制类型转换，但实际上 score 的值并没有改变，只是在计算时临时转换成整数参与表达式的计算。

2）数值类型与字符串类型的转换

隐式类型转换和显式类型转换一般都用在数值类型之间，并不适用于数值类型以及字符串之间的转换。下面就介绍一下数值类型与字符串类型之间的互相转换。

（1）字符串转换为数值类型

C#中提供了各种类型的 Parse()方法来进行类型转换。

例如，将字符串转为整型代码为：

```
int.Parse(strValue);
```

将字符串转为 float 型代码为：

```
float.Parse(strValue);
```

将字符串转为 double 型代码为：

```
double.Parse(strValue);
```

此处的 strValue 必须是数字的有效表示形式。简单地讲就是看起来是对应的数字，但实际上是 string 类型。例如，可以把"5555"转换为整数，而不能把"zhangsan"等转换为整数。

（2）数值类型转换为字符串

在 C#中，数值类型转换为字符串非常简单，只要调用其 ToString()方法就可以了。例如：

```
int num=521;
string strNum=num.ToString();
```

除此之外，还可以使用"+"连接符拼接一个空的字符串实现相同的效果，例如：

```
int num=521;
string strNum=num+"";
```

3）使用 Convert 类进行转换

除了使用 Parse()方法外，还可使用 Convert 类进行转换。Convert 类可以在各种基本类型之间执行数据类型的互相转换，它为每种类型转换都提供了一个对应的方法。表 2-12 为 Convert 类的常用方法。

表 2-12 Convert类的常用方法

方　　法	说　　明
Convert.ToInt32()	转换为 int 类型
Convert.ToChar()	转换为 char 类型
Convert.ToDecimal()	转换为 decimal 类型
Convert.ToSingle()	转换为 float 类型
Convert.ToString()	转换为 string 类型
Convert.ToDateTime()	转换为 DateTime 类型
Convert.ToDouble()	转换为 double 类型
Convert.ToBoolean()	转换为 bool 类型

方法中的参数就是需要进行转换的数值。

下面通过一个小例子来了解下如何使用 Convert 类进行转换。

例 2-18：使用 **Convert** 类进行转换（**ConsoleConvertClass**）

```csharp
using System;
using System.Collections.Generic;
using System.Linq;
using System.Text;
using System.Threading.Tasks;

namespace ConsoleConvertClass
{
    class Program
    {
        static void Main(string[] args)
        {
            double dNum = 76.74;
            int iNum;
            decimal decimalNum;
            float fNum;
            string sNum;
            bool flag;

            iNum = Convert.ToInt32(dNum);
            decimalNum = Convert.ToDecimal(dNum);
            fNum = Convert.ToSingle(dNum);
            sNum = Convert.ToString(dNum);
            flag = Convert.ToBoolean(dNum);

            Console.WriteLine("原数值为double 类型: " + dNum);

            Console.WriteLine("转换后为：");
            Console.WriteLine("int 类型: \t" + iNum);
            Console.WriteLine("decimal 类型: \t" + decimalNum);
            Console.WriteLine("float 类型: \t" + fNum);
            Console.WriteLine("string 类型: \t" + sNum);
            Console.WriteLine("bool 类型: \t" + flag);

            Console.ReadLine();
        }
    }
}
```

程序运行结果如图 2-21 所示。

图 2-21　使用 Convert 类进行转换

关键点解析：

从运行结果中可以看出，转换为 int 类型时，进行了四舍五入的计算，所以结果为 77，这与显式类型转换有所不同，如果使用显式类型转换将 76.74 转换为 int 类型的结果是 76，它是直接将小数点后的数值舍弃掉了。转换为 bool 类型的时候，只要转换的值不为 0，那么结果就是 true，否则为 false。

2.4.3 可变字符串类 StringBuilder 的使用

我们知道 String 类有很多实用的处理字符串的方法，但是在使用 String 类时常常存在这样一个问题：当每次为同一个字符串重新赋值时，都会在内存中创建一个新的字符串对象，需要为该对象分配新的内存空间，这样会加大系统的开销。因为 System.String 类是一个不可变的数据类型，一旦对一个字符串对象进行初始化后，该字符串对象的值就不能改变了。当对该字符串的值做修改时，实际上是又创建了一个新的字符串对象。比如下面的小例子：

```
String str1="Hello";
str1+="World"
Console.WriteLine(str1);
```

上面这段代码的输出结果是"HelloWorld"。但是，这段代码创建了几个对象呢？下面逐句分析一下。

首先，String str1="Hello";创建了一个对象，值为"Hello"。

str1+="World"通过+=赋值运算符为该对象赋值。执行此句时，从表面上看 str1 的值更新了，实际上内存中又创建了两个新对象，其值分别为"World"和"HelloWorld!"。此时内存中存在三个对象：Hello、World 和 HelloWorld。而 str1 所引用的是 HelloWorld 对象，其他对象没有实际作用。如此反复的操作会使系统内存占用很大，造成不必要的浪费，大大降低了程序运行性能。如何解决此问题呢？

为了解决以上问题，Microsoft 提供了 System.Text.StringBuilder 类，此类表示可变字符串。虽然 StringBuilder 类像 String 类一样具有很多处理字符串的方法，但是在添加、删除或替换字符串时，StringBuilder 类对象的执行速度要远比 String 类快得多。

下面来看一下 StringBuilder 类的定义。StringBuilder 类有 6 种不同的构造方法。在此只讲解比较常用的两种：

```
StringBuilder sbValue=new StringBuilder();
```

此种方法声明了一个空的 StringBuilder 对象。

```
StringBuilder sbValue=new StringBuilder("HelloWorld");
```

此种方法声明一个 StringBuilder 对象，其值为"HelloWorld"。

在使用 StringBuilder 类时先要引用其命名空间 System.Text。表 2-13 为 StringBuilder 类的常用属性、方法及说明。

第 2 章 C#基础知识

表 2-13 StringBuilder类的常用属性、方法及说明

属 性	说 明
Capacity	获取或设置可包含在当前对象所分配的内存空间中的最大字符个数
Length	获取或设置当前对象的长度
方 法	说 明
Append()	在结尾追加
AppendLine()	将默认的行终止符追加到当前对象的末尾
AppendFormat()	添加特定格式的字符串
Insert()	将字符串或对象添加到当前 StringBuilder 对象中的指定位置上
Remove()	从当前 StringBuilder 对象中移除指定范围的字符
Replace()	将 StringBuilder 对象内的特定字符用另一个指定的字符来替换
ToString()	将 StringBuilder 类对象转换为 String 类对象

下面通过一个小例子来演示如何使用 StringBuilder 类。

例 2-19：使用 StringBuilder 类（ConsoleStringBuilder）

```
using System;
using System.Collections.Generic;
using System.Linq;
using System.Text;
using System.Threading.Tasks;

namespace ConsoleStringBuilder
{
    class Program
    {
        static void Main(string[] args)
        {
            StringBuilder sb = new StringBuilder();

            sb.AppendLine("明月几时有？");
            sb.AppendLine("把酒问青天。");
            sb.AppendLine("不知天上宫阙,");
            sb.AppendLine("今夕是何年？");
            sb.AppendLine("我欲乘风归去,");
            sb.AppendLine("又恐琼楼玉宇,");
            sb.AppendLine("高处不胜寒。");
            sb.AppendLine("起舞弄清影,");
            sb.AppendLine("何似在人间？");
            sb.AppendLine("转朱阁,");
            sb.AppendLine("低绮户,");
            sb.AppendLine("照无眠。");
            sb.AppendLine("不应有恨、");
            sb.AppendLine("何事长向别时圆？");
            sb.AppendLine("人有悲欢离合,");
            sb.AppendLine("月有阴晴圆缺,");
            sb.AppendLine("此事古难全。");
            sb.AppendLine("但愿人长久,");
            sb.AppendLine("千里共婵娟。");
            sb.Insert(0, "《水调歌头·中秋》\n\n");
            int count = sb.Capacity;
            sb.Insert(sb.Length, "\t\t—苏轼");
```

```
            sb.Append("\t(字符数为: " + count + ")");
            Console.WriteLine(sb.ToString());
            Console.ReadLine();
        }
    }
}
```

程序运行结果如图 2-22 所示。

图 2-22 使用 StringBuilder 类

关键点解析：

```
sb.Insert(0, "《水调歌头·中秋》\n\n");
```

此句在所有字符前面插入"《水调歌头·中秋》\n\n"字符串。

```
sb.Insert(sb.Length, "\t\t——苏轼");
```

此句得到当前 StringBuilder 对象的长度并在此长度后将字符串"\t\t——苏轼"添加到当前对象中的 sb.Length 位置上。

最后通过 ToString 方法把 StringBuilder 对象转成 String 类型。

小结

本章主要介绍了 C#的基础知识。其中包括变量与常量的相关知识、数据类型的分类、运算符和表达式以及字符与字符串的处理。读者应牢固掌握这些内容，这些是日后学习 C#的基础。

第 3 章 流程控制语句的应用

语句是程序中最小的程序指令,即程序完成一次完整正操的基本单位。在 C#中,可以使用多种类型的语句,每一种类型的语句又可以通过多个关键字实现。通过这些语句可以控制程序代码的逻辑,提高程序的灵活性,从而实现比较复杂的程序逻辑。

本章主要内容:
- 选择语句的应用
- 迭代语句的应用
- 跳转语句的应用

3.1 选择语句的应用

选择语句也叫作分支语句,选择语句根据某个条件是否成立来控制程序的执行流程。选择语句包括 if 语句和 switch 语句,除此之外,也可把第 2 章中提到的三元运算符作为分支技术的一种。下面就详细介绍这三种分支技术。

3.1.1 简单的 if 条件语句

C#中的 if 语句比较简单,其语法格式如下:

```
if(条件表达式)
{
    【代码块】
}
```

if 语句的执行过程如图 3-1 所示。

如果条件表达式的值为 true,执行代码块,否则跳过 if 语句继续向下执行其他程序代码。

3.1.2 if…else…条件语句

if…else…语法格式如下:

```
if(条件表达式)
{
    【代码块 a】
}
else
```

```
{
    【代码块 b】
}
```

if…else…语句的执行过程如图 3-2 所示。

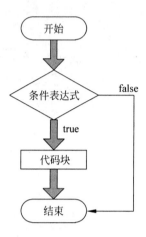 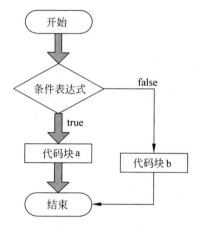

图 3-1 if 语句的执行过程　　　　　图 3-2 if…else…语句的执行过程

如果条件表达式的值为 true,那么执行代码块 a 中的代码,否则执行代码块 b 中的代码。

3.1.3 if…else if…else 多分支语句

if…else if…else 多分支语句的语法格式如下:

```
if(条件表达式 1)
{
    【代码块 a】
}
else if(条件表达式 2)
{
    【代码块 b】
}
else if(条件表达式 3)
{
    【代码块 c】
}
else
{
    【代码块 d】
}
```

if…else if…else 多分支语句的执行过程如图 3-3 所示。

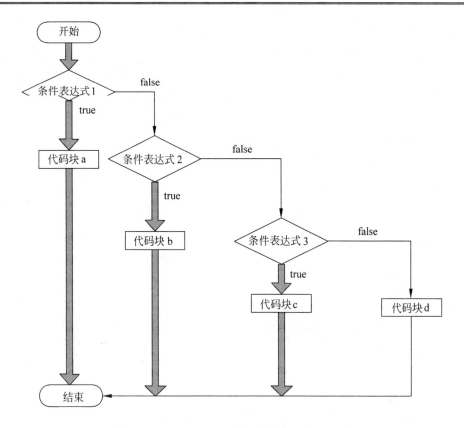

图 3-3　if…else if…else 多分支语句的执行过程

如果条件表达式 1 的值为 true，那么执行代码块 a 中的代码，否则判断条件表达式 2 的值是否为 true，如果为 true，则执行代码块 b 中的代码，否则继续判断条件表达式 3 的值是否为 true，如果为 true，则执行代码块 c 中的代码，否则执行代码块 d 中的代码。

3.1.4　嵌套 if 语句

嵌套 if 语句的语法格式如下：

```
if(条件表达式 1)
{
    if(条件表达式 2)
    {
        【代码块 a】
    }
    else
    {
        【代码块 b】
    }
}
else
{
    if(条件表达式 3)
    {
```

```
        【代码块 c】
    }
    else
    {
        【代码块 d】
    }
}
```

嵌套 if 语句的执行过程如图 3-4 所示。

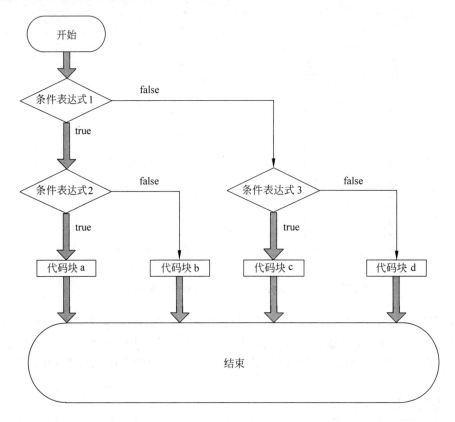

图 3-4 嵌套 if 语句的执行过程

如果条件表达式 1 的值为 true，接着判断条件表达式 2 的值，如果为 true，就执行代码块 a 中的代码，否则执行代码块 b 中的代码。如果条件表达式 1 的值为 false，接着判断条件表达式 3 的值是否为 true，如果为 true，则执行代码块 c 中的代码，否则执行代码块 d 中的代码。

3.1.5 switch 多分支语句

switch 语句与 if 语句非常类似，是通过将控制传递给其内部的一个 case 语句来处理多个选择的流程控制语句。C#中要求每个 case 和 default 语句中都必须有 break 语句，除非两个 case 中间没有其他语句，那么前一个 case 可以不包含 break。此外，判断的表达式或变量可以是 int、char 或 string 等类型。

switch 语句的基本格式如下：

```
switch(条件表达式)
{
    case 常量值 1:
        代码块 1;
        break;
    case 常量值 2:
        代码块 2;
        break;
    …
    case 常量值 N:
        代码块 N;
        break;
    default:
        缺省代码块;
        break;
}
```

switch 关键字后面的括号中是条件表达式，大括号中的代码是由若干个 case 子句所组成。条件表达式的值与每个常量值进行比较，如果有一个匹配，就执行为该匹配提供的代码块语句。如果没有匹配，就执行 default 部分中的代码。不论是否执行 default 最后都会执行 break 语句，使程序跳出 switch 语句。switch 语句可以包含任意数目的 case 子句，但是任何两个 case 语句都不能具有相同的值。一个 switch 语句中只能有一个 default 标签。

一个 case 语句处理完成后，不能再进入下一个 case 语句了，但有一种情况例外，代码如下。

```
switch(条件表达式)
{
    case 常量值 1:
    case 常量值 2:
        代码块;
        break;
    …
    case 常量值 N:
        代码块 N;
        break;
    default:
        缺省代码块;
        break;
}
```

把若干个 case 子句放在一起，在其后加一个代码块，实际上是一次检查多个条件，如果满足其中一个条件，就会执行代码块中的代码以及 break 语句。

3.1.6 三元运算符

三元运算符有三个操作数，其语法格式如下：

```
<test>?<resultIfTrue>:<resultIfFalse>
```

其中,第一个操作数<test>可得到一个 bool 值,如果这个值为 true,则结果为<resultIfTrue>,否则为<resultIfFalse>。

例如:

```
String resultStr=(age>=18)?"你已经成年!":"你尚未成年!";
```

此例判断 int 类型的变量 age 是否大于等于 18,如果是,则 resultStr 值为 "你已经成年!",否则为 "你尚未成年!"。

3.2 迭代语句的应用

迭代语句又称为循环语句,使用迭代语句可以让程序多次执行相同的代码或代码块,这些代码或代码块称为循环体。对于任何一个循环体来说,都应该提供一个跳出循环的条件,不同的循环语句提供不同的条件。在 C#中,常用的迭代语句有 for 语句、while 语句、do…while 语句和 foreach 语句。下面就详细介绍这几种迭代语句的用法。

3.2.1 for 循环语句

for 循环可以执行指定的次数,并维护自己的计数器。其语法格式如下:

```
for(表达式1;表达式2;表达式3)
{
    代码块
}
```

其中,表达式 1 由一个局部变量声明或由一个逗号分隔的多个表达式组成。其变量的作用域范围为从声明开始,直到代码块的结尾。

表达式 2 规定必须是一个布尔表达式。

表达式 3 必须包含一个用逗号分隔的表达式列表。

for 循环语句的执行过程如图 3-5 所示。

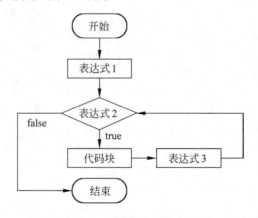

图 3-5 for 循环语句的执行过程

从图 3-5 中不难看出 for 循环的执行顺序如下。
(1) 如果存在表达式 1，则先执行表达式 1。
(2) 如果存在表达式 2，则计算表达式 2；如果不存在表达式 2，则程序转移到代码块执行，若执行到了代码块的结束点，则按顺序计算表达式 3，然后从上一步骤中表达式 2 的计算开始，执行下一次的循环。

下面通过一个具体例子来详细讲解下 for 循环。

例 3-1：使用 for 循环输出 0～9（ConsoleForLoop）

```
using System;
using System.Collections.Generic;
using System.Linq;
using System.Text;
using System.Threading.Tasks;

namespace ConsoleForLoop
{
    class Program
    {
        static void Main(string[] args)
        {
            for (int i = 0; i < 10; i++)
            {
                Console.WriteLine(i);
            }
            Console.ReadLine();
        }
    }
}
```

运行结果如图 3-6 所示。

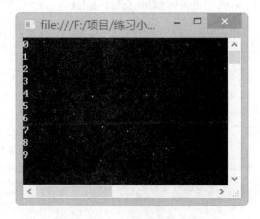

图 3-6　使用 for 循环输出 0～9

在此例中，先初始化 i 为 0，然后判断 i 的值是否小于 10，若小于则输出 i 的值并换行，接着 i 自增 1，然后开始下一次判断 i 的值是否小于 10，若小于则输出 i 的值并换行，接着 i 自增 1，重复以上步骤，直到 i 的值为 10 时，再判断 i 的值是否小于 10，此时循环条件不成立，循环结束。

3.2.2 while 循环语句

while 语句执行一个语句或语句块，直到指定的表达式计算为 false。

while 循环的语法格式如下：

```
while (条件表达式)
{
    代码块
}
```

while 循环语句的执行过程如图 3-7 所示。

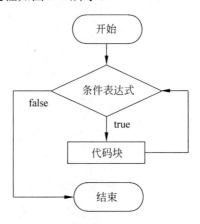

图 3-7 while 循环语句的执行过程

下面通过一个具体例子来详细讲解下 while 循环。

例 3-2：使用 while 循环输出 0～9（ConsoleWhileLoop）

```
using System;
using System.Collections.Generic;
using System.Linq;
using System.Text;
using System.Threading.Tasks;

namespace ConsoleWhileLoop
{
    class Program
    {
        static void Main(string[] args)
        {
            int i = 0;
            while (i < 10)
            {
                Console.WriteLine(i);
                i++;
            }
            Console.ReadLine();
        }
    }
```

}

运行结果如图 3-8 所示。

图 3-8　使用 while 循环输出 0～9

在此例中，先初始化 i 为 0，然后判断 while 的条件表达式 i<10 是否成立，若成立则输出 i 的值并换行，接着 i 自增 1，然后开始下一次的判断，判断 while 的条件表达式 i<10 是否成立，直到 i<10 不成立，循环终止。

3.2.3　do…while 循环语句

do…while 语句与 while 类似，do…while 语句是先执行循环体内的语句，再判断循环条件表达式是否成立，所以至少会执行一次循环体内的语句。

do…while 循环的语法格式如下：

```
do
{
    代码块
}
while (条件表达式);
```

do…while 循环语句的执行过程如图 3-9 所示。

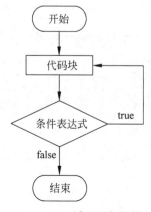

图 3-9　do…while 循环语句的执行过程

下面通过一个具体例子来详细讲解下 do…while 循环。

例 3-3：使用 do…while 循环输出 0~9（**ConsoleDoWhileLoop**）

```
using System;
using System.Collections.Generic;
using System.Linq;
using System.Text;
using System.Threading.Tasks;

namespace ConsoleDoWhileLoop
{
    class Program
    {
        static void Main(string[] args)
        {
            int i = 0;
            do
            {
                Console.WriteLine(i++);
            }
            while (i < 10);
            Console.ReadLine();
        }
    }
}
```

运行结果如图 3-10 所示。

图 3-10　使用 do…while 循环输出 0~9

在此例中，先初始化 i 为 0，然后执行循环体内的语句输出 i 的值并换行，接着 i 自增 1，之后判断条件表达式 i<10 是否成立，若成立则继续下一次循环输出 i 的值并换行，接着 i 自增 1，然后开始下一次的判断，判断条件表达式 i<10 是否成立，直到 i<10 不成立，循环终止。

3.2.4　foreach 循环语句

foreach 循环语句用于枚举一个集合的元素，并对该集合中的每个元素执行一次循环体中的语句。

foreach 循环语句的语法格式如下：

```
foreach(类型 循环变量名 in 集合或数组)
{
    代码块
}
```

其中，类型和循环变量名用于声明循环变量，循环变量在整个代码块内有效。在循环过程中，循环变量表示当前正在执行循环的集合元素或数组元素。

foreach 循环语句的执行过程如图 3-11 所示。

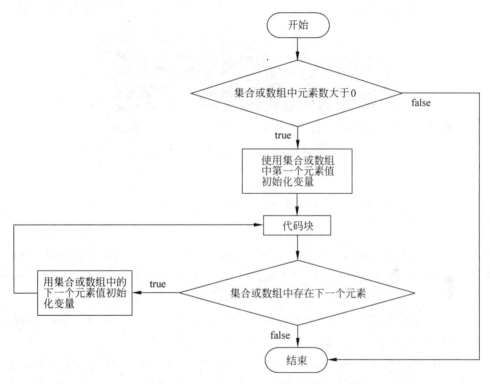

图 3-11 foreach 循环语句的执行过程

下面通过一个具体例子来详细讲解下 foreach 循环语句。

例 3-4：使用 foreach 循环语句输出数组中的元素（ConsoleForEachLoop）

```
using System;
using System.Collections.Generic;
using System.Linq;
using System.Text;
using System.Threading.Tasks;

namespace ConsoleForEachLoop
{
    class Program
    {
        static void Main(string[] args)
        {
            string[] strs = new string[] { "I", "am", "a", "programmer,", "I",
```

```
            "speak", "for", "himself." };
            foreach (string s in strs)
            {
                Console.Write(s + " ");
            }
            Console.ReadLine();
        }
    }
}
```

运行结果如图 3-12 所示。

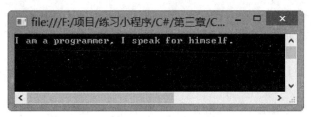

图 3-12 使用 foreach 循环语句输出数组中的元素

3.2.5 for、foreach、while 和 do…while 的区别

（1）for 循环语句一般用在对于循环次数已知的情况下，而 while 语句和 do…while 语句则一般用在对于循环次数不确定的情况下。for 循环必须使用整型变量作为循环的计数器，通过条件表达式限定计数器变量值来控制循环。

（2）用 while 语句和 do…while 语句时，对循环变量的初始化操作应该放在 while 语句和 do…while 语句之前，而 for 语句则可以在初始化语句中完成。

（3）while 语句和 do…while 语句实现的功能相同，唯一的区别就是 do…while 语句先执行后判断，无论表达式的值是否为 true，都将执行一次循环；而 while 语句则是首先判断表达式的值是否为 true，如果为 true 则执行循环语句；否则将不执行循环语句。

（4）while 语句和 do…while 语句，只在 while 后面指定循环条件，但是需要在循环体中包括使循环趋于结束的语句，而 for 语句则可以在迭代语句中包含使循环趋于结束的语句。

（5）foreach 语句只能对数据进行读操作，在其作用域内不能对进行遍历的值做修改，其遍历顺序只能递增。自动遍历给定集合的所有值。

3.2.6 双重循环

所谓双重循环就是循环中再嵌套循环进去。下面通过一个小例子简单介绍下双重循环的应用。

例 3-5：使用双重 for 循环语句输出如下样式的图案（**ConsoleDoubleForLoop**）

```
*
***
*****
*******
```

```csharp
using System;
using System.Collections.Generic;
using System.Linq;
using System.Text;
using System.Threading.Tasks;

namespace ConsoleDoubleForLoop
{
    class Program
    {
        static void Main(string[] args)
        {
            for (int i = 1; i <= 4; i++)
            {
                for (int j = 1; j <= (i * 2) - 1; j++)
                {
                    Console.Write('*');
                }
                Console.WriteLine();
            }
            Console.ReadLine();
        }
    }
}
```

运行结果如图 3-13 所示。

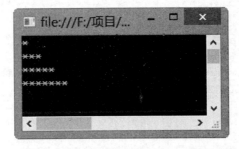

图 3-13　使用双重 for 循环语句输出指定样式的图案

3.3　跳转语句的应用

跳转语句主要用于无条件地转移控制到某个位置，这个位置就称为跳转语句的目标。跳转语句主要包括 break 语句、continue 语句、return 语句和 goto 语句 4 种。下面将对这几种跳转语句做简单的介绍。

3.3.1 break 跳转语句

在之前讲解的 switch 语句中用到了 break 语句，break break 语句不仅可以使用在此，还可以把它用于 for、while、do…while 以及 foreach 循环语句中。break 语句使程序跳出当前循环，并继续执行循环之后的代码。当 break 出现在嵌套循环语句中时，break 语句只能出现在最里层的语句中。如果要穿越多个嵌套语句，则必须使用 goto 语句。

下面通过一个小例子来讲解下 break 语句的用法。

例 3-6：break 语句的使用（ConsoleBreak）

```
using System;
using System.Collections.Generic;
using System.Linq;
using System.Text;
using System.Threading.Tasks;

namespace ConsoleBreak
{
    class Program
    {
        static void Main(string[] args)
        {
            int num = 0;
            string[] strs = new string[] { "LiLei", "HanMeimei", "LinTao",
            "Kate", "Uncle Wang", "Jim", "Tom", "Lily", "Lucy", "Ann",
            "polly" };
            foreach (string s in strs)
            {
                num++;
                if (s == "Tom")
                {
                    Console.WriteLine("找到Tom了,他在编号" + num + "的位置！");
                    break;
                }
                Console.WriteLine("位置" + num + "处没有Tom");
            }

            Console.ReadLine();
        }
    }
}
```

运行结果如图 3-14 所示。

此例使用 foreach 语句遍历数组，查找"Tom"所在的位置，找到后使用 break 语句结束循环。

第 3 章 流程控制语句的应用

图 3-14 break 语句的使用

3.3.2 continue 跳转语句

continue 语句与 break 语句类似，必须出现在 for、while、do…while 和 foreach 循环语句中，continue 语句的作用是退出当前循环结构的本次循环，并开始执行下一次循环，而不是退出当前循环结构。当嵌套循环语句存在时，continue 语句只能使直接包含它的循环语句开始一次新的循环。

下面通过一个小例子来讲解下 continue 语句的用法。

例 3-7：continue 语句的使用（ConsoleContinue）

```
using System;
using System.Collections.Generic;
using System.Linq;
using System.Text;
using System.Threading.Tasks;

namespace ConsoleContinue
{
    class Program
    {
        static void Main(string[] args)
        {
            for (int i = 1; i <= 10; i++)
            {
                if (i % 2 != 0)
                    continue;
                Console.WriteLine(i);
            }
            Console.ReadLine();
        }
    }
}
```

运行结果如图 3-15 所示。

图 3-15 continue 语句的使用

此例使用 for 循环语句，对循环变量 i 取余，如果余数不为 0，则 continue 语句就终止当前循环，继续下一次循环，所以只输出 2、4、6、8、10。

3.3.3 return 跳转语句

return 语句终止它出现在其中的方法的执行并将控制返回给调用方法。它还可以返回一个可选值。如果方法为 void 类型，则可以省略 return 语句。

如果 return 语句位于 try 块中，则将在控制流返回到调用方法之前执行 finally 块（如果存在）。

下面通过一个小例子来讲解下 return 语句的用法。

例 3-8：return 语句的使用（ConsoleReturn）

```
using System;
using System.Collections.Generic;
using System.Linq;
using System.Text;
using System.Threading.Tasks;

namespace ConsoleReturn
{
    class Program
    {
        static void Main(string[] args)
        {
            while (true)
            {
                string num1, num2, choose;
                Console.WriteLine("请输入一个数字(输入"e"退出程序)");
                num1 = Console.ReadLine();
                if (num1 == "e")
                {
                    break;
                }
                Console.WriteLine("请输入另一个数字");
                num2 = Console.ReadLine();
                Console.WriteLine("请选择要进行的运算：");
                Console.WriteLine("1.+\t2.-\t3.*\t4./");
                choose = Console.ReadLine();
                Console.WriteLine("计算结果为：{0}", Operational(Convert.
                ToDouble(num1), Convert.ToDouble(num2), choose));
```

```
                Console.WriteLine("――――――――――");
            }
            Console.WriteLine("您已经成功退出,再见! ");
            Console.ReadLine();
        }
        public static string Operational(double num1, double num2, string choose)
        {
            switch (choose)
            {
                case "1":
                    return (num1 + num2).ToString();
                case "2":
                    return (num1 - num2).ToString();
                case "3":
                    return (num1 * num2).ToString();
                case "4":
                    return (num1 / num2).ToString();
                default:
                    return "输入有误! ";
            }
        }
    }
}
```

运行结果如图 3-16 所示。

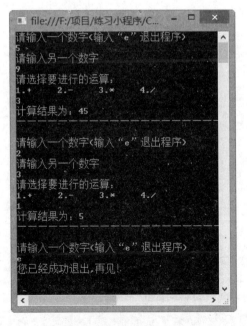

图 3-16　return 语句的使用

此实例实现了一个简易的加减乘除计算器的效果,代码中根据输入的 choose 值判断做何种运算,switch 语句的每个 case 中使用 return 语句直接将转为 string 类型后的计算结果返回了函数调用处,这又引出了 case 中的一种特殊情况——当一个 case 中需要 return 语句时,break 语句要省略,因为两者共存没有任何意义(位于后面的一个语句将永远无法被程序执行到）。关于函数的相关知识将在后续章节进行讲解，此处不做具体讲解。注意此实例未进行异常处理，旨在讲解 return 的用法。

3.3.4 goto 语句

goto 语句用于将控制转移到事先定义的标签标记的语句。goto 语句可以应用于 switch 语句中的 case 标签和 default 标签以及事先定义的标记语句所声明的标签。goto 语句的三种形式及介绍如下。

goto case 表达式：

goto case 语句的目标为它所在 switch 语句中的某个语句列表。

goto default：

goto default 语句的目标是它所在的 switch 语句的 default 标签。

goto 【标签】：

goto 【标签】语句的目标是具有给定标签的标记语句。此用法可用于跳出多层嵌套循环语句。但是，不能使用 goto 语句从外部进入循环。

下面通过一个小例子来讲解下 goto 语句的用法。

例 3-9：goto 语句的使用（ConsoleGoto）

```
using System;
using System.Collections.Generic;
using System.Linq;
using System.Text;
using System.Threading.Tasks;

namespace ConsoleGoto
{
    class Program
    {
        static void Main(string[] args)
        {
            while (true)
            {
                Console.WriteLine("请输入任意字符，(输入"e"退出)");
                string str = Console.ReadLine();
                if (str == "e")
                    goto exit;
                Console.WriteLine("您输入了" + str);
            }
        exit:
            Console.WriteLine("您已经成功退出循环！");
            Console.ReadLine();
        }
    }
}
```

运行结果如图 3-17 所示。

图 3-17　goto 语句的使用

此实例演示了 goto【标签】的用法,当输出"e"时,程序直接跳出了 while 循环,并在定义为 exit 的标签处继续执行程序。

goto 在使用时存在一些争议,有人建议避免使用它,因为它会打乱程序代码的执行顺序,使程序代码的可维护性较差,所以应尽量避免使用 goto 语句。

3.3.5　各跳转语句的区别

(1) break 语句:跳出(终止)循环。
(2) continue 语句:跳出(终止)当前的循环,继续执行下一次循环。
(3) return 语句:跳出循环以及其包含的函数。
(4) goto 语句:可以跳出循环到已标记好的位置上。

小结

本章主要学习了流程控制语句,其中包括选择语句、迭代语句、跳转语句等。这些控制语句将出现在任何一个成熟健壮的应用程序中,读者应熟练掌握这些语句的用法,为日后开发打下良好的基础。

第4章 数组与集合、结构与枚举的应用

本章将学习数组与集合、结构与枚举的相关知识。在 C#中,数组与字符串、整型等一样,是最常用的类型之一,数组能够通过"下标"或"索引"访问数组中的数据。集合也可以存储多个数据,其中最常用的集合有 ArrayList 和 Hashtable。结构与枚举都属于值类型。

本章主要内容:
- 数组的声明和使用
- ArrayList 类
- Hashtable
- 泛型
- 枚举
- 结构

4.1 数组概述

数组是将一组相同类型的数据组合在一起,使用一个通用的名称,通过分配的下标访问数据集合中的元素。数组能够容纳元素的数量称为数组的长度。数组的维数即数组的秩。数组中的每个元素都具有唯一的索引与其相对应。数组的索引从 0 开始,可以是一维数组也可以是多维数组。

4.2 一维数组的声明和使用

一维数组即数组的维数为 1。声明一维数组的语法如下:

```
数据类型[] 数组名;
```

例如:

```
int[] arr;
```

初始化数组有很多种方式,比如常见的一种是使用 new 关键字显式地初始化数组,然后给数组指定大小。还有一种是直接给数组元素指定元素值。

使用 new 关键字初始化数组,例如:

```
int[] arr=new int[9];
```

使用此种方式初始化数组，对于数值类型的数组来说，其数组的所有元素的默认值为 0。

直接给数组元素指定元素值初始化数组，例如：

```
int[] arr={1,2,4,5,88,3};
```

还可结合以上两种初始化的方式初始化数组：

```
int[] arr=new int[7]{1,2,4,5,88,3,18};
```

使用此种方式初始化数组，其数组的大小必须与元素个数相匹配。

当然，还可省略数组的长度，例如：

```
int[] arr=new int[]{1,2,4,5,88,3,18};
```

如果需要得到数组的长度，也就是数组的元素个数，则使用"数组名.Length"即可。若要获取某一个元素，比如获取 arr 的第 3 个元素应该使用 arr[2]来获取，因为之前已经讲解过了数组的索引（下标）是从 0 开始的。

可以通过 for 循环语句、foreach 循环语句等来操作数组中的元素。例 4-1 演示了使用 foreach 循环语句遍历数组中的元素。

例 4-1：使用 foreach 循环语句遍历数组中的元素（ConsoleOnedimensionalArrays）

```
using System;
using System.Collections.Generic;
using System.Linq;
using System.Text; using System.Threading.Tasks;

namespace ConsoleOnedimensionalArrays
{
    class Program
    {
        static void Main(string[] args)
        {
            string[] arr = new string[] { "Hello,", "World!\n", "Hello,",
            "China!\n", "Hello,", "everyone!" };
            foreach (string str in arr)
            {
                Console.Write(str);
            }
            Console.ReadLine();
        }
    }
}
```

运行结果如图 4-1 所示。

图 4-1 使用 foreach 循环语句遍历数组中的元素

4.3 二维数组的声明和使用

二维数组即数组的维数为 2，它类似于一个表格。声明二维数组的语法如下：

数据类型[,] 数组名;

由此可以推断出多维数组的声明语法为：

数据类型[,,,…,] 数组名;

其中，…为若干个","。

多维数组是使用了多个索引访问其元素的数组，在声明多维数组时，只需要更多的","即可。因为二维数组包含多维数组的大多特性，本节只以二维数组作为介绍的重点。

例如，声明一个 3 行 3 列的整型二维数组，代码如下。

```
int[,] arr=new int[2,2];
```

二维数组的初始化与一维数组一致，都可使用 new 关键字创建数组并将数组元素初始化为它们的默认值。

声明一个两行两列的整型二维数组，并为其初始化，代码如下。

```
int[,] arr=new int[2,2]{{12,23},{55,89}};
```

也可不指定行数和列数，例如：

```
int[,] arr=new int[,]{{12,23},{55,89}};
```

对于二维数组来说，同样可以使用 for 循环语句、foreach 循环语句等来操作数组中的元素。例 4-2 演示了使用 for 循环语句遍历二维数组中的元素。

例 4-2：使用 **for** 循环语句遍历二维数组中的元素（**ConsoleForTwodimensionalArrays**）

```csharp
using System;
using System.Collections.Generic;
using System.Linq;
using System.Text;
using System.Threading.Tasks;

namespace ConsoleForTwodimensionalArrays
{
    class Program
    {
        static void Main(string[] args)
        {
            int[,] arr = new int[5, 6];
            for (int i = 0; i < 5; i++)
            {
                for (int j = 0; j < 6; j++)
                {
                    Console.Write(i + "" + j + " ");
                }
                Console.WriteLine();
            }
            Console.ReadLine();
        }
```

        }
}

运行结果如图 4-2 所示。

图 4-2 使用 for 循环语句遍历二维数组中的元素

4.4 ArrayList 类

ArrayList 是命名空间 System.Collections 的子集，在使用该类时必须引用其命名空间，同时 ArrayList 继承了 IList 接口，提供了数据存储和检索。ArrayList 对象的大小是按照其中存储的数据来动态扩充与收缩的。所以，在声明 ArrayList 对象时并不需要指定它的长度。

4.4.1 ArrayList 类的声明与初始化

声明 ArrayList 可以使用如下三种方法。
（1）使用 ArrayList 类的默认构造方法来声明 ArrayList，语法如下：

```
ArrayList arrayList=new ArrayList();
```

使用此种方式声明的 ArrayList 将以默认 16 的大小来初始化内部的数组。
（2）从继承自 ICollection 接口的指定集合复制元素到 ArrayList，并且 ArrayList 具有与所复制的元素数相同的初始容量，语法如下：

```
ArrayList arrayList=new ArrayList(arrayName);
```

其中，arrayName 为要添加集合的数组名。
（3）用指定的大小初始化内部数组，其语法如下：

```
ArrayList arrayList=new ArrayList(count);
```

其中，count 为为 ArrayList 对象分配的空间大小。

4.4.2 ArrayList 的使用

1．ArrayList的属性及其方法

ArrayList 的属性及其方法与之前学习的数组相比要多得多。使用上也比数组要灵活得多。如表 4-1 所示为 ArrayList 的属性及其方法。

表 4-1 ArrayList的属性及其方法

属　　性	
名　　称	说　　明
Capacity	获取或设置 ArrayList 可包含的元素数
Count	获取 ArrayList 中实际包含的元素数
IsFixedSize	获取一个值，该值指示 ArrayList 是否具有固定大小
IsReadOnly	获取一个值，该值指示 ArrayList 是否为只读
IsSynchronized	获取一个值，该值指示是否同步对 ArrayList 的访问（线程安全）
Item	获取或设置位于指定索引处的元素
SyncRoot	获取可用于同步对 ArrayList 的访问的对象
方　　法	
名　　称	说　　明
Adapter	为特定的 IList 创建 ArrayList 包装
Add	将对象添加到 ArrayList 的结尾处
AddRange	将 ICollection 的元素添加到 ArrayList 的末尾
BinarySearch(Object)	使用默认的比较器在整个已排序的 ArrayList 中搜索元素，并返回该元素从零开始的索引
BinarySearch(Object, IComparer)	使用指定的比较器在整个已排序的 ArrayList 中搜索元素，并返回该元素从零开始的索引
BinarySearch(Int32, Int32, Object, IComparer)	使用指定的比较器在已排序 ArrayList 的某个元素范围中搜索元素，并返回该元素从零开始的索引
Clear	从 ArrayList 中移除所有元素
Clone	创建 ArrayList 的浅表副本
Contains	确定某元素是否在 ArrayList 中
CopyTo(Array)	从目标数组的开头开始将整个 ArrayList 复制到兼容的一维 Array 中
CopyTo(Array, Int32)	从目标数组的指定索引处开始将整个 ArrayList 复制到兼容的一维 Array
CopyTo(Int32, Array, Int32, Int32)	从目标数组的指定索引处开始，将一定范围的元素从 ArrayList 复制到兼容的一维 Array 中
Equals(Object)	确定指定的对象是否等于当前对象（继承自 Object）
Finalize	允许对象在"垃圾回收"之前尝试释放资源并执行其他清理操作（继承自 Object）
FixedSize(ArrayList)	返回具有固定大小的 ArrayList 包装
FixedSize(IList)	返回具有固定大小的 IList 包装
GetEnumerator()	返回整个 ArrayList 的一个枚举器
GetEnumerator(Int32, Int32)	返回 ArrayList 中某个范围内的元素的枚举器
GetHashCode	作为默认哈希函数（继承自 Object）
GetRange	返回 ArrayList，它表示源 ArrayList 中元素的子集
GetType	获取当前实例的 Type（继承自 Object）
IndexOf(Object)	搜索指定的 Object，并返回整个 ArrayList 中第一个匹配项的从零开始的索引

续表

方法	
名 称	说 明
IndexOf(Object, Int32)	搜索指定的 Object，并返回 ArrayList 中从指定索引到最后一个元素的元素范围内第一个匹配项的从零开始的索引
IndexOf(Object, Int32, Int32)	搜索指定的 Object，并返回 ArrayList 中从指定的索引开始并包含指定的元素数的元素范围内第一个匹配项的从零开始的索引
Insert	将元素插入 ArrayList 的指定索引处
InsertRange	将集合中的某个元素插入 ArrayList 的指定索引处
LastIndexOf(Object)	搜索指定的 Object，并返回整个 ArrayList 中最后一个匹配项的从零开始的索引
LastIndexOf(Object, Int32)	搜索指定的 Object，并返回 ArrayList 中从第一个元素到指定索引的元素范围内最后一个匹配项的从零开始的索引
LastIndexOf(Object, Int32, Int32)	搜索指定的 Object，并返回 ArrayList 中包含指定的元素数并在指定索引处结束的元素范围内最后一个匹配项的从零开始的索引
MemberwiseClone	创建当前 Object 的浅表副本（继承自 Object）
ReadOnly(ArrayList)	返回只读的 ArrayList 包装
ReadOnly(IList)	返回只读的 IList 包装
Remove	从 ArrayList 中移除特定对象的第一个匹配项
RemoveAt	移除 ArrayList 的指定索引处的元素
RemoveRange	从 ArrayList 中移除一定范围的元素
Repeat	返回 ArrayList，它的元素是指定值的副本
Reverse()	将整个 ArrayList 中元素的顺序反转
Reverse(Int32, Int32)	将指定范围中元素的顺序反转
SetRange	将集合中的元素复制到 ArrayList 中一定范围的元素上
Sort()	对整个 ArrayList 中的元素进行排序
Sort(IComparer)	使用指定的比较器对整个 ArrayList 中的元素进行排序
Sort(Int32, Int32, IComparer)	使用指定的比较器对 ArrayList 中某个范围内的元素进行排序
Synchronized(ArrayList)	返回同步的（线程安全）ArrayList 包装
Synchronized(IList)	返回同步的（线程安全）IList 包装
ToArray()	将 ArrayList 的元素复制到新 Object 数组中
ToArray(Type)	将 ArrayList 的元素复制到指定元素类型的新数组中
ToString	返回表示当前对象的字符串（继承自 Object）
TrimToSize	将容量设置为 ArrayList 中元素的实际数目

2．ArrayList元素的添加

向 ArrayList 添加元素时可以使用 ArrayList 类的 Add 方法和 Insert 方法，下面将分别对这两种方法进行讲解。

1）Add 方法

此方法将对象添加到 ArrayList 的结尾处，是最常用的方法之一，此方法将把添加的元素作为 Object 的对象添加。其返回值为 int 类型，为 ArrayList 的索引值。ArrayList 允许把 null 添加至 ArrayList 中，并且允许添加重复的元素。例 4-3 演示了使用 Add 方法将整型添加至 ArrayList，并输出其元素值。

例 4-3：ArrayList 的 Add 方法（ConsoleArrayListAddMethod）

```
using System;
using System.Collections;
using System.Collections.Generic;
using System.Linq;
using System.Text;
using System.Threading.Tasks;

namespace ConsoleArrayListAddMethod
{
    class Program
    {
        static void Main(string[] args)
        {
            ArrayList list = new ArrayList();
            list.Add(1);
            list.Add(9);
            list.Add(3);
            list.Add(7);
            list.Add(0);
            list.Add(88);
            foreach (int i in list)
            {
                Console.WriteLine(i);
            }
            Console.ReadLine();
        }
    }
}
```

运行结果如图 4-3 所示。

图 4-3　ArrayList 的 Add 方法

2）Insert 方法

Insert 方法将元素插入 ArrayList 的指定索引处。其方法如下：

```
public virtual void Insert(
    int index,
```

```
        Object value
)
```

其中，index 是从零开始的索引，应在该位置插入 value。

value 为要插入的 Object 对象，该值可以为 null。

例 4-4 演示了使用 Insert 方法将元素添加至 ArrayList，并输出其元素值。

例 4-4：ArrayList 的 Insert 方法（ConsoleArrayListInsertMethod）

```csharp
using System;
using System.Collections;
using System.Collections.Generic;
using System.Linq;
using System.Text;
using System.Threading.Tasks;

namespace ConsoleArrayListInsertMethod
{
    class Program
    {
        static void Main(string[] args)
        {
            string[] strs = new string[] { "Hello, ", "World! \n", "Hello, ", "China! \n" };
            ArrayList list = new ArrayList(strs);
            Console.WriteLine("原始数据为：");
            foreach (string str in list)
            {
                Console.Write(str);
            }
            Console.WriteLine();
            list.Insert(4, "Hello,");
            list.Insert(5, "Kitty! \n");
            list.Insert(6, "Hello,");
            list.Insert(7, "KuGou! \n");
            Console.WriteLine("使用 Insert 方法添加后的数据为：");
            for (int i = 0; i < list.Count; i++)
            {
                Console.Write(list[i].ToString());
            }
            Console.WriteLine();
            Console.ReadLine();
        }
    }
}
```

运行结果如图 4-4 所示。

图 4-4 ArrayList 的 Insert 方法

关键点解析：

```
list.Insert(4, "Hello,");
```

此代码使用 Insert 方法在 ArrayList 的对象 list 的索引位置 4 处插入"Hello,"字符串，若此时将 Insert 方法的第一个参数值 4 改为 5 或更大值，则程序会报出 ArgumentOutOfRangeException 异常，根据 VS 中的异常提示"插入索引已超出范围。必须为非负值，并且必须小于或等于大小"可知，插入的索引值必须小于等于 ArrayList 的对象 list 的大小。

```
for (int i = 0; i < list.Count; i++)
```

此句使用了 ArrayList 对象的 Count 方法取得 ArrayList 中包含的元素个数作为循环的限定条件。

```
Console.Write(list[i].ToString());
```

此句中使用 ArrayList 对象的索引形式访问元素，索引从 0 开始。

3．ArrayList元素的删除

在 ArrayList 中可以使用 ArrayList 类提供的 Clear 方法、Remove 方法、RemoveAt 方法以及 RemoveRange 方法来删除元素。下面就分别介绍下这 4 种方法。

1）Clear 方法

Clear 方法用于从 ArrayList 中移除所有元素，其语法格式如下：

```
public virtual void Clear()
```

2）Remove 方法

Remove 方法用于从 ArrayList 中移除指定对象的第一个匹配项，其语法格式如下：

```
public virtual void Remove(
    Object obj
)
```

其中，obj 为要从 ArrayList 中移除的 Object 对象，该值可以为 null。

3）RemoveAt 方法

RemoveAt 方法用于移除 ArrayList 的指定索引处的元素。其语法格式如下：

```
public virtual void RemoveAt(
    int index
)
```

其中，index 为要移除的元素的从零开始的索引。

4）RemoveRange 方法

RemoveRange 方法用于从 ArrayList 中移除一定范围的元素，其语法格式如下：

```
public virtual void RemoveRange(
    int index,
    int count
)
```

其中，index 为要移除的元素的范围从零开始的起始索引，count 为要移除的元素数。
例 4-5 演示了使用以上 4 种方法来移除 ArrayList 对象中的元素。

例 4-5：ArrayList 元素的删除（ConsoleArrayListDelete）

```csharp
using System;
using System.Collections;
using System.Collections.Generic;
using System.Linq;
using System.Text;
using System.Threading.Tasks;

namespace ConsoleArrayListDelete
{
    class Program
    {
        static void Main(string[] args)
        {
            int[] arr = new int[] { 1, 2, 3, 4, 5, 6, 7, 8, 9, 10 };
            ArrayList list = new ArrayList(arr);
            Console.WriteLine("list 中的元素为：");
            foreach (int i in list)
            {
                Console.Write(i + " ");
            }
            list.Remove(2);
            Console.WriteLine("\n 使用 Remove 方法移除数字 2 后,list 中剩余元素为:");
            foreach (int i in list)
            {
                Console.Write(i + " ");
            }
            list.RemoveAt(5);
            Console.WriteLine("\n 使用 RemoveAt 方法移除索引值为 5 的元素后，list 中剩余元素为：");
            foreach (int i in list)
            {
                Console.Write(i + " ");
            }
            list.RemoveRange(3, 2);
            Console.WriteLine("\n 使用 RemoveRange 方法从索引值为 3 的元素开始移除 2 个元素后，list 中剩余元素为：");
            foreach (int i in list)
            {
```

```
                Console.Write(i + " ");
            }
            list.Clear();
            Console.WriteLine("\n已经使用了Clear方法移除了list中的所有元素!");
            Console.ReadLine();
        }
    }
}
```

运行结果如图 4-5 所示。

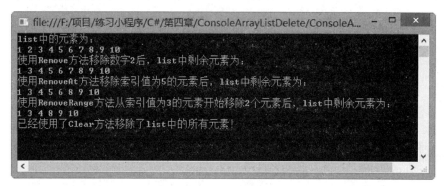

图 4-5 ArrayList 元素的删除

4．ArrayList元素的查找

查找 ArrayList 的元素时，可使用第 2 章中讲解过的字符串类的同名方法——IndexOf 方法和 LastIndexOf 方法。除此之外还可使用 ArrayList 类提供的 Contains 方法。下面就主要介绍 Contains 方法。

Contains 方法用于确定某元素是否在 ArrayList 中，其语法格式如下：

```
public virtual bool Contains(
    Object item
)
```

其中，item 为要在 ArrayList 中查找的 Object 对象，该值可以为 null。

其返回值如果在 ArrayList 中找到 item，则为 true；否则为 false。下面的例子演示了使用 Contains 方法判断 ArrayList 中是否存在某元素。

例 4-6：使用 Contains 方法判断 ArrayList 中是否存在某元素（ConsoleArrayList-ContainsMethod）

```
using System;
using System.Collections;
using System.Collections.Generic;
using System.Linq;
using System.Text;
using System.Threading.Tasks;

namespace ConsoleArrayListContainsMethod
{
    class Program
    {
```

```
static void Main(string[] args)
{
    ArrayList list = new ArrayList();
    for (int i = 0; i <= 100; i++)
    {
        list.Add(i);
    }
    Console.WriteLine("list 中包含以下元素：");

    foreach (int i in list)
    {
        Console.Write(i + " ");
    }
    string str;

    while (true)
    {
        Console.Write("\n\n请输入一个正整数(输入"x"退出循环)：");
        str = Console.ReadLine();
        if (str == "x")
            break;
        if (list.Contains(int.Parse(str)))
            Console.WriteLine("list 中包含元素值为{0}的元素！", str);
        else
            Console.WriteLine("list 中不包含元素值为{0}的元素！", str);
    }
    Console.ReadLine();
}
```

运行结果如图4-6所示。

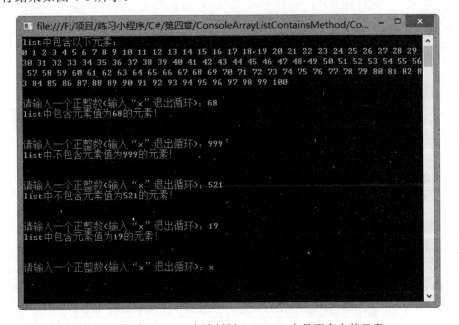

图4-6 使用Contains方法判断ArrayList中是否存在某元素

关键点解析：

```
if (list.Contains(int.Parse(str)))
```

此句中使用 ArrayList 对象的 Contains 方法判断输入的值是否在 ArrayList 中存在，此处要注意的是：因为 ArrayList 对象 list 中存储的是整型数据，而输入的值为字符串类型，需把其转为整型进行判断，否则即使字面值相同，但数据类型不同，判断结果也为 false，这就失去了判断的意义。

4.5 Hashtable

Hashtable 通常被称为哈希表，Hashtable 与 ArrayList 一样也属于 System.Collections 命名空间，Hashtable 中的每个元素都是一个存储在 DictionaryEntry 对象中的 key/value 对，其中 key 通常用来快速查找，同时 key 也可区分大小写；value 用于存储对应于 key 的值。Hashtable 中 key/value 键值对均为 object 类型，所以 Hashtable 可以支持任何类型的 key/value 键值对。

Hashtable 的构造方法有很多种，在此只介绍几种最常用的构造方法。

（1）使用默认的、不带参数的构造方法初始化 Hashtable 类的实例，这样使得初始容量、加载因子、哈希代码提供程序和比较器都是默认的，其语法如下：

```
public Hashtable()
```

（2）使用指定的初始容量、默认加载因子、默认哈希代码提供程序和摩恩比较器来初始化 Hashtable 类的实例，其语法如下：

```
public Hashtable(int capacity)
```

其中，capacity 是 Hashtable 对象最初可包含的元素的近似数。

4.5.1 Hashtable 的属性及其方法

Hashtable 的属性及其方法如表 4-2 所示。

表 4-2 Hashtable的属性及其方法

属性	
名 称	说 明
Count	获取包含在 Hashtable 中的键/值对的数目
IsFixedSize	获取一个值，该值指示 Hashtable 是否具有固定大小
IsReadOnly	获取一个值，该值指示 Hashtable 是否为只读
IsSynchronized	获取一个值，该值指示是否同步对 Hashtable 的访问（线程安全）
Item	获取或设置与指定的键相关联的值
Keys	获取包含 Hashtable 中的键的 ICollection
SyncRoot	获取可用于同步 Hashtable 访问的对象
Values	获取包含 Hashtable 中的值的 ICollection

第4章 数组与集合、结构与枚举的应用

续表

名　　称	说　　明
Add	将带有指定键和值的元素添加到 Hashtable 中
Clear	从 Hashtable 中移除所有元素
Clone	创建 Hashtable 的浅表副本
Contains	确定 Hashtable 是否包含特定键
ContainsKey	确定 Hashtable 是否包含特定键
ContainsValue	确定 Hashtable 是否包含特定值
CopyTo	将 Hashtable 元素复制到一维 Array 实例中的指定索引位置
Equals	已重载。确定两个 Object 实例是否相等（从 Object 继承）
GetEnumerator	返回循环访问 Hashtable 的 IDictionaryEnumerator
GetHashCode	用作特定类型的哈希函数。GetHashCode 适合在哈希算法和数据结构（如哈希表）中使用（从 Object 继承）
GetObjectData	实现 ISerializable 接口，并返回序列化 Hashtable 所需的数据
GetType	获取当前实例的 Type（从 Object 继承）
OnDeserialization	实现 ISerializable 接口，并在完成反序列化之后引发反序列化事件
ReferenceEquals	确定指定的 Object 实例是否是相同的实例（从 Object 继承）
Remove	从 Hashtable 中移除带有指定键的元素
Synchronized	返回 Hashtable 的同步（线程安全）包装
ToString	返回表示当前 Object 的 String（从 Object 继承）

下面就 Hashtable 的操作，重点讲解下其相应方法的使用。

4.5.2 Hashtable 元素的添加

向 Hashtable 中添加元素可以使用 Hashtable 类的 Add 方法，Add 方法将带有指定键和值的元素添加到 Hashtable 中，其语法格式如下：

```
public virtual void Add (
    Object key,
    Object value
)
```

其中，key 为要添加的元素的键，value 为要添加的元素的值。

此处要注意的是，key 不可以为 null，value 可以。

4.5.3 Hashtable 元素的删除

Hashtable 删除元素时可以使用 Remove 方法和 Clear 方法。下面分别对这两个方法进行讲解。

1．Remove方法

Remove 方法用于从 Hashtable 中移除带有指定键的元素，其语法格式如下：

```
public virtual void Remove (
    Object key
)
```

2. Clear方法

Clear 方法用于从 Hashtable 中移除所有元素，其语法格式如下：

```
public virtual void Clear ()
```

4.5.4　Hashtable 元素的遍历

遍历 Hashtable 的方法与遍历数组以及 ArrayList 类似，都可使用 foreach 等语句。

之前介绍过，由于 Hashtable 中的每个元素都是一个 DictionaryEntry 类的对象，因此应使用 DictionaryEntry 类型来进行遍历。

4.5.5　Hashtable 元素的查找

在 Hashtable 中查找元素，可使用 Hashtable 类提供的 Contains 方法、ContainsKey 方法以及 ContainsValue 方法。下面分别对这三种方法进行讲解。

1. Contains方法

Contains 方法用于确定 Hashtable 是否包含特定键，其语法格式如下：

```
public virtual bool Contains (
    Object key
)
```

其中，key 为要在 Hashtable 中定位的键。

2. ContainsKey方法

ContainsKey 方法用于确定 Hashtable 是否包含特定键，其语法格式如下：

```
public virtual void ContainsKey (
    Object key
)
```

其中，key 为要在 Hashtable 中定位的键。

3. ContainsValue方法

ContainsValue 方法用于确定 Hashtable 是否包含特定值，其语法格式如下：

```
public virtual void ContainsValue (
    Object value
)
```

其中，value 为要在 Hashtable 中定位的值。该值可以为空引用。

下面的例子演示了对 Hashtable 的相关操作。

例 4-7：Hashtable 的相关操作（ConsoleHashtable）

```csharp
using System;
using System.Collections;
using System.Collections.Generic;
using System.Linq;
using System.Text;
using System.Threading.Tasks;

namespace ConsoleHashtable
{
    class Program
    {
        static void Main(string[] args)
        {
            Hashtable ht = new Hashtable();

            ht.Add("sichuan", "chengdu");
            ht.Add("jiangsu", "nanjing");
            ht.Add("anhui", "hefei");
            ht.Add("hunan", "changsha");
            ht.Add("shandong", "jinan");

            Console.WriteLine("Hashtable 初始元素为：");

            foreach (DictionaryEntry de in ht)
            {
                Console.WriteLine("Key:{0}\t\tValue:{1}", de.Key, de.
                Value);
            }

            if (ht.ContainsKey("anhui"))
            {
                ht.Remove("anhui");
            }
            Console.WriteLine("\nHashtable 移除元素后的结果为：");

            foreach (string str in ht.Keys)
            {
                Console.WriteLine("Key:{0}\t\tValue:{1}", str, ht[str]);
            }
            ht.Clear();
            Console.WriteLine("\n 已移除 Hashtable 中的所有元素！");
            Console.ReadLine();
        }
    }
}
```

运行结果如图 4-7 所示。

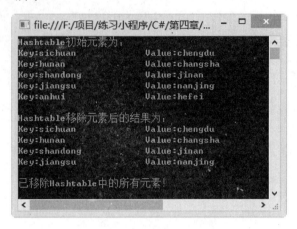

图 4-7 Hashtable 的相关操作

4.6 枚举

枚举类型是一种特殊的值类型，它用于声明一组具有相同性质的常量。

System.Enum 类型是所有枚举类型的抽象基类，并且从 System.Enum 继承的成员在任何枚举类型中都可用。System.Enum 本身并不是枚举类型。相反，它是一个类类型，所有枚举类型都是从它派生的。System.Enum 从类型 System.ValueType 派生。

4.6.1 枚举的声明

在 C#中使用 enum 关键字声明枚举，其语法格式如下：

```
访问修饰符 enum enumName: 基本类型
{
    list1=vlaue1,
    list2=value2,
    list3=value3,
…
    listN=valueN
}
```

其中，enumName 为枚举名，基本类型必须能够表示该枚举中定义的所有枚举数值。枚举声明可以显式地声明 byte、sbyte、short、ushort、int、uint、long 或 ulong 类型作为对应的基本类型。没有显式地声明基本类型的枚举声明意味着所对应的基本类型是 int。大括号中为枚举值列表，任意两个枚举成员不能具有相同的名称。每个枚举成员均具有相关联的常数值。此值的类型就是枚举的基本类型。每个枚举成员的常数值必须在该枚举的基本类型的范围之内。若不对其进行赋值，默认情况下，第一个枚举的值为 0，后面的枚举值依次递增 1。

下面的代码片段演示了枚举类型的声明。

```
public enum Times
{
    Morning = 1,
    Afternoon = 2,
    Evening = 3
}
```

4.6.2 枚举类型与基本类型的转换

基本类型不能隐式转换为枚举类型，而枚举类型也不能隐式转换为基础类型，枚举类型与基本类型之间的转换，要使用强制类型转换。下面的例子演示了对枚举类型的基本操作。

例 4-8：枚举类型与基本类型的转换（ConsoleEnumConvert）

```
using System;
using System.Collections.Generic;
using System.Linq;
using System.Text;
using System.Threading.Tasks;

namespace ConsoleEnumConvert
{
    class Program
    {
        static void Main(string[] args)
        {
            Weekday weekday = Weekday.Monday;

            Console.WriteLine("今天是：\t\t" + weekday);

            weekday++;

            Console.WriteLine("\n明天是：\t\t" + weekday);

            weekday = (Weekday)4;

            Console.WriteLine("\n大后天是：\t\t" + weekday);

            int friday = (int)Weekday.Friday
                ;
            Console.WriteLine("\n星期五转换为数字为：\t" + friday);

            Console.ReadLine();
        }
        enum Weekday
        {
            Sunday, Monday, Tuesday, Wednesday, Thursday, Friday, Saturday
        }
    }
}
```

运行结果如图 4-8 所示。

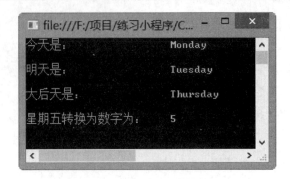

图 4-8　枚举类型与基本类型的转换

4.7　结构类型

"结构"是一种构造类型,它是由若干"成员"组成的。每一个成员可以是一个基本数据类型或者又是一个构造类型。结构即是一种"构造"而成的数据类型,结构中可以包含构造函数、常量、字段、属性、方法、运算符、事件和嵌套类型等。

在结构声明中,除非字段被声明为 const 或 static,否则无法初始化。结构类型永远不是抽象的,并且始终是隐式密封的,因此在结构声明中不允许使用 abstract 和 sealed 修饰符。

在 C#中使用 struct 关键字来声明结构,其语法格式如下:

```
访问修饰符 struct 结构名
{
//成员表列
};
```

下面的例子演示了结构类型的使用。

例 4-9:结构类型的使用(ConsoleStruct)

```
using System;
using System.Collections.Generic;
using System.Linq;
using System.Text;
using System.Threading.Tasks;

namespace ConsoleStruct
{
    class Program
    {
        static void Main(string[] args)
        {
            SquareStruct ss;
            ss.radius = 2;
            Console.WriteLine("半径为{0}的圆的面积为: {1}\n", ss.radius,
                ss.Square());

            ss = new SquareStruct(5);
```

```
            Console.WriteLine("半径为{0}的圆的面积为：{1}", ss.radius,
            ss.Square());

            Console.ReadLine();
        }
        public struct SquareStruct
        {
            public const double PI = 3.1415926;
            public double radius;

            public double Square()
            {
                return PI * radius * radius;
            }

            public SquareStruct(double r)
            {
                radius = r;
            }
        }
    }
}
```

运行结果如图 4-9 所示。

图 4-9　结构类型的使用

小结

　　本章讲述了数组与集合以及结构与枚举的相关知识。数组中讲解了一维数组与二维数组的使用。集合中详细介绍了 ArrayList 和 Hashtable 的相关知识，读者应牢固掌握其属性及其方法的使用。之后简单介绍了结构与枚举的知识。学习完本章，将为以后写出更健壮的代码打下坚实的基础。

第 5 章 面向对象编程的基本概念及应用

本章将学习面向对象编程的基本概念的相关知识及其应用。面向对象技术是目前流行的系统设计开发技术，包括面向对象分析和面向对象程序设计。其具有 4 个基本特征：抽象、封装、继承以及多态性。

本章主要内容：
- 类的基本概念及其应用
- 继承
- 接口
- 多态
- 抽象类与抽象方法

5.1 类

类（Class）是对某种类型的对象定义变量和方法的原型。它表示对现实生活中一类具有共同特征的事物的抽象，是面向对象编程的基础。

本节将学习类的相关知识。

5.1.1 类的概述

类的实质是一种数据类型，类似于 int、char 等基本类型，不同的是它是一种复杂的数据类型。因为它的本质是类型，而不是数据，所以不存在于内存中，不能被直接操作，只有被实例化为对象时，才会变得可操作。

类是对现实生活中一类具有共同特征的事物的抽象。如果一个程序里提供的类型与应用中的概念有直接的对应，这个程序就会更容易理解，也更容易修改。一组经过很好选择的用户定义的类会使程序更简洁。此外，它还能使各种形式的代码分析更容易进行。特别地，它还会使编译器有可能检查对象的非法使用。

类的内部封装了方法，用于操作自身的成员。类是对某种对象的定义，具有行为，它描述一个对象能够做什么以及做的方法，它们是可以对这个对象进行操作的程序和过程。它包含有关对象动作方式的信息，包括它的名称、方法、属性和事件。

5.1.2 类的面向对象的概述

面向对象编程（Object Oriented Programming，OOP）是一种计算机编程架构。OOP

的一条基本原则是计算机程序是由单个能够起到子程序作用的单元或对象组合而成,OOP 达到了软件工程的三个目标:重用性、灵活性和扩展性。为了实现整体运算,每个对象都能够接收信息、处理数据和向其他对象发送信息。面向对象一直是软件开发领域内比较热门的话题,首先,面向对象符合人类看待事物的一般规律。其次,采用面向对象方法可以使系统各部分各司其职、各尽所能,为编程人员敞开了一扇大门,使其编写的代码更简洁,更易于维护,并且具有更强的可重用性。

5.1.3 类的声明及其类成员

1. 类的声明

在 C#中,使用 class 关键字来声明类,其语法如下:

```
访问修饰符 class 类名
{
    //类成员
}
```

下面通过一个小例子来具体介绍下类及其成员。

例 5-1:类的声明及其类成员(**ConsoleClass**)

```
using System;
using System.Collections.Generic;
using System.Linq;
using System.Text;
using System.Threading.Tasks;

namespace ConsoleClass
{
    class Program
    {
        static void Main(string[] args)
        {
            Student s = new Student();
            s.name = "点点";
            s.age = 26;
            s.sex = "女";
            s.ShowMsg();
        }
    }
    public class Student
    {
        public string name;

        public int age;

        public string sex;

        public void ShowMsg()
        {
            string str = "学生姓名:" + name + "  年龄:" + age + "  性别:" + sex;
            Console.WriteLine(str);
            Console.ReadLine();
```

            }
        }
    }

运行结果如图 5-1 所示。

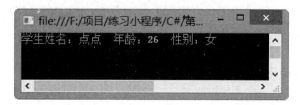

图 5-1　类的声明及其类成员

此例中，声明了一个 public 的名为 Student 的类，Student 类中定义了 name、age、sex 三个成员变量以及 ShowMsg 方法。在 Main 方法中实例化 Student 类的一个对象 s，并使用 "." 操作符调用类的成员变量为其赋值，之后调用 ShowMsg 方法输出信息。

2．方法

"方法"是包含一系列语句的代码块。程序通过"调用"方法并指定所需的任何方法参数来执行语句。在 C# 中，每个执行指令都是在方法的上下文中完成的。

方法在类或结构中声明，声明时需要指定访问级别、返回值、方法名称以及任何方法参数。方法参数放在括号中，并用逗号隔开。空括号表示方法不需要参数。其语法如下：

```
访问修饰符　返回值类型　方法名(参数列表)
{
    //方法体
}
```

在例 5-1 中，public void ShowMsg() 声明了一个 public（公有）的、void（无返回值）的、名为 ShowMsg 的无参方法。

下面再通过一个小例子来具体介绍下不同类型方法的声明及使用。

例 5-2：方法的声明及使用（ConsoleFunction）

```csharp
using System;
using System.Collections.Generic;
using System.Linq;
using System.Text;
using System.Threading.Tasks;

namespace ConsoleFunction
{
    class Program
    {
        static void Main(string[] args)
        {
            MyClass mc = new MyClass();
            mc.Show1();
            Console.WriteLine(mc.Show2());
            Console.WriteLine(mc.Show3(26));
```

```csharp
            Console.WriteLine(mc.Show4(125, 521));
            Console.ReadLine();
        }
    }
    public class MyClass
    {
        public void Show1()
        {
            Console.WriteLine("我是无返回值无参方法Show1");
        }
        public int Show2()
        {
            int n = 1;
            Console.WriteLine("我是有返回值无参方法Show2");
            return n;
        }
        public string Show3(int age)
        {
            Console.WriteLine("我是有返回值有参方法Show3");
            if (age >= 18)
                return "您已成年，符合标准";
            else
                return "您尚未成年，暂时不符合标准";
        }
        public int Show4(int num1, int num2)
        {
            Console.WriteLine("我是有返回值有参方法Show4");
            return num1 + num2;
        }
    }
}
```

运行结果如图 5-2 所示。

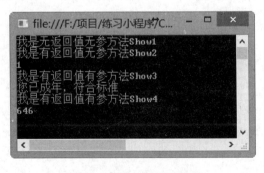

图 5-2 方法的声明及使用

此例中，定义了一个名为 MyClass 的类，在 MyClass 类里分别声明了 4 个不同形式的方法，在 Main 方法中，初始化 MyClass 类，并调用其 4 个方法，输出相关信息。在此要注意的是，有返回值的方法，如 Show2，要使用 return 关键字返回一个与方法返回值类型相匹配的变量或值，且有返回值的方法中有且仅有一个 return 语句被执行。表 5-1 中列出了常用的几种访问修饰符。

表 5-1 常用的访问修饰符

名 称	说 明
Public	公有的,不限制对该类的访问
Protected	受保护的,智能从其所在类和所在类的子类进行访问
Private	私有的,只有.NET 中的应用程序或库才能访问
Internal	内部类,只有其所在类才能访问
Abstract	抽象类,不允许建立类的实例
Sealed	密封类,不允许被继承

5.1.4 构造函数和析构函数

在 C#中,构造函数用来初始化对象,而析构函数则用来清理对象。下面就分别介绍下构造函数和析构函数。

1. 构造函数

构造函数与类名相同,通常用来初始化对象。任何时候,只要创建类,就会调用它的构造函数。一个类可能有多个接受不同参数的构造函数。构造函数使得程序员可设置默认值、限制实例化以及编写灵活且便于阅读的代码。若不显式地提供构造函数,则默认情况下 C# 将创建一个默认的构造函数,该构造函数实例化对象,并将成员变量设置为默认值表中列出的默认值。

例 5-3 的代码演示了声明类的构造函数并为成员变量初始化。

例 5-3:构造函数的声明及其类成员的初始化(ConsoleClassConstructor)

```
using System;
using System.Collections.Generic;
using System.Linq;
using System.Text;
using System.Threading.Tasks;

namespace ConsoleClassConstructor
{
    class Program
    {
        public double chang = 7;
        public double width = 3;
        public double area;

        public Program()
        {
            area = chang * width;
        }

        public Program(double l, double w)
        {
            area = l * w;
        }

        static void Main(string[] args)
```

```
            {
                Program p1 = new Program();
                Console.WriteLine("此长方形的面积为: " + p1.area);
                Program p2 = new Program(9, 4);
                Console.WriteLine("此长方形的面积为: " + p2.area);
                Console.ReadLine();
            }
        }
    }
}
```

运行结果如图 5-3 所示。

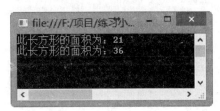

图 5-3 构造函数的声明及其类成员的初始化

此例中，分别声明了一个不带参数的构造函数以及一个带有两个 double 类型参数的构造函数，在构造函数中都是执行对变量 area 的赋值。不同点是默认的构造函数使用成员变量 chang 和 width 的乘积来为 area 赋值，而带参数的构造函数则使用两个参数的值的乘积为其赋值。在 Main 方法中，分别使用了两个不同的构造函数初始化了两个 Program 类的对象 p1 和 p2，之后分别输出其下的 area 变量的值。

2．析构函数

析构函数用于析构类的实例。析构函数与构造函数相反，当对象脱离其作用域时（例如对象所在的函数已调用完毕），系统自动执行析构函数。析构函数以类名加~来命名。

例 5-4 的代码演示了声明类的析构函数的例子。

例 5-4：析构函数的声明和使用（ConsoleClassDestructor）

```
using System;
using System.Collections.Generic;
using System.Linq;
using System.Text;
using System.Threading.Tasks;

namespace ConsoleClassDestructor
{
    class Program
    {
        ~Program()
        {
            Console.WriteLine("自动调用析构函数成功！");
            Console.ReadLine();
        }

        static void Main(string[] args)
        {
            Program p = new Program();
```

            }
        }
}

运行结果如图 5-4 所示。

图 5-4　析构函数的声明和使用

此例中要注意的是，析构函数是自动被调用的，且一个类中只能有一个析构函数存在。

5.1.5　this 关键字

在面向对象的编程语言中，this 关键字用来引用类的当前实例，通过 this 关键字可以引用当前类的成员变量和方法。例 5-5 中演示了 this 关键字的用法。

例 5-5：this 关键字的用法（ConsoleClassThis）

```
using System;
using System.Collections.Generic;
using System.Linq;
using System.Text;
using System.Threading.Tasks;

namespace ConsoleClassThis
{
    class Program
    {
        private string time;

        public void SetMessage(string time)
        {
            this.time = time;
        }

        static void Main(string[] args)
        {
            Program p = new Program();
            p.SetMessage("四点");
            Console.WriteLine("会议通知：今天下午{0}开会...", p.time);
            Console.ReadLine();
        }
    }
}
```

运行结果如图 5-5 所示。

图 5-5 this 关键字的用法

此例中,定义了一个 private 的变量 time,在 SetMessage 方法的参数中也定义了一个变量 time,这时如果不使用 this 关键字,那么在方法体中 time = time,此时的两个 time 就会认为是方法参数中的变量,而无法识别成 private 的成员变量。

5.1.6 属性

属性是这样的成员:它们提供灵活的机制来读取、编写或计算私有字段的值。可以像使用公共数据成员一样使用属性,但实际上它们是称为"访问器"的特殊方法。这使得数据在可被轻松访问的同时,仍能提供方法的安全性和灵活性。

1. 属性的声明及使用

首先以一个小例子演示下属性的声明及使用。

例 5-6:属性的声明及使用(ConsoleProp)

```
using System;
using System.Collections.Generic;
using System.Linq;
using System.Text;
using System.Threading.Tasks;

namespace ConsoleProp
{
    class Program
    {
        static void Main(string[] args)
        {
            Calculate calc = new Calculate();
            calc.Dividend = 10;
            calc.Divisor = 3;
            calc.Divided();

            calc.Dividend = 10;
            calc.Divisor = 0;
            calc.Divided();

            Console.ReadLine();
        }
    }

    public class Calculate
```

```
    {
        private double dividend;
        private double divisor;
        public bool flag = false;

        public double Dividend
        {
            get { return dividend; }
            set { dividend = value; }
        }

        public double Divisor
        {
            get { return divisor; }
            set
            {
                if (value == 0)
                    flag = true;
                else
                    divisor = value;
            }
        }

        public void Divided()
        {
            if (flag)
                Console.WriteLine("除数不能为0");
            else
                Console.WriteLine("计算结果为: " + Dividend / Divisor);
        }
    }
}
```

运行结果如图 5-6 所示。

图 5-6　属性的声明及使用

在此例中，声明了一个名为 Calculate 的类，Calculate 类中声明了两个私有的变量 dividend 和 divisor，分别作为被除数和除数，并为其分别添加了属性。在属性的定义中，使用了 get/set 方法（或访问器）。方法中使用 value 关键字作为要传入或取出的值。在 Main 方法中，初始化 Calculate 类，并为其两个属性赋值，为其赋值时会自动调用属性定义中的 set 方法，取值则调用 get 方法，之后调用 Divided 方法显示出计算结果。由于除数不能为 0，例 5-6 在 Divisor 属性定义中使用了一个 bool 值的变量作为依据。Divided 方法中根据 bool 值输出相应结果。

使用 VS2012 编程时，在 C# 3.0 以上版本中提供更简洁的属性的写法，如例 5-6 中代码：

```
private double dividend;
public double Dividend
{
    get { return dividend; }
    set { dividend = value; }
}
```

可替换为

```
public double Dividend { get; set; }
```

属性的数据类型必须与它所访问的字段类型一致。属性的类型可以是整型、字符串或者是类等。

2．属性的访问类型

属性的访问类型分为以下三种。
（1）只读属性，只包含 get 方法。
（2）只写属性，只包含 set 方法。
（3）读写属性，包含 get 和 set 方法。

在此处要注意的是，C# 3.0 自动生成的属性的语法必须同时指定 get 和 set，而不能只写其中一个。那么使用自动生成的属性实现只读或只写属性要怎么做呢？方法很简单，如以下代码所示。

```
public string Username { get; private set; }
```

以上为只读属性，只写属性则把 private 修饰符写在 get 前面即可。

5.2 继承

继承是面向对象编程最重要的特性之一。任何类都可以从另一个类中继承，这就是说，这个类拥有它继承的类的所有成员。在面向对象编程中，被继承（也称为派生）的类称为父类或者基类。在 C#中，继承只支持单继承，即一个类只能有一个基类。单一继承已经能够满足大多数面向对象应用程序开发上的要求，也有效地降低了复杂性。如果必须使用多继承，可以通过接口来实现。

5.2.1 继承简述

利用类的继承机制，用户可以通过增加、修改或替换类中的方法对这个类进行扩充，以适应不同的应用要求。利用继承，程序员可以在已有类的基础上构造新类。

下面通过一个具体的例子来讲解下类的继承。

例 5-7：类的继承（ConsoleClassInheritance）

```
using System;
using System.Collections.Generic;
using System.Linq;
using System.Text;
using System.Threading.Tasks;

namespace ConsoleClassInheritance
{
    class Program
    {
        static void Main(string[] args)
        {
            Sun sun = new Sun();
            sun.Calc();
            sun.Show();
            Console.ReadLine();
        }
    }

    public class Father
    {
      public int num1 = 5, num2 = 3;

        public void Calc()
        {
            Console.WriteLine("{0} + {1} = {2}", num1, num2, num1 + num2);
            Console.WriteLine("我是基类的Calc方法");
        }
    }

    public class Sun : Father
    {
        public void Show()
        {
            Calc();
            Console.WriteLine("我是子类的Show方法");
        }
    }
}
```

运行结果如图 5-7 所示。

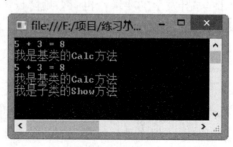

图 5-7　类的继承

在此例中，声明了一个名为 Father 的类，Father 类中声明并初始化了两个整型的变量 num1 和 num2，并声明了一个名为 Calc 的方法，用于计算两数之和并输出相关信息。然后声明一个名为 Sun 的类，并继承于 Father 类。在 C#中，声明类时，在类名后放置一个冒号，然后在冒号后指定要继承的类。Sun 类中声明一个名为 Show 的方法，在 Show 方法内部直接调用了父类的 Calc 方法。最后在 Main 方法中初始化了子类 Sun 的对象，并调用了父类的 Calc 方法以及自己的 Show 方法。

5.2.2 抽象类及类成员

抽象类及类成员是不完整且必须在派生类中实现的类和类成员。其语法格式如下：

```
访问修饰符 abstract class 类名
{
类成员
}
```

如下代码片段演示了如何继承抽象类。

```
public abstract class Person
{

}

public class Chinese : Person
{

}
```

抽象类不能实例化。抽象类的用途是提供一个可供多个派生类共享的通用基类定义。抽象类也可以定义抽象方法。方法是将关键字 abstract 添加到方法的返回类型的前面。如下代码片段演示了在抽象类中添加抽象方法。

```
public abstract class Person
    {
        public abstract void SayHello();
    }
```

抽象方法没有实现，所以方法定义后面是分号，而不是常规的方法块。抽象类的派生类必须实现所有抽象方法。

5.3 接口

接口是为了实现多重继承而产生的。由于 C#中的类不支持多重继承，但在客观世界中出现多重继承的情况又比较多，因此为了避免传统的多重继承给程序带来的复杂性等问题，同时又保证了多重继承带给程序员的诸多好处，因此接口显得尤为重要。本节将对接口进行详细的讲解。

5.3.1 接口的介绍及声明

在 C#中使用 interface 声明接口,其语法格式如下:

```
访问修饰符 interface 接口名
{
    //接口成员
}
```

在声明接口时,除 interface 关键字和接口名外,其他的都是可选的。可以使用 public、protected、private、new 和 internal 等修饰符声明接口,但接口成员必须是 public 的。

接口可包含方法、属性、事件或索引器这 4 种成员类型,但不能包含字段,也不能设置这些成员的具体值,即只能定义,不能赋值。

所以,接口具有以下特性。
(1)不能直接实例化接口。
(2)接口可以包含方法、属性、事件或索引器。
(3)接口不包含方法的实现。
(4)继承接口的任何非抽象类型都必须实现接口的所有成员。
(5)类和结构以及接口本身都可以从多个接口继承。

接口成员的定义与类成员相似,但需要注意以下几点区别。
(1)接口成员不能包含代码体。
(2)接口成员不能用关键字 static、abstract、virtual 或 sealed 来定义。
(3)接口不能包含类型定义。

以下代码片段声明了一个 public 的名为 IMyInterface 的接口,并定义了一个名为 ShowMsg 的方法。

```
public interface IMyInterface
{
    void ShowMsg();
}
```

5.3.2 实现接口

接口通过类的继承来实现,一个类虽然只能有一个基类,但可以继承任意多个接口,实现接口的类必须包含该接口所有成员的实现代码,同时必须匹配指定的签名,并且必须是 public 的。

例 5-8 演示了接口的实现。

例 5-8:接口的实现(**ConsoleInterface**)

```
using System;
using System.Collections.Generic;
using System.Linq;
using System.Text;
using System.Threading.Tasks;
```

```
namespace ConsoleInterface
{
    class Program
    {
        static void Main(string[] args)
        {
            IPerson iPerson = new Chinese();
            iPerson.Say();
            iPerson = new American();
            iPerson.Say();
            Console.ReadLine();
        }
    }

    public interface IPerson
    {
        void Say();
    }

    public class Chinese : IPerson
    {
        public void Say()
        {
            Console.WriteLine("你好！");
        }
    }

    public class American : IPerson
    {
        public void Say()
        {
            Console.WriteLine("Hello! ");
        }
    }
}
```

运行结果如图 5-8 所示。

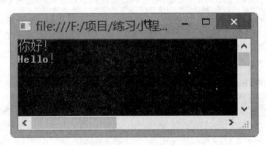

图 5-8 接口的实现

在此例中，声明了一个名为 IPerson 的接口，IPerson 接口中有一个 Say 方法。接着定义了 Chinese 和 American 两个类，并分别实现了 IPerson 接口，并实现了 Say 方法。在 Main

方法中，分别使用两个类的对象实例化 IPerson 接口，并分别调用其 Say 方法输出相应信息。

5.4 多态

多态性是指类为名称相同的方法提供不同的实现方式。利用多态性，可以调用类中的某个方法而无须考虑该方法的实现过程。

多态性也是面向对象编程中最重要的特性之一。多态性在运行时，可以通过指向基类的指针，来调用实现派生类中的方法。也可以把一组对象放到一个数组中，然后调用它们的方法，在这种场合下，多态性的作用就体现出来了。本节将具体讲解多态性的有关知识。

当派生类从基类继承时，它会获得基类的所有方法、字段、属性和事件。

在 C#中，类的多态性是通过在子类中重写或隐藏基类的方法或函数成员来实现的。下面通过一个小例子来说明方法的重写与隐藏。

例 5-9：方法的重写与隐藏（**ConsoleOverride**）

```
using System;
using System.Collections.Generic;
using System.Linq;
using System.Text;
using System.Threading.Tasks;

namespace ConsoleOverride
{
    class Program
    {
        static void Main(string[] args)
        {
            Animal animalDog = new Dog();
            Animal animalCat = new Cat();

            Dog dog = new Dog();
            Cat cat = new Cat();

            animalDog.HasHairy();
            animalDog.Barking();
            dog.Barking();

            animalCat.HasHairy();
            animalCat.Barking();
            cat.Barking();

            Console.ReadLine();
        }
    }

    class Animal
    {
```

```csharp
        public virtual void HasHairy()
        {
            Console.WriteLine("我是有毛的动物");
        }

        public void Barking()
        {
            Console.WriteLine("我叫了一声");
        }
    }
    class Dog : Animal
    {
        public override void HasHairy()
        {
            Console.WriteLine("我是小狗，我是有毛的动物");
        }

        public new void Barking()
        {
            Console.WriteLine("我的叫声是汪");
        }
    }
    class Cat : Animal
    {
        public override void HasHairy()
        {
            Console.WriteLine("我是小猫，我是有毛的动物");
        }

        public new void Barking()
        {
            Console.WriteLine("我的叫声是喵");
        }
    }
}
```

运行结果如图 5-9 所示。

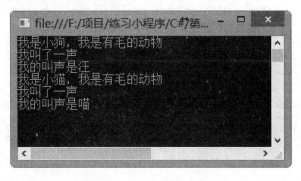

图 5-9　方法的重写与隐藏

在此例中，声明了一个名为 Animal 的类，Animal 类中定义一个名为 HasHairy 的虚（virtual）方法和一个名为 Barking 的方法。接着定义了 Dog 和 Cat 两个类，并分别继承自

Animal 类，并分别重写（override）与隐藏（new）了基类中的方法。在 Main 方法中，分别使用两个子类的对象来实例化父类，并各自实例化子类的对象。并分别调用其 HasHairy 和 Barking 方法输出相应信息。

在此需要注意的是，父类中的虚方法必须使用 override 来重写，而非虚方法则使用了 new 关键字来隐藏基类的方法。被隐藏的方法，若实例化的是子类的对象，则调用相应子类中的方法，否则调用父类中的方法。

5.5 抽象类与抽象方法的应用

如果一个类不与具体的事物相联系，而只是表达一种抽象的概念，仅仅是作为其派生类的一个基类，这样的类就是抽象类，在抽象类中声明方法时，如果加上 abstract 关键字则为抽象方法。

5.5.1 抽象类的声明

抽象类主要用来提供多个派生类可共享的基类的公共定义，抽象类与非抽象类的主要区别如下。

（1）抽象类不能直接被实例化。
（2）抽象类中可以包含抽象成员，但非抽象类中不可以。
（3）抽象类不能被密封。

C#中，使用 abstract 关键字来声明抽象类，语法格式如下：

```
访问修饰符 abstract class 类名
{
    //类成员
}
```

以下代码片段演示了声明一个名为 MyAbstractClass 的抽象类，其中包含一个 string 类型的变量 msg，以及一个无返回值方法 ShowMsg。

```
public abstract class MyAbstractClass
{
    public string msg="Hello";

public void ShowMsg()
{
    Console.WriteLine(msg);
}
}
```

5.5.2 抽象方法的声明

抽象方法是在声明方法前加上 abstract 关键字，抽象方法的特点如下。

（1）抽象方法是隐式的虚方法，抽象方法只能在抽象类中声明。

（2）抽象方法不能使用 private、static 和 virtual 修饰符。（抽象方法默认是一个 virtual 方法。）

（3）抽象方法声明不提供具体的实现，没有方法体。若要实现抽象方法，需要在派生类（非抽象类）中进行重写该抽象方法，继承类只有实现所有抽象类的抽象方法后才能被实例化。

以下代码片段演示了声明一个名为 MyAbstractClass 的抽象类，并在其中声明一个无返回值的抽象方法 ShowMsg。

```
public abstract class MyAbstractClass
{
public abstract void ShowMsg();
}
```

5.5.3 如何使用抽象类与抽象方法

本节通过一个简单的示例来讲解下抽象类与抽象方法的使用。

例 5-10：抽象类与抽象方法的使用（ConsoleAbstract）

```
using System;
using System.Collections.Generic;
using System.Linq;
using System.Text;
using System.Threading.Tasks;

namespace ConsoleAbstract
{
    class Program
    {
        static void Main(string[] args)
        {
            Animal animalDog = new Dog();
            Animal animalCat = new Cat();
            Dog dog = new Dog();
            Cat cat = new Cat();

            animalDog.Barking();
            animalCat.Barking();
            dog.Barking();
            cat.Barking();
            Console.ReadLine();
        }
    }

    public abstract class Animal
    {
        public abstract void Barking();
    }

    public class Dog : Animal
    {
        public override void Barking()
```

```
        {
            Console.WriteLine("汪~汪~汪~");
        }
    }
    public class Cat : Animal
    {
        public override void Barking()
        {
            Console.WriteLine("喵~喵~喵~");
        }
    }
```

运行结果如图 5-10 所示。

图 5-10 抽象类与抽象方法的使用

在此例中,声明了一个名为 Animal 的抽象类,Animal 类中定义一个名为 Barking 的抽象方法。子类 Dog、Cat 分别继承自抽象类 Animal,并分别重写父类中的抽象方法 Barking。Main 方法中,分别使用子类的对象来实例化父类以及子类本身,并调用其 Barking 方法输出信息。

抽象类的特点如下。

(1) 抽象类使用 abstract 修饰符,并且它只能用作基类。

(2) 抽象类不能实例化,当使用 new 运算符对其实例时会出现编译错误。

(3) 允许(但不要求)抽象类包含抽象成员,非抽象类不能包含抽象成员。

(4) 抽象类不能被密封。

(5) 抽象类可以被抽象类所继承,结果仍是抽象类。

那么,抽象类和接口有什么异同呢?

(1) 它们的派生类只能继承一个基类,即只能继承一个抽象类,但是可以继承多个接口。

(2) 抽象类中可以定义成员的实现,但接口中不可以。

(3) 抽象类中包含字段、构造函数、析构函数、静态成员或常量等,接口中不可以。

(4) 抽象类中的成员可以是私有的(只要不是抽象的)、受保护的、内部的或受保护的内部成员,但接口中的成员必须是公共的。

所以,抽象类和接口这两种类型用于完全不同的目的。抽象类主要用作对象系列的基类,共享某些主要特性,例如共同的目的和结构。接口则主要用于类,这些类在基础水平上有所不同,但仍然可以完成某些相同的任务。

5.6 密封类与密封方法

在 C#中，不能被继承的类称为密封类（sealed），密封类可以用来限制扩展性。如果密封了某个方法，则该成员不能被重写。

C#中使用 sealed 关键字来实现类或方法等成员变量的密封，其语法格式如下：

```
访问修饰符 sealed class 类名
{
    //类成员
}
```

sealed 修饰符可以应用于类、实例方法、属性、事件和索引器上，但是不能应用于静态成员。密封类不能被继承。密封成员可以存在于密封或非密封类中。密封方法会重写基类中的方法，但其本身不能在任何派生类中进一步重写。当应用于方法或属性时，sealed 修饰符必须始终与 override 结合使用。将密封类用作基类或将 abstract 修饰符与密封类一起使用是错误的。

一个密封成员必须对虚成员或隐含虚成员进行重写，如抽象成员。但是，密封成员自己是不能被重写的，因为它是密封的。虽然密封成员不能被重写，但是一个在基类中的密封成员可以用 new 修饰符在派生类中进行隐藏。更重要的是，由于密封类从不用作基类，所以有些运行时优化可以略微提高密封类成员的调用速度。

下面以一个小例子来说明密封类与密封成员。

例 5-11：密封类与密封成员（ConsoleSealed）

```csharp
using System;
using System.Collections.Generic;
using System.Linq;
using System.Text;
using System.Threading.Tasks;

namespace ConsoleSealed
{
    class Program
    {
        static void Main(string[] args)
        {
            Cars cars = new HatchbackCars();
            cars.FuelConsumption();

            cars = new Sedan();
            cars.FuelConsumption();

            HatchbackCars hCars = new HatchbackCars();
            hCars.FuelConsumption();

            Sedan sedan = new Sedan();
            sedan.FuelConsumption();

            Console.ReadLine();
        }
    }
```

```csharp
public abstract class Cars
{
    public virtual void FuelConsumption()
    {
        Console.WriteLine("Cars 油耗");
    }
}

public sealed class HatchbackCars : Cars
{
    public sealed override void FuelConsumption()
    {
        Console.WriteLine("HatchbackCars 油耗");
    }
}

public sealed class Sedan : Cars
{
    public sealed override void FuelConsumption()
    {
        Console.WriteLine("Sedan 油耗");
    }
}
```

运行结果如图 5-11 所示。

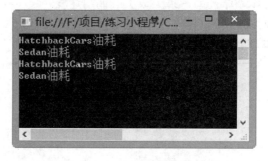

图 5-11 密封类与密封成员

在此例中，HatchbackCars 和 Sedan 类不能被进一步地细化。此外，HatchbackCars.FuelConsumption 与 Sedan.FuelConsumption 方法均不能被重写。

小结

　　本章详细讲述了面向对象编程的基本概念的相关知识及其应用。其中包括类的基本概念及其应用以及继承、接口和多态性，以及抽象类与抽象方法、密封类与密封方法的应用。学习完本章将会对 C#的编程思想有更深的体会，为后续章节的学习打下坚实的基础。

第 6 章 索引器、委托、事件和 Lambda 表达式的应用

本章将学习索引器、委托、事件以及 Lambda 表达式的相关知识及其应用。索引器使得类中的对象可以像数组那样方便、直观地被引用。在 2.0 之前的 C# 版本中，声明委托的唯一方法是使用命名方法。C# 2.0 引入了匿名方法，而在 C# 3.0 及更高版本中，Lambda 表达式取代了匿名方法，作为编写内联代码的首选方式。而事件则是一种具有特殊签名的委托。

本章主要内容：
- 索引器
- 委托
- 事件
- Lambda 表达式

6.1 索引器

索引器（Indexer）是 C#引入的一个新型的类成员，它使得类中的对象可以像数组那样方便、直观地被引用。索引器非常类似于属性，不同的是索引器的访问可以有参数列表，且只能作用在实例对象上，而不能在类上直接作用。定义了索引器的类可以像访问数组一样的使用 [ ] 运算符访问类的成员。

6.1.1 索引器的概述及声明

索引器在语法上方便创建客户端应用程序，可将其作为数组访问的类、结构或接口。索引器通常是在用于封装内部集合或数组的类型中实现的。

索引器表示法不仅简化了客户端应用程序的语法，还使其他开发人员能够更加直观地理解类及其用途。

和方法一样，索引器有 5 种存取保护级别 new、public、protected、internal、private 和 4 种继承行为修饰 virtual、sealed、override、abstract，以及索引器可以被重载。唯一不同的是，索引器不能为 static 的。

声明类或结构上的索引器要使用 this 关键字，声明索引器的语法如下：

```
访问修饰符 数据类型 this[参数列表]
```

```
    {
        // get 和 set 访问器
    }
```

下面通过一个小例子来具体介绍下索引器的使用。

例6-1：索引器的使用（ConsoleIndexer）

```csharp
using System;
using System.Collections.Generic;
using System.Linq;
using System.Text;
using System.Threading.Tasks;

namespace ConsoleIndexer
{
    class Program
    {
        static void Main(string[] args)
        {
            Cars c = new Cars();

            c[0] = "Aventador";
            c[1] = "意大利";
            c[2] = "2座";

            Console.WriteLine(c.Name);
            Console.WriteLine(c.PlaceOfOrigin);
            Console.WriteLine(c.Seat);
            Console.ReadLine();
        }
    }


    public class Cars
    {
        public string Name
        {
            get;
            set;
        }
        public string PlaceOfOrigin
        {
            get;
            set;
        }
        public string Seat
        {
            get;
            set;
        }


        public string this[int index]
        {
            get
            {
                if (index == 0) return Name;
                else if (index == 1) return PlaceOfOrigin;
```

```
            else if (index == 2) return Seat;
            else return "";
        }
        set
        {
            if (index == 0) Name = value;
            else if (index == 1) PlaceOfOrigin = value;
            else if (index == 2) Seat = value;
        }
    }
}
```

运行结果如图 6-1 所示。

图 6-1　索引器的使用

此例中，声明了一个 public 的名为 Cars 的类，Cars 类中定义了 name、PlaceOfOrigin 以及 Seat 三个自动属性以及一个 public 的返回值为 string 参数为 int 的索引器。在索引器的 get、set 方法中根据参数的值设置需要返回的属性。在 Main 方法中实例化 Cars 类的一个对象 c，并使用类似于数组下标的形式为其成员变量赋值，之后直接调用相应的属性输出结果。

看了上面的例子读者可能会感觉索引器与数组或属性有些类似，那么它们之间有什么区别呢？下面就一一介绍下它们的不同点。

索引器与数组的区别如下。

（1）索引器的索引值类型不受限制。

（2）索引器可以被重载。

（3）索引器不是一个变量。

索引器和属性的区别如下。

（1）属性以名称来标识，索引器以函数形式标识。

（2）索引器可以被重载，属性不可以。

（3）索引器不能声明为 static，属性可以。

6.1.2　索引器的重载

C# 并不将索引类型限制为整数，索引器也可以像方法一样被重载，例 6-2 演示了索引器的重载。

例 6-2：索引器的重载（ConsoleIndexerOverload）

```
using System;
```

```csharp
using System.Collections;
using System.Collections.Generic;
using System.Linq;
using System.Text;
using System.Threading.Tasks;

namespace ConsoleIndexerOverload
{
    class Program
    {
        static void Main(string[] args)
        {
            IndexerClass indexer = new IndexerClass();
            indexer[1] = "我是编号1";
            indexer["s2"] = "我是编号2";

            Console.WriteLine(indexer["s1"]);
            Console.WriteLine(indexer[2]);

            Console.ReadLine();
        }
    }


    public class IndexerClass
    {
        private Hashtable SerialNumber = new Hashtable();

        public string this[string index]
        {
            get { return SerialNumber[index].ToString(); }
            set { SerialNumber.Add(index, value); }
        }

        public string this[int index]
        {
            get { return SerialNumber["s" + index].ToString(); }
            set { SerialNumber.Add("s" +index, value); }
        }
    }
}
```

运行结果如图6-2所示。

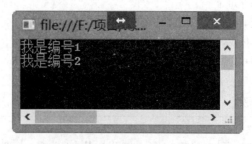

图6-2　索引器的重载

此例中，分别定义了参数类型为string和int的索引器，在参数类型为int的索引器中，get和set方法分别获取和设置Hashtable对象的key均为以字符串s开头加上参数值组成的

key。Main 方法中，实例化 IndexerClass 的一个对象 indexer，并给 indexer[1]和 indexer["s2"]赋值,此两句分别调用了 int 类型参数的索引器以及 string 类型参数的索引器执行赋值操作，之后分别输出 key 为"s1"和"s2"对应的 value 值。

此外，还可像如下代码片段定义多参数的索引器，多参索引器使用方法同单参索引器。

```
public bool this[string a, int b]
{
    get
    {
        …
    }
    Set
    {
        …
    }
}
```

6.2 委托

委托（delegate）用于将方法作为参数传递给其他方法。

委托是表示对具有特定参数列表和返回类型的方法的引用的类型。

在实例化委托时，用户可以将其实例与任何具有兼容签名和返回类型的方法相关联。可以通过委托实例调用方法。

委托类型的声明与方法签名相似，有一个返回值和任意数目、任意类型的参数，声明委托的语法格式如下：

```
访问修饰符 delegate 返回值类型 委托名(参数列表);
```

如下代码片段声明了一个公有的、无返回值的、名为 TestDelegate 的带有一个参数的委托。

```
public delegate void TestDelegate(string msg);
```

6.2.1 委托的基本用法

可将任何可访问类或结构中与委托类型匹配的任何方法分配给委托。该方法可以是静态方法，也可以是实例方法。这样便能通过编程方式来更改方法调用，还可以向现有类中插入新代码。下面的例子演示了委托的声明及其使用。

例 6-3：委托的声明及使用（ConsoleDelegate）

```
using System;
using System.Collections.Generic;
using System.Linq;
using System.Text;
using System.Threading.Tasks;
```

```csharp
namespace ConsoleDelegate
{
    public delegate void SayDelegate(string name);

    class Program
    {
        static void Main(string[] args)
        {
            DelegateClass dc = new DelegateClass();
            SayDelegate sayDelegate1 = new SayDelegate(dc.ChineseSay);
            SayDelegate sayDelegate2 = dc.EnglishSay;

            dc.Say("李雷", sayDelegate1);
            dc.Say("Lucy", sayDelegate2);

            SayDelegate sayDelegate3 = delegate(string name)
            {
                Console.WriteLine(name);
                Console.WriteLine("こんにちは");
            };

            sayDelegate3("おのさん");
            Console.ReadLine();
        }


    }
    public class DelegateClass
    {
        public void ChineseSay(string name)
        {
            Console.WriteLine("你好, {0}!", name);
            Console.WriteLine();
        }

        public void EnglishSay(string name)
        {
            Console.WriteLine("Hello, {0}!", name);
            Console.WriteLine();
        }

        public void Say(string name, SayDelegate sayDelegate)
        {
            sayDelegate(name);
        }
    }
}
```

运行结果如图 6-3 所示。

第 6 章　索引器、委托、事件和 Lambda 表达式的应用

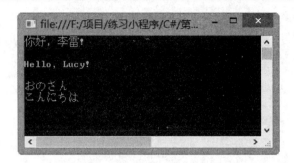

图 6-3　委托的声明及使用

此例演示了对不同国别的人说"你好"的几种不同的表达方式，示例根据传入的 name 值来调用不同的说"你好"的方法输出消息。示例中声明一个名为 SayDelegate 的委托。定义了 DelegateClass 类，并分别声明了三个方法：ChineseSay、EnglishSay 和 Say，其中，Say 方法使用了委托类型作为参数。在 Main 方法中，分别使用了三种方式来为委托指定方法。第一种方式为使用 new 关键字来实例化委托对象，并将方法作为参数传递给委托；第二种方式为直接将方法指定给委托对象；第三种方式为使用匿名方法来为委托指定方法。

委托类似于 C++中的函数指针，相对于指针来说，委托是类型安全的。在处理它的时候要当作类来看待而不是方法，说白了委托就是对方法或者方法列表的引用，调用一个委托实例就好像是调用 C++中的指针一样，它封装了对指定方法的引用，或者说委托起到的是桥梁的作用，实例后的委托对象会将给定的参数传递给它所回调的方法，并去执行方法。

6.2.2　方法与委托相关联

我们知道委托是对方法的封装，而且委托可以封装很多方法形成委托链，其实委托就好像是一个容器，它封装了我们想要实现的若干方法，当调用委托对象时，就会顺序地执行它所封装的所有方法，如果有返回值，则返回的是最后一个被执行的方法的返回值，委托链的形成可以用"+="或"-="对不同的委托实例进行二元操作，此步骤也被称为方法与委托的绑定与移除。例 6-4 演示了方法与委托的绑定。

例 6-4：方法与委托的绑定（ConsoleFunctionAndDelegate）

```
using System;
using System.Collections.Generic;
using System.Linq;
using System.Text;
using System.Threading.Tasks;

namespace ConsoleFunctionAndDelegate
{
    public delegate void MyDelegate();

    class Program
    {
        static void Main(string[] args)
        {
            Program p = new Program();
            MyDelegate myDel = new MyDelegate(p.Read);
```

```
            myDel += p.Play;
            myDel += p.Watch;
            myDel();
            myDel -= p.Read;
            myDel();
            Console.ReadLine();
        }
        public void Read()
        {
            Console.WriteLine("Read a book");
        }
        public void Play()
        {
            Console.WriteLine("Play games");
        }
        public void Watch()
        {
            Console.WriteLine("Watch TV");
        }
    }
}
```

运行结果如图 6-4 所示。

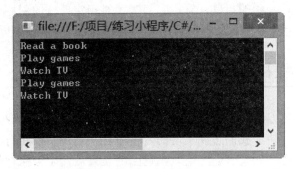

图 6-4　方法与委托的绑定

此例中，首先使用 Read 方法作为初始化参数实例化一个委托对象，之后使用"+="来绑定 Play 方法和 Watch 方法，然后调用委托输出相关信息。之后使用"-="来移除绑定的方法 Read，最后输出移除后的信息。值得注意的是，委托调用方法的顺序始终与方法绑定的顺序相同。

6.3　事件

谈到事件，将涉及两个角色：事件发布者（Publisher）和事件订阅者（Scriber），也可以说是事件发送者（Sender）和事件接收者（Receiver）。举个例子来说，使用某视频播放软件来观看电视剧，软件里电视剧很多，电视剧的种类也很多，而我只对其中的某些感兴趣，那么就可以在软件里设置订阅。之后，每当感兴趣的电视剧更新，我就会收到软件的更新提醒。在这个关系中,视频播放软件就相当于事件发送者,而我就是事件订阅者。每天电视剧更新时,就触发了一个事件。

用面向对象的语言解释,这两者的意义如下。

1. 事件发送者(Publisher)

它是一个对象,且会维护自身的状态信息。每当状态信息发生变动时,便触发一个事件,并通知所有的事件订阅者。对于视频播放软件来说,每部电视剧都有自己的信息在里面,当电视剧更新时,要通知订阅该类别电视剧的人:电视剧已更新了。

2. 事件接收者(Receiver)

这个对象要注册它感兴趣的对象,也就是订阅它自己喜欢的电视剧类别。另外,这个对象通常要提供一个事件处理方法,在事件发行者触发一个事件后,会自动执行这个方法。对于上面所举的例子来说,也就是我收到电视剧更新后要做什么事情,比如可以立即观看,也可收藏着待有时间再看,具体怎么实现完全取决于自己的喜好。

订阅一个事件的含义是提供代码,在事件发生时执行这些代码,它们被称为事件处理程序。

6.3.1 事件处理程序

C#中的事件处理实际上是一种具有特殊签名的委托,单个事件可供多个处理程序订阅,在该事件发生时,这些处理程序都会被调用,其中包括引发该事件的对象所在的类中的事件处理程序,但事件处理程序也可能在其他类中。下面的例子演示了事件的应用,用以阐述事件的思想。

例 6-5:事件的应用(ConsoleEvent)

```
using System;
using System.Collections.Generic;
using System.Linq;
using System.Text;
using System.Threading.Tasks;

namespace ConsoleEvent
{
    public delegate void MyEventHandler();

    class Program
    {
        static void Main(string[] args)
        {
            MyEventClass mec = new MyEventClass();
            mec.MyEvent += new MyEventHandler(mec.MyFunction);
            mec.FireEvent();
            Console.ReadLine();
        }
    }

    public class MyEventClass
```

```
{
    public event MyEventHandler MyEvent;

    public void FireEvent()
    {
        if (MyEvent != null)
        {
            MyEvent();
        }
    }

    public void MyFunction()
    {
        Console.WriteLine("MyFunction");
    }
}
```

运行结果如图 6-5 所示。

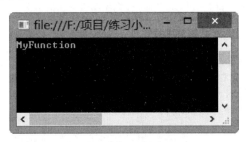

图 6-5　事件的应用

此例中，首先定义一个委托 MyEventHandler，在类 MyEventClass 中声明了一个事件，事件的类型为 MyEventHandler，名为 MyEvent。然后定义一个 FireEvent 方法，用于触发 MyEvent 事件，同时声明了一个名为 MyFunction 的方法作为事件处理程序。在 Main 方法中使用"+="注册事件，最后触发事件，输出消息。值得注意的是，事件必须是委托类型，并且，事件处理函数的方法签名要与委托的方法签名相匹配。

6.3.2　事件的应用

在 6.3.1 节中，简单介绍了事件处理程序，并用一个小例子来说明事件的执行过程，在此对例 6-5 进行改造，添加事件参数信息，用以完善事件机制。

例 6-6 演示了事件的应用，用以完善事件机制。

例 6-6：事件机制（ConsoleEvent2）

```
using System;
using System.Collections.Generic;
using System.Linq;
using System.Text;
using System.Threading.Tasks;

namespace ConsoleEvent2
```

```csharp
{
    public delegate void MyEventHandler(object sender, EventArgs e);
    class Program
    {
        static void Main(string[] args)
        {
            MyEventClass mec = new MyEventClass();
            mec.MyEvent += new MyEventHandler(mec.MyFunction);
            mec.FireEvent(EventArgs.Empty);
            Console.ReadLine();
        }
    }
    public class MyEventClass
    {
        public event MyEventHandler MyEvent;
        public void FireEvent(EventArgs e)
        {
            if (MyEvent != null)
            {
                MyEvent(this, e);
            }
        }

        public void MyFunction(object sender, EventArgs e)
        {
            Console.WriteLine("MyFunction:{0}", e.ToString());
        }
    }
}
```

运行结果如图 6-6 所示。

图 6-6　事件的应用

此例中只是简单地把事件处理程序和委托添加了参数，并使得它们的签名相一致，事件处理程序中也只是简单地输出了事件参数类型的字符串，所有的事件参数都继承于 System.EventArgs 类，可以自定义事件参数类来实现自己的需求。

6.4　Lambda 表达式

Lambda 表达式是一种可用于创建委托或表达式目录树类型的匿名方法。通过使用

Lambda 表达式，可以写入可作为参数传递或作为函数调用值返回的本地函数。Lambda 表达式对于编写 LINQ 查询表达式特别有用。

6.4.1 匿名方法的简介

匿名方法是一个"内联"语句或表达式，可在需要委托类型的任何地方使用。可以使用匿名方法来初始化命名委托，或传递命名委托（而不是命名委托类型）作为方法参数。

在 2.0 之前的 C# 版本中，声明委托的唯一方法是使用命名方法。C# 2.0 引入了匿名方法，而在 C# 3.0 及更高版本中，Lambda 表达式取代了匿名方法，作为编写内联代码的首选方式。可使用匿名方法来忽略参数列表。这意味着匿名方法可转换为具有各种签名的委托，这对于 Lambda 表达式来说是不可能的。

在例 6-3 演示的委托的声明及其使用的例子中，用 delegate 关键字定义内联的匿名方法来初始化命名委托。

```
SayDelegate sayDelegate3 = delegate(string name)
    {
        Console.WriteLine(name);
        Console.WriteLine("こんにちは");
    };
```

此语法中，delegate 关键字总是会带来混淆，因为它既可以用来定义委托类型，又可以作为匿名方法的关键字。

6.4.2 Lambda 表达式简介

Lambda 表达式是一种高效的类似于函数式编程的表达式，Lambda 简化了开发中需要编写的代码量。Lambda 表达式使用 Lambda 运算符=>，该运算符读作"goes to"。Lambda 运算符的左边是输入参数（如果有），右边是表达式或语句块。

例如，Lambda 表达式 y => y * y 指定名为 y 的参数并返回 y 的平方值。

6.4.3 表达式 Lambda 的应用

表达式位于 => 运算符右侧的 Lambda 表达式称为"表达式 Lambda"。表达式 Lambda 广泛用于表达式树的构造。表达式 Lambda 会返回表达式的结果，并采用以下语法格式：

```
(input parameters) => expression
```

仅当 Lambda 只有一个输入参数时，括号才是可选的；否则括号是必需的。括号内的两个或更多输入参数使用逗号加以分隔，例如：

```
(a, b) => a+=b
```

有时，编译器难以或无法推断输入类型。那么，可以按以下示例中所示方式显式指定参数的类型：

```
(int a, string b) => b.Length > a
```

但是，值得注意的是，不能在同一个 Lambda 表达式中同时使用隐式和显式的参数类型。

此外，还可使用空括号指定零个输入参数：

```
() => SomeMethod()
```

在上一个示例中，请注意表达式 Lambda 的主体可以包含一个方法调用。但是，如果要创建在 .NET Framework 之外计算的表达式目录树（如在 SQL Server 中），则不应在 Lambda 表达式中使用方法调用。在 .NET 公共语言运行时上下文之外，方法将没有任何意义。

6.4.4 语句 Lambda 的应用

语句 Lambda 与表达式 Lambda 表达式类似，只是语句写在大括号中，其语法格式如下：

```
(input parameters) => {statement;}
```

语句 Lambda 的主体可以包含任意数量的语句；但是，实际上通常不会多于两个或三个。

如下代码片段演示了使用 Lambda 表达式来改写示例 6-3 中以匿名方法来初始化命名委托。

```
SayDelegate sayDelegate3 = name =>
{
        Console.WriteLine(name);
        Console.WriteLine("こんにちは");
};
```

像匿名方法一样，语句 Lambda 也不能用于创建表达式目录树。

6.4.5 Lambda 表达式中的变量范围

在定义 Lambda 函数的方法内或包含 Lambda 表达式的类型内，Lambda 可以引用范围内的外部变量。以这种方式捕获的变量将进行存储以备在 Lambda 表达式中使用，即使在其他情况下，这些变量将超出范围并进行垃圾回收。必须明确地分配外部变量，然后才能在 Lambda 表达式中使用该变量。

Lambda 表达式中的变量范围如下所述。
（1）捕获的变量将不会被作为垃圾回收，直至引用变量的委托符合垃圾回收的条件。
（2）在外部方法中看不到 Lambda 表达式内引入的变量。
（3）Lambda 表达式无法从封闭方法中直接捕获 ref 或 out 参数。
（4）Lambda 表达式中的返回语句不会导致封闭方法返回。
（5）如果跳转语句的目标在块外部，则 Lambda 表达式不能包含位于 Lambda 函数内部的 goto 语句、break 语句或 continue 语句。同样，如果目标在块内部，则在 Lambda 函数块外部使用跳转语句也是错误的。

小结

　　本章介绍了索引器、委托、事件和 Lambda 表达式的相关知识。通过索引器可以很方便地访问类中的对象。而委托可以在两个不能直接调用的方法中作为桥梁来使用，如在多线程中的跨线程的方法调用就得使用委托来实现。事件则通常与委托一起使用，它是一种具有特殊签名的委托。Lambda 表达式取代了 C# 2.0 中的匿名方法，可以编写出极其简洁的代码。

第 7 章 LINQ 应用

本章将学习 LINQ 的相关知识及其应用。借助于 LINQ 技术，我们可以使用一种类似 SQL 的语法来查询任何形式的数据。目前为止，LINQ 所支持的数据源有 SQL Server、Oracle、XML 以及内存中的数据集合等。

本章主要内容：
- LINQ 基础知识
- LINQ 子句

7.1 LINQ 基础知识

LINQ 是 Language Integrated Query（语言集成查询）的简称，它是集成在.NET 编程语言中的一种特性，已成为编程语言的一个组成部分，在编写程序时可以得到很好的编译时语法检查，丰富的元数据，智能感知，静态类型等强类型语言的好处。并且它同时还使得查询可以方便地对内存中的信息进行查询而不只是外部数据源。

LINQ 定义了一组标准查询操作符用于在所有基于.NET 平台的编程语言中更加直接地声明跨越、过滤和投射操作的统一方式，标准查询操作符允许查询作用于所有基于 IEnumerable<T>接口的源，并且它还允许适合于目标域或技术的第三方特定域操作符来扩大标准查询操作符集，更重要的是，第三方操作符可以用它们自己提供的附加服务的实现来自由地替换标准查询操作符，根据 LINQ 模式的习俗，这些查询喜欢采用与标准查询操作符相同的语言集成和工具支持。

7.1.1 简单的查询

使用 LINQ 查询最大的特点是能够把查询功能直接引入.NET Framework 3.5 以上版本所支持的编程语言中，如 C#、VB.NET 等，并整合为一体。

首先来看一个很简单的 LINQ 查询例子，例 7-1 演示了从各学生分数中查询及格（60）以上的分数，并按照大小顺序输出信息。

例 7-1：简单的查询（ConsoleSimpleSelect）

```
using System;
using System.Collections.Generic;
using System.Linq;
using System.Text;
using System.Threading.Tasks;
```

```
namespace ConsoleSimpleSelect
{
    class Program
    {
        static void Main(string[] args)
        {
            int[] scores = new int[] { 81, 57, 39, 46, 100, 99, 55, 68, 77, 59 };

            var x = from score in scores where score >= 60 orderby score descending select score;

            foreach (var s in x)
            {
                Console.WriteLine(s);
            }
            Console.ReadLine();

        }
    }
}
```

运行结果如图 7-1 所示。

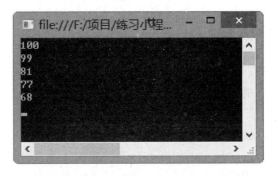

图 7-1　简单的查询

此例中，声明了一个 int 类型的一维数组用来保存各学生分数，之后使用了隐式类型 var，隐式类型的本地变量是强类型变量，但由编译器确定其类型。在此处允许但不是必须使用 var，因为可以将查询结果的类型显式声明为 IEnumerable<int>，有关隐式类型 var 在此就不做过多的讲解。先了解下 LINQ 的基本语法格式。LINQ 查询语法跟 SQL 查询语法很相似，除了先后顺序。

LINQ 的基本语法如下：

```
from 临时变量 in 实现 IEnumerable<T>接口的对象
where 条件表达式
[orderby 条件]
[group by 条件]
select 临时变量中被查询的值
```

回过头来再看下例 7-1 中的 LINQ 查询表达式内容，表达式以 from 开头，"from score in scores"：从 scores 中取值给 score，"where score >= 60"条件是 score 大于或等于 60，"orderby score descending" 按 score 的降序排序，"select score" 查询 score。

那么为何 LINQ 查询语法是以 from 关键字开头的，而不是以 select 关键字开头的？简单来说，为了 IDE 的智能感知（Intellisence）这个功能，select 关键字放在后面了。

7.1.2 函数的支持

在 LINQ 中可以使用方法来实现特定的功能。

如表 7-1 所示，LINQ 支持以下常用的公共语言运行时方法和属性，因为它们可以在查询表达式中进行转换以包含在 OData 服务的请求 URI 中。

表 7-1 函数的支持

String 成员	支持的 OData 函数
Concat	string concat(string p0, string p1)
Contains	bool contains (string p0, string p1)
EndsWith	bool endswith(string p0, string p1)
IndexOf	int indexof(string p0, string p1)
Length	int length(string p0)
Replace	string replace(string p0, string find, string replace)
Substring	string substring(string p0, int pos)
Substring	string substring(string p0, int pos, int length)
ToLower	string tolower(string p0)
ToUpper	string toupper(string p0)
Trim	string trim(string p0)
DateTime 成员	支持的 OData 函数
Day	int day(DateTime p0)
Hour	int hour(DateTime p0)
Minute	int minute(DateTime p0)
Month	int month(DateTime p0)
Second	int second(DateTime p0)
Year	int year(DateTime p0)
Math 成员	支持的 OData 函数
Ceiling	decimal ceiling(decimal p0)
Ceiling	double ceiling(double p0)
Floor	decimal floor(decimal p0)
Floor	double floor(double p0)
Round	decimal round(decimal p0)
Round	double round(double p0)
Expression 成员	支持的 OData 函数
TypeIs	bool isof(type p0)

下面的示例 7-2 演示了在 LINQ 表达式中使用函数进行查询。

例 7-2：函数的支持（**ConsoleFunctionLinq**）

```
using System;
using System.Collections.Generic;
using System.Linq;
```

```
using System.Text;
using System.Threading.Tasks;

namespace ConsoleFunctionLinq
{
    class Program
    {
        static void Main(string[] args)
        {
            List<int> num1 = new List<int>() { 3, 9, 0, 4, 6, 5, 1, 2, 8, 7 };
            List<int> num2 = new List<int>() { 17, 19, 12, 10, 11, 16, 13,
            15, 14, 18 };

            var concat = num1.Concat(num2);

            double average = concat.Average();

            Console.WriteLine(average);

            Console.ReadLine();
        }
    }
}
```

运行结果如图 7-2 所示。

图 7-2　函数的支持

此例中，使用 Concat 方法将 num1 和 num2 两个 List 泛型连接起来，并对连接后的结果使用 Average 方法取其平均值并输出。

7.1.3　使用混合的查询和函数语法

使用混合的查询和函数语法，即对查询子句的结果使用方法语法。只需将查询表达式括在括号内，然后应用点运算符并调用此方法。但是，通常更好的做法是使用另一个变量来存储方法调用的结果。这样就不太容易将查询本身与查询结果相混淆。

下面的示例演示了在 LINQ 表达式中使用混合的查询和函数语法进行查询。

例 7-3：使用混合的查询和函数语法（**ConsoleFunctionLinq2**）

```
using System;
using System.Collections.Generic;
using System.Linq;
using System.Text;
using System.Threading.Tasks;
```

第 7 章　LINQ 应用

```
namespace ConsoleFunctionLinq2
{
    class Program
    {
        static void Main(string[] args)
        {
            int[] scores = new int[] { 81, 57, 39, 46, 100, 99, 55, 68, 77, 59 };
            int c = (from score in scores where score >= 60 select score).Count();
            var s = from score in scores where score >= 60 select score;
            int m = s.Max();
            Console.WriteLine("及格人数为：" + c);
            Console.WriteLine("最高分为：" + m);
            Console.ReadLine();
        }
    }
}
```

运行结果如图 7-3 所示。

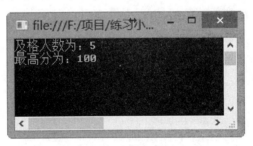

图 7-3　使用混合的查询和函数语法

此例中，使用 Count 方法取得符合查询表达式条件的数量，其返回类型为 int。使用 Max 方法对查询表达式的结果集取最大值。

7.2　LINQ 子句

7.1 节中简单地介绍了 LINQ 的基础知识，其中也涉及 from、where 子句等基本语法，本节将详细地介绍下各 LINQ 子句。

LINQ 的基本语法包含 8 个上下文关键字，这些关键字和具体的说明如表 7-2 所示。

表 7-2 LINQ的上下文关键字

关 键 字	说　　明
From	指定范围变量和数据源
Where	根据 bool 表达式从数据源中筛选数据
Select	指定查询结果中的元素所具有的类型或表现形式
Group	对查询结果按照键值进行分组（IGrouping<TKey,TElement>）
Into	提供一个标识符，它可以充当对 join、group 或 select 子句结果的引用
Orderby	对查询出的元素进行排序（ascending/descending）
Join	按照两个指定匹配条件来 Equals 连接两个数据源
let	产生一个用于存储查询表达式中的子表达式查询结果的范围变量

下面就具体介绍下上述各关键字的用法。

7.2.1 where 子句的应用

where 子句是 LINQ 表达式的元素筛选机制，除了开始和结束的位置，它几乎可以出现在 LINQ 表达式的任意位置上。

在一个 LINQ 表达式中，可以有 where 子句，也可以没有；可以有一个，也可以有多个；多个 where 子句之间的逻辑关系相当于逻辑"与"，每个 where 子句可以包含一个或多个 bool 逻辑表达式，这些条件称为谓词，谓词逻辑之间用的是"&&"、"||"等而不是 SQL 中的"and"、"or"。

例 7-4 演示了 where 子句的应用。

例 7-4：where 子句的应用（ConsoleFunctionLinq3）

```
using System;
using System.Collections.Generic;
using System.Linq;
using System.Text;
using System.Threading.Tasks;

namespace ConsoleFunctionLinq3
{
    class Program
    {
        static void Main(string[] args)
        {
            List<Student> sList = new List<Student>()
            {
                new Student(){ Name="ZhangSan", Age=22,Telephone=
                "13013911111"},
                new Student(){ Name="Lily",Age=17,Telephone="13800138000"},
                new Student(){ Name="Tom",Age=16,Telephone="13888888888"},
                new Student(){ Name="XiaoYu",Age=18,Telephone=
                "13988888887"},
                new Student(){ Name="WangWu",Age=11,Telephone=
                "13888888882"},
                new Student(){ Name="DianDian",Age=18,Telephone=
                "13901390111"},
```

```
                new Student(){ Name="WangMeng",Age=19,Telephone=
                "13000000000"}
            };

            var query = from s in sList
                        where (!s.Name.Contains("Wang") && s.Age < 20)
                        select new { s.Name, s.Age, s.Telephone };
            foreach (var s in query)
            {
                Console.WriteLine("{0}—{1}—{2}", s.Name, s.Age, s.
                Telephone);
            }

            Console.ReadLine();
        }
    }
    public class Student
    {
        public string Name { get; set; }

        public int Age { get; set; }

        public string Telephone { get; set; }
    }
}
```

运行结果如图 7-4 所示。

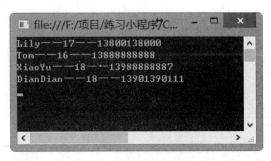

图 7-4 where 子句的应用

7.2.2 orderby 子句的应用

在查询表达式中，orderby 子句可对集合按升序（ascending）或降序（descending）排序（默认为升序）。可以指定多个排序的值，以便执行一个或多个次要排序操作。

编译时，orderby 子句被转换为对 OrderBy 方法的调用。Orderby 子句中的多个键被转换为 ThenBy 方法的调用。

例 7-5 演示了使用 orderby 子句对分数进行降序排序，然后再将分数相同的学生姓名进行升序排列。

例 7-5：orderby 子句的应用（ConsoleFunctionLinq4）

```
using System;
```

```csharp
using System.Collections.Generic;
using System.Linq;
using System.Text;
using System.Threading.Tasks;

namespace ConsoleFunctionLinq4
{
    class Program
    {
        static void Main(string[] args)
        {
            List<Student> sList = new List<Student>()
            {
                new Student(){ Name="ZhangSan", Age=22,Score=71},
                new Student(){ Name="Lily",Age=17,Score=93},
                new Student(){ Name="Tom",Age=16,Score=93},
                new Student(){ Name="XiaoYu",Age=18,Score=99},
                new Student(){ Name="WangWu",Age=11,Score=88},
                new Student(){ Name="DianDian",Age=18,Score=93},
                new Student(){ Name="WangMeng",Age=19,Score=44}
            };

            var query = from s in sList
                        orderby s.Score descending, s.Name
                        select s;
            foreach (var s in query)
            {
                Console.WriteLine("{0}——{1}", s.Name, s.Score);
            }

            Console.ReadLine();
        }
    }

    public class Student
    {
        public string Name { get; set; }

        public int Age { get; set; }

        public int Score { get; set; }
    }
}
```

运行结果如图 7-5 所示。

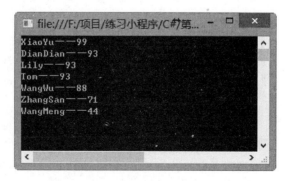

图 7-5 orderby 子句的应用

7.2.3 select 子句的应用

在查询表达式中，select 子句可以指定将在执行查询时产生的值的类型。该子句的结果将基于前面所有子句的计算结果以及 select 子句本身中的所有表达式。查询表达式必须以 select 子句或 group 子句结束。下面的例子演示了 select 子句的应用。

例 7-6：select 子句的应用（ConsoleFunctionLinq5）

```
using System;
using System.Collections.Generic;
using System.Linq;
using System.Text;
using System.Threading.Tasks;

namespace ConsoleFunctionLinq5
{
    class Program
    {
        static void Main(string[] args)
        {
            List<Student> sList = new List<Student>()
            {
                new Student(){ Name="ZhangSan", Age=22,Telephone=
                "13013911111"},
                new Student(){ Name="Lily",Age=17,Telephone="13800138000"},
                new Student(){ Name="Tom",Age=16,Telephone="13888888888"},
                new Student(){ Name="XiaoYu",Age=18,Telephone=
                "13988888887"},
                new Student(){ Name="WangWu",Age=11,Telephone=
                "13888888882"},
                new Student(){ Name="DianDian",Age=18,Telephone=
                "13901390111"},
                new Student(){ Name="WangMeng",Age=19,Telephone=
                "13000000000"}
            };

            var query = from s in sList select s.Name.Replace("Dian", "Xuan");
            var query2 = from s in sList select MyFunc(s.Name);
            var query3 = from s in sList select new { s.Age, s.Name,
            s.Telephone };
            var query4 = from s in sList select new Student { Name = s.Name
            + " OK!", Age = s.Age + 10 };

            Console.WriteLine("query:");
            foreach (var s in query)
            {
                Console.WriteLine(s);
            }

            Console.WriteLine("\nquery2:");
            foreach (var s in query2)
            {
                Console.WriteLine(s);
            }

            Console.WriteLine("\nquery3:");
            foreach (var s in query3)
```

```csharp
            {
                Console.WriteLine(s.Name + s.Age + "  " + s.Telephone);
            }

            Console.WriteLine("\nquery4:");
            foreach (var s in query4)
            {
                Console.WriteLine(s.Name + s.Age + "  " + s.Telephone);
            }

            Console.ReadLine();
        }
        static string MyFunc(string s)
        {
            return s + "  Good!";
        }
    }
    public class Student
    {
        public string Name { get; set; }

        public int Age { get; set; }

        public string Telephone { get; set; }
    }
}
```

运行结果如图 7-6 所示。

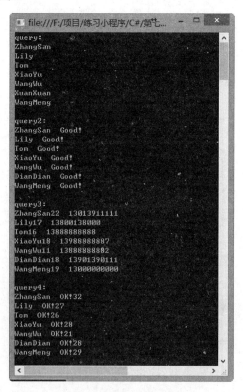

图 7-6 select 子句的应用

此例中，query 使用了 Replace 方法对 Name 字段进行字符串的替换。query2 使用了自定义的方法 MyFunc 对 Name 进行处理。query3 中使用匿名类型的形式，其实质是编译器根据我们自定义产生一个匿名的类来帮助我们实现临时变量的储存。query4 对查询结果进行了投影。

7.2.4 多个 from 子句的应用

查询表达式必须以 from 子句开头。另外，查询表达式还可以包含子查询，子查询也是以 from 子句开头。SQL 命令中 from 指的是数据表，LINQ 中 from 子句中引用的数据源的类型必须为 IEnumerable、IEnumerable<T> 或一种派生类型（如 IQueryable<T>）。下面的示例演示了嵌套的 from 子句的应用。

例 7-7：嵌套的 from 子句的应用（ConsoleFunctionLinq6）

```
using System;
using System.Collections.Generic;
using System.Linq;
using System.Text;
using System.Threading.Tasks;

namespace ConsoleFunctionLinq6
{
    class Program
    {
        static void Main(string[] args)
        {
            List<Student> sList = new List<Student>()
            {
                new Student(){ Name="ZhangSan", Age=22,Telephone=new List
                    <string>{"13013911111","0516-88888888"},Scores=new List
                    <int>{96,64,88}},
                new Student(){ Name="Lily",Age=17,Telephone=new List
                    <string>{"13800138000","021-11111111"},Scores=new List
                    <int>{87,84,57}},
                new Student(){ Name="Tom",Age=16,Telephone=new List
                    <string>{"13888888888","010-88888877"},Scores=new List
                    <int>{74,64,61}},
                new Student(){ Name="XiaoYu",Age=18,Telephone=new List
                    <string>{"13988888887","0512-12345678"},Scores=new List
                    <int>{88,78,89}},
                new Student(){ Name="WangWu",Age=11,Telephone=new List
                    <string>{"13888888882","0755-87876666"},Scores=new List
                    <int>{96,96,90}},
                new Student(){ Name="DianDian",Age=18,Telephone=new List
                    <string>{"13901390111","010-45612313"},Scores=new List
                    <int>{66,67,71}},
                new Student(){ Name="WangMeng",Age=19,Telephone=new List
                    <string>{"13000000000","0519-87654321"},Scores=new List
                    <int>{96,64,88}}
            };
            var query = from student in sList
                        from tel in student.Telephone
```

```
                    from score in student.Scores
                    where score < 70
                    select new { newName = student.Name, newTelephone = tel,
                    newscore = score };
            foreach (var student in query)
            {
                Console.WriteLine("学生姓名:{0},电话:{1},分数:{2}", student.
                newName, student.newTelephone, student.newscore);

            }

            Console.ReadLine();
        }
    }
    public class Student
    {
        public string Name { get; set; }
        public int Age { get; set; }
        public List<string> Telephone { get; set; }
        public List<int> Scores { get; set; }
    }
}
```

运行结果如图 7-7 所示。

图 7-7 嵌套的 from 子句的应用

如果一个数据源里面又包含一个或多个集合列表,那么应该使用复合的 from 子句来进行查询。复合 from 子句用于访问单个数据源中的内部集合。

7.2.5 group 子句的应用

根据语法的规定,LINQ 表达式必须以 from 子句开头,以 select 或 group 子句结束,所以除了使用 select 来返回结果外,也可以使用 group 子句来返回元素分组后的结果。group 子句语法与 SQL 中的 group 有点儿区别,读者应注意以免出错。

group 子句返回的是一个基于 IGrouping<TKey,TElement>泛型接口的对象序列。编译时,group 子句被转换为对 GroupBy 方法的调用。下面的例子演示了使用 group 子句根据班号进行分组,输出学生的相关信息。

例 7-8:group 子句的应用(ConsoleFunctionLinq7)

```
using System;
using System.Collections.Generic;
using System.Linq;
using System.Text;
using System.Threading.Tasks;

namespace ConsoleFunctionLinq7
{
    class Program
    {
        static void Main(string[] args)
        {
            List<Student> sList = new List<Student>()
            {
                new Student(){ Name="Tom",Age=16,ClassNo=1},
                new Student(){ Name="ZhangSan", Age=22,ClassNo=2},
                new Student(){ Name="Lily",Age=17,ClassNo=3},
                new Student(){ Name="XiaoYu",Age=18,ClassNo=3},
                new Student(){ Name="WangWu",Age=21,ClassNo=2},
                new Student(){ Name="DianDian",Age=23,ClassNo=2},
                new Student(){ Name="WangMeng",Age=19,ClassNo=4}
            };

            var query = from student in sList
                        group student by student.ClassNo;
            foreach (var studentGroup in query)
            {
                Console.WriteLine("班级:{0}", studentGroup.Key);
                foreach (var s in studentGroup)
                {
                    Console.WriteLine("姓名:{0},年龄:{1}", s.Name, s.Age);
                }
                Console.WriteLine();
            }
            Console.ReadLine();
        }
    }

    public class Student
    {
        public string Name { get; set; }

        public int Age { get; set; }

        public int ClassNo { get; set; }
    }
```

}

运行结果如图 7-8 所示。

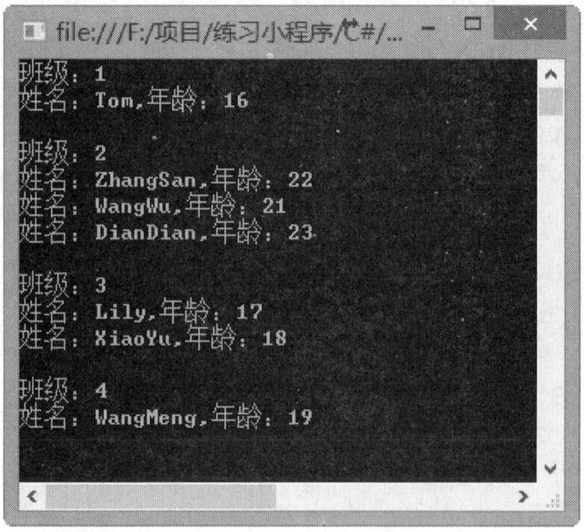

图 7-8　group 子句的应用

此例使用双层 foreach 根据班号进行分组，输出学生相关信息。由于 group 查询产生的 IGrouping<TKey, TElement> 对象实质上是列表的列表，因此必须使用嵌套的 foreach 循环来访问每一组中的各个项。外部循环用于循环访问组键，内部循环用于循环访问组本身中的每个项。组可能具有键，但没有元素。如果想要对每个组执行附加查询操作，则可以使用 into 上下文关键字指定一个临时标识符。使用 into 时，必须继续编写该查询，并最终用一个 select 语句或另一个 group 子句结束该查询。

7.2.6　into 子句的应用

into 子句作为一个临时标识符，用于 group、select、join 子句中充当其结果的引用。下面以一个小例子来说明下 into 子句的使用。

例 7-9：into 子句的应用（ConsoleFunctionLinq8）

```
using System;
using System.Collections.Generic;
using System.Linq;
using System.Text;
using System.Threading.Tasks;

namespace ConsoleFunctionLinq8
{
    class Program
    {
        static void Main(string[] args)
        {
```

```csharp
            List<Student> sList = new List<Student>()
            {
                new Student(){ Name="Tom",Age=16,ClassNo=1},
                new Student(){ Name="ZhangSan", Age=22,ClassNo=2},
                new Student(){ Name="Lily",Age=17,ClassNo=3},
                new Student(){ Name="XiaoYu",Age=18,ClassNo=3},
                new Student(){ Name="WangWu",Age=21,ClassNo=2},
                new Student(){ Name="DianDian",Age=23,ClassNo=2},
                new Student(){ Name="WangMeng",Age=19,ClassNo=4}
            };

            var query = from student in sList group student by student.ClassNo
            into s orderby s.Key ascending select s;

            foreach (var studentGroup in query)
            {
                Console.WriteLine("班级：{0}", studentGroup.Key);
                foreach (var s in studentGroup)
                {
                    Console.WriteLine("姓名：{0},年龄：{1}", s.Name, s.Age);
                }
                Console.WriteLine();
            }

            var query2 = from student in sList select new { n = student.Name,
            a = student.Age, c = student.ClassNo, insertAttr = "测试" } into
            s select s;

            foreach (var s in query2)
            {
                Console.WriteLine("姓名:{0},年龄:{1},班号:{2},{3}", s.n, s.a,
                s.c, s.insertAttr);
            }

            Console.ReadLine();
        }
    }

    public class Student
    {
        public string Name { get; set; }

        public int Age { get; set; }

        public int ClassNo { get; set; }
    }
}
```

运行结果如图 7-9 所示。

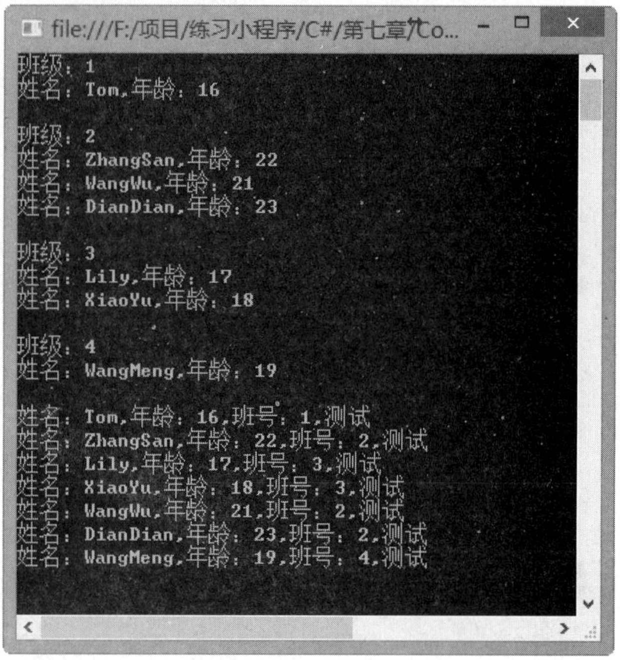

图 7-9 into 子句的应用

7.2.7 let 子句的应用

let 子句产生一个用于存储查询表达式中的子表达式查询结果的范围变量。下面的示例演示了 let 子句的应用。

例 7-10：let 子句的应用（ConsoleFunctionLinq9）

```
using System;
using System.Collections.Generic;
using System.Linq;
using System.Text;
using System.Threading.Tasks;

namespace ConsoleFunctionLinq9
{
    class Program
    {
        static void Main(string[] args)
        {
            List<Student> sList = new List<Student>()
            {
                new Student(){ Name="Tom",Age=16,ClassNo="1-2"},
                new Student(){ Name="ZhangSan", Age=22,ClassNo="2-2"},
                new Student(){ Name="Lily",Age=17,ClassNo="3-1"},
                new Student(){ Name="XiaoYu",Age=18,ClassNo="3-2"},
                new Student(){ Name="WangWu",Age=21,ClassNo="2-2"},
                new Student(){ Name="DianDian",Age=23,ClassNo="2-3"},
                new Student(){ Name="WangMeng",Age=19,ClassNo="1-1"},
```

```
            new Student(){ Name="ZhuShan",Age=19,ClassNo="4-2"}
        };

        var query = from student in sList let c = student.ClassNo.
        Substring(0, 2) where c == "2-" || c == "4-" select student;

        var query2 = from student in sList where student.ClassNo.
        Substring(0, 2) == "2-" || student.ClassNo.Substring(0, 2) == "4-"
        select student;

        foreach (var s in query)
        {
            Console.WriteLine("姓名:{0},年龄:{1},班号:{2}", s.Name, s.Age,
            s.ClassNo);
        }

        Console.WriteLine("\n不使用let，等效的语句结果");

        foreach (var s in query2)
        {
            Console.WriteLine("姓名:{0},年龄:{1},班号:{2}", s.Name, s.Age,
            s.ClassNo);
        }

        Console.ReadLine();
    }
}

public class Student
{
    public string Name { get; set; }

    public int Age { get; set; }

    public string ClassNo { get; set; }
}
```

运行结果如图 7-10 所示。

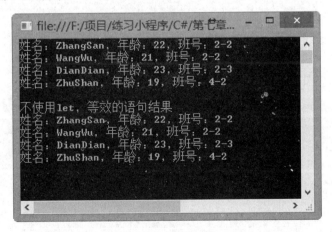

图 7-10 let 子句的应用

7.2.8　join 子句的应用

如果一个数据源中元素的某个属性可以跟另外一个数据源中元素的某个属性进行相等比较，那么这两个数据源可以用 join 子句进行关联。

join 子句使用 equals 关键字进行相等比较，而不是常用的"=="运算符。使用 join 子句可以将来自不同源序列并且在对象模型中没有直接关系的元素相关联。下面的示例演示了 join 子句的应用。

例 7-11：join 子句的应用（ConsoleFunctionLinq10）

```
using System;
using System.Collections.Generic;
using System.Linq;
using System.Text;
using System.Threading.Tasks;

namespace ConsoleFunctionLinq10
{
    class Program
    {
        static void Main(string[] args)
        {
            List<Student> sList1 = new List<Student>()
            {
                new Student(){ Name="Tom",Age=16,ClassNo="1-2"},
                new Student(){ Name="ZhangSan", Age=22,ClassNo="2-2"},
                new Student(){ Name="Lily",Age=17,ClassNo="3-1"},
                new Student(){ Name="XiaoYu",Age=18,ClassNo="3-2"},
                new Student(){ Name="WangWu",Age=21,ClassNo="2-2"},
                new Student(){ Name="DianDian",Age=23,ClassNo="2-3"},
                new Student(){ Name="WangMeng",Age=19,ClassNo="1-1"},
                new Student(){ Name="ZhuShan",Age=19,ClassNo="4-2"}
            };

            List<Student> sList2 = new List<Student>()
            {
                new Student(){ Name="ZhuoMa",Age=23,ClassNo="1-1"},
                new Student(){ Name="ZhanoShuang", Age=19,ClassNo="2-1"},
                new Student(){ Name="LiuLing",Age=18,ClassNo="3-1"},
                new Student(){ Name="FangTianQi",Age=25,ClassNo="3-2"},
                new Student(){ Name="Jemmy",Age=20,ClassNo="2-3"},
                new Student(){ Name="Jim",Age=19,ClassNo="2-3"},
                new Student(){ Name="Ann",Age=18,ClassNo="1-2"},
                new Student(){ Name="YanXiu",Age=22,ClassNo="4-2"}
            };

            var query = from s1 in sList1
                        join s2 in sList2 on s1.ClassNo equals s2.ClassNo
                        select new { S1Name = s1.Name, S1Age = s1.Age, S2Name
                        = s2.Name, S2Age = s2.Age };

            foreach (var s in query)
            {
                Console.WriteLine("{0}\t\t{1}\t\t{2}\t\t{3}", s.S1Name, s.
                S1Age, s.S2Name, s.S2Age);
```

```
        }
        Console.WriteLine();

        var query2 = from s1 in sList1
                     join s2 in sList2 on s1.ClassNo equals s2.ClassNo
                     into s
                     select new { ClassNo = s1.ClassNo, AllInfo = s };
        foreach (var s in query2)
        {
            Console.WriteLine("班级：{0}", s.ClassNo);
            foreach (var info in s.AllInfo)
            {
                Console.WriteLine("姓名：{0}\t\t年龄：{1}", info.Name,
                info.Age);
            }
            Console.WriteLine();
        }
        Console.ReadLine();
    }
}
public class Student
{
    public string Name { get; set; }

    public int Age { get; set; }

    public string ClassNo { get; set; }
}
```

运行结果如图 7-11 所示。

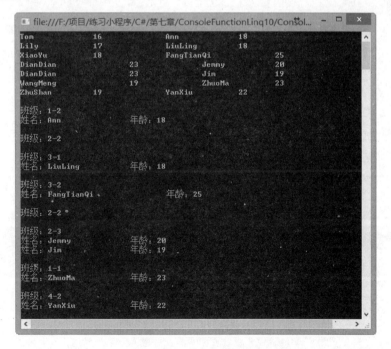

图 7-11　join 子句的应用

此例中变量 query 保存的 LINQ 表达式为内部联接，"内部联接"产生一个结果集，对于该结果集内第一个集合中的每个元素，只要在第二个集合中存在一个匹配元素，该元素就会出现一次。如果第一个集合中的某个元素没有匹配元素，则它不会出现在结果集内。query2 是含有 into 表达式的 join 子句，称为分组联接。分组联接本质上是一个对象数组序列，结果序列会组织为多个组形式数据进行返回，就是会产生一个分层的结果序列。通俗地讲，此序列第一个集合中的每个元素与第二个集合中的一组相关元素进行配对，如果找不到就返回空数组。

小结

本章开篇介绍了 LINQ 的基础知识，其中包括 LINQ 基本语法以及对函数的支持，并详细讲述了 LINQ 中各子句的应用。当然，LINQ 的功能远不止这些，由于篇幅问题，关于 LINQ 更多的知识请自行浏览互联网或查阅其他书籍获得，学习本章将大大提高日后开发的效率。

第 8 章 调试和异常处理

本章将学习关于程序调试与异常处理的相关知识。通过程序调试可以发现程序中的错误,并通过进一步的诊断,找出原因和具体的位置进行修正。而异常处理则用于处理软件或信息系统中出现的异常状况,即超出程序正常执行流程的某些特殊条件。

本章主要内容:
- 程序调试概述
- 常用的程序调试操作及其步骤
- 异常类的简介
- 捕获异常
- 自定义异常类

8.1 程序调试概述

程序调试是在程序中查找错误的过程,在开发过程中,用手工或编译程序等方法进行测试,修正语法错误和逻辑错误的过程。这是保证计算机信息系统正确性的必不可少的步骤。运行一个带有调试程序的程序与直接执行不同,这是因为调试程序保存着所有的或大多数源代码信息(诸如行数、变量名和过程)。它还可以在预先指定的位置(称为断点(breakpoint))暂停执行,并提供有关已调用的函数以及变量的当前值的信息。

程序调试就相当于组装完一辆汽车后,对其进行测试,检测一下油门、刹车、离合器、方向盘等是否工作正常,如果发生异常,则允许对其进行修改。

8.2 程序错误与程序调试

在应用程序开发过程中,程序出现错误是很常见的,Visual Studio 2012 提供了良好的调试程序错误的功能,可以帮助开发人员快速地查找程序中的错误并进行修改。

8.2.1 程序错误

程序的错误类型包括:语法错误、逻辑错误以及运行时错误。下面就分别介绍这三种错误类型。

1. 语法错误

语法错误是指在代码编写时出现的错误,是所有错误中最容易发现和解决的一类错误。此类型错误的发生通常是由于编程人员对 C#语法本身的熟悉度不足，或是在程序设计过程中出现不符合语法规则的程序代码，例如关键字拼写错误、标点漏写、括号不匹配等。如图 8-1 所示，演示了在 Visual Studio 2012 中自动识别出的语法错误。

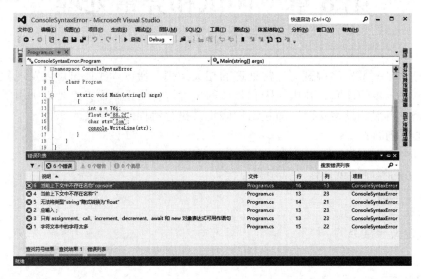

图 8-1　语法错误

在代码编辑器中，每输入一句语句，Visual Studio 2012 编辑器都能够自动指出语法错误，并会用波浪线在错误代码的下方标记出来。当把鼠标指针移到带波浪线的代码上时，鼠标指针附近就会出现一条简短的错误描述提示。错误列表窗口也可以提示错误信息。

2. 逻辑错误

逻辑错误是程序算法的错误，指应用程序运行所得的结果与预期不同。如果产生这种错误，程序不会发生任何程序中断或跳出程序，而是一直执行到最后，可能会有结果，但是执行结果是不对的。这是最难修改的一种错误，因为发生的位置一般都不明确。逻辑错误通常不容易发现，常常是由于其推理和设计算法本身的错误造成的。一般而言，无限循环、读取不存在的文件、计算错误和使用尚未赋值的对象都属于逻辑错误。这种错误的调试是非常困难的，因为程序员本身认为它是对的，所以只能依靠细心的测试以及调试工具的使用，甚至还要适当地添加专门的调试代码来查找出错的原因和位置。

3. 运行时错误

运行时错误是指在应用程序运行时出现的错误，这类错误难以调试，原因是它们通常是在应用程序运行时确定的，例如内存泄漏、向硬盘上写文件时硬盘空间不足和以零作除数异常通常都是在运行时确定的错误。

8.2.2　程序调试

为了帮助编程人员在程序开发过程中检查程序的语法、逻辑等是否正确，并根据情况进行相应修改，Visual Studio 2012 提供了一个功能强大的调试器。在调试模式下，编程人员可以仔细观察程序运行的具体情况，从而对错误进行分析和修正。

1. 运行模式

应用程序设计完成之后，选择"调试"菜单下的"启动调试"命令（快捷键为F5），或者单击"调试"工具栏中的"启动调试"按钮，系统就进入了运行模式。此时，在标题栏上显示"正在运行"字样。处于运行模式时，编程人员可以与程序交互，可以查阅程序代码，但不能修改程序代码。选择"调试"菜单下的"停止调试"命令，或单击工具栏上的"停止调试"按钮就可以终止程序运行。

如图 8-2 所示为运行模式状态。

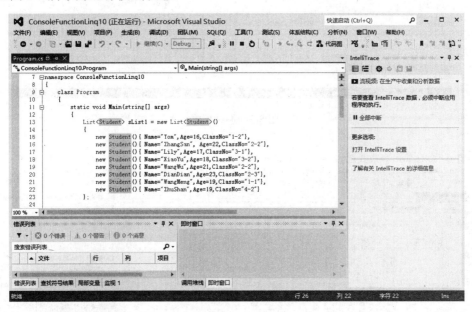

图 8-2　运行模式

2. 调试模式

如果系统运行时出现错误，将自动进入调试模式。当系统处于运行模式时，单击工具栏中的"全部中断"按钮，或选择"调试"菜单下的"全部中断"命令，都将暂停程序的运行，进入调试模式。此时，标题栏中显示有"正在调试"字样。

程序进入调试模式后，可以检查程序代码，也可以修改代码。检查或修改结束后，单击"继续"按钮，将从中断处继续执行程序。

如图 8-3 所示为调试模式状态。

3. 局部变量窗口

局部变量窗口显示局部变量中的值。但是它只列出当前作用域（即正在执行的方法）内的变量并跟踪它们的值。一旦控制权转到类中的其他方法，系统就会从局部变量窗口中清除列出的超出作用域的变量,并显示当前方法的变量。如图 8-4 所示为局部变量窗口。

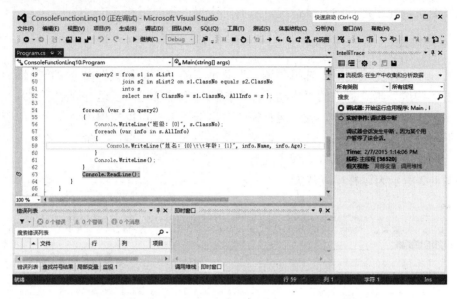

图 8-3　调试模式

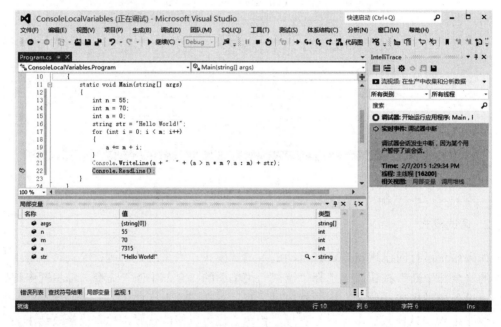

图 8-4　局部变量窗口

4. 监视窗口

监视窗口用于计算变量和表达式的值并通过程序跟踪这些值。监视窗口还可以用来编辑变量的值。使用方法为在监视窗口中的名称栏空白处双击填写要监视的变量或表达式即可。如图 8-5 所示为监视窗口。

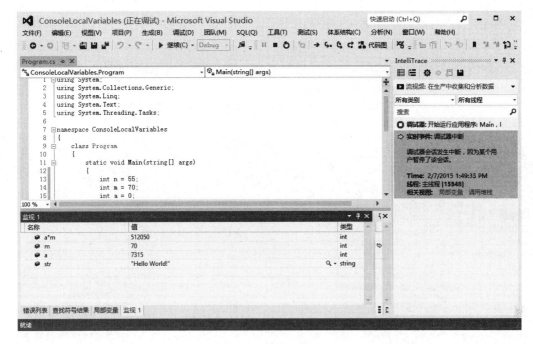

图 8-5　监视窗口

5．调试器的功能

Visual Studio 2012 的调试器支持跨语言调试，可调试使用.NET 框架编写的应用程序，也可调试 Win32 本机应用程序，也可远程调试等。Visual Studio 2012 的调试器功能强大，在此只做简单的介绍。如图 8-6 所示为调试工具栏中的相关功能。

图 8-6　调试工具栏

在 Visual Studio 2012 中，提供了"逐语句"、"逐过程"、"跳出"等几种跟踪程序执行的方式。逐语句和逐过程是调试器提供的两种单步调试的方法，是使用较为频繁的调试方法，即每次执行一行代码，程序就暂停执行，直到再次执行。这样就可以在每行代码的暂停期间，通过查看各变量值、对象状态等来判断该行代码是否出错。

逐语句和逐过程都是逐行执行代码，所不同的是，当遇到函数时，逐语句方式是进入函数体内继续逐行执行，而逐过程则是只跟踪调用函数的代码，不会进入函数体内跟踪函数本身的代码。当使用逐语句方式进入函数体时，如果想立即回到调用函数的代码处，则需使用调试工具栏中的"跳出"按钮。"跳出"命令是连续执行当前函数的剩余语句部分，并在调用该函数的下一个语句处中断执行。

如图 8-7 所示为单步调试程序代码的过程，其中代码编辑区中的高亮显示部分代表当前正要执行的代码行。

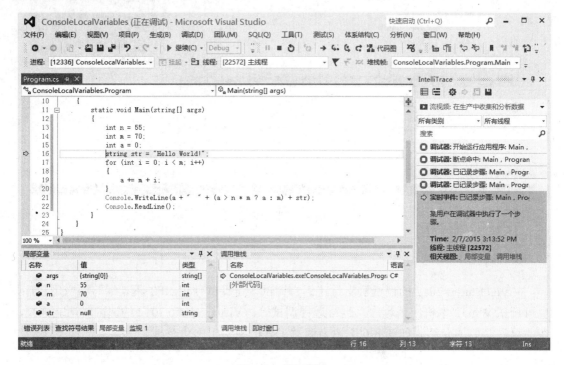

图 8-7　单步调试

在调试程序时，若想让代码运行到某一处能停下来，可以将该处设置为断点，代码运行到断点处就会停止运行。同一程序，可以设置多个断点，其常用的设置方法有如下三种。

（1）单击代码编辑器左边的灰色部分，便可在当前行设置一个断点。断点以红色圆点表示，并且该行代码也高亮显示。再次单击该断点，则删除断点。

（2）把光标指向要设置断点的代码行，并单击鼠标右键，选择"断点"→"插入断点"命令。

（3）把光标指向要设置断点的代码行，按 F9 键即可在当前行设置一个断点，再次按 F9 键可删除该断点。

6. 人工寻找逻辑错误

尽管 Visual Studio 2012 提供了强大的调试器，但在众多的程序错误中，有些错误是很难发现的，尤其是一些逻辑错误，此时调试器也显得无能为力。这时可适当地加入一些操作，以便快速地定位错误。常用的方法有如下两种。

（1）适当地添加一些输出语句或类似于弹出框的控件等，通过输出来查看中间结果，以获得更多辅助信息以帮助定位解决错误。

（2）注释掉可能出现错误的代码行或片段。这是一种比较有效的寻找错误的方法。如果注释掉部分代码后，程序能正常运行，则错误在注释掉的该部分代码中，否则错误应在程序代码的其他地方。

8.3 异常类与异常处理

在.NET 类库中，提供了针对各种异常情况所设计的异常类，这些类包含异常的相关信息。配合着异常处理语句，应用程序能够轻易地避免程序执行时可能中断应用程序的各种错误。

异常处理就是 C#为处理错误情况提供的一种机制。它为每种错误情况提供了定制的处理方式，并且把标识错误的代码与处理错误的代码分离开来。

8.3.1 异常类

对.NET 类来说，一般的异常类 System.Exception 派生于 System.Object。而其余异常类则又派生于 System.Exception 类。表 8-1 为 C#中的通用异常类及其说明，表 8-2 为 Exception 类的常见属性及其说明。

表 8-1 通用异常类及其说明

常用异常类	说　　明
SystemException 类	该类是 System 命名空间中所有其他异常类的基类（建议：公共语言运行时引发的异常通常用此类）
ApplicationException 类	该类表示应用程序发生非致命错误时所引发的异常（建议：应用程序自身引发的异常通常用此类）
与参数有关的异常类	说　　明
ArgumentException 类	该类表示用于处理参数无效的异常，除了继承来的属性外，此类还提供了 string 类型的属性 ParamName，此属性表示引发异常的参数名称
FormatException 类	该类用于处理参数格式错误的异常
与成员访问有关的异常类	说　　明
MemberAccessException 类	该类用于处理访问类的成员失败时所引发的异常。失败的原因可能是没有足够的访问权限，也可能是要访问的成员根本不存在
FileAccessException 类	该类用于处理访问字段成员失败所引发的异常，继承自 MemberAccessException 类
MethodAccessException 类	该类用于处理访问方法成员失败所引发的异常，继承自 MemberAccessException 类
MissingMemberException 类	该类用于处理成员不存在时所引发的异常，继承自 MemberAccessException 类
与数组有关的异常类	说　　明
IndexOutOfException 类	该类用于处理下标超出了数组长度所引发的异常，继承自 SystemException 类

续表

与数组有关的异常类	说明
ArrayTypeMismatchException 类	该类用于处理在数组中存储数据类型不正确的元素所引发的异常,继承自 SystemException 类
RankException 类	该类用于处理维数错误所引发的异常,继承自 SystemException 类
与 IO 有关的异常类	**说明**
IOException 类	该类用于处理进行文件输入输出操作时所引发的异常
DirectionNotFoundException 类	该类用于处理没有找到指定的目录而引发的异常,继承自 IOException 类
FileNotFoundException 类	该类用于处理没有找到文件而引发的异常,继承自 IOException 类
EndOfStreamException 类	该类用于处理已经到达流的末尾而还要继续读数据而引发的异常,继承自 IOException 类
FileLoadException 类	该类用于处理无法加载文件而引发的异常,继承自 IOException 类
PathTooLongException 类	该类用于处理由于文件名太长而引发的异常,继承自 IOException 类
与算术有关的异常类	**说明**
ArithmeticException 类	该类用于处理与算术有关的异常
DivideByZeroException 类	表示整数或十进制运算中试图除以零而引发的异常,继承自 ArithmeticException 类
NotFiniteNumberException 类	表示浮点数运算中出现无穷大或者非负值时所引发的异常,继承自 ArithmeticException 类

表 8-2 Exception 类的常见属性及其说明

常见属性	说明
Data	此属性可以给异常添加键值对,以提供异常的额外信息
HelpLink	链接到一个帮助文件上,以提供该异常的更多信息
InnerException	如果此异常是在 catch 块中抛出的,它就会包含把代码发送到 catch 块中的异常对象
Source	导致错误的应用程序或对象名
StackTrace	堆栈上方法调用的信息,它有助于跟踪抛出异常的方法
TargetSite	引发当前异常的方法
Message	描述当前异常的消息

8.3.2 异常处理

在代码中,可以使用异常处理语句对异常进行处理,主要的异常处理语句有 try…catch 语句、try…finally 语句、try…catch…finally 语句和 throw 语句。通过以上 4 种异常处理语句,可以对可能产生异常的程序代码进行监控,下面将对这 4 种异常处理语句进行简要的讲解。

1. try…catch 语句

try 语句块中包含可能产生异常的代码,而 catch 中则指定对异常的处理,try…catch 语句的基本格式如下:

```
try
{
    //可能产生异常的代码块
}
catch(异常类名 异常变量名)
{
    //异常处理
}
```

在 catch 子句中，异常类名必须为异常基类 System.Exception 或从 System.Exception 派生的类型。当 catch 子句指定了异常类名和异常变量名后，就相当于声明了一个具有给定名称和类型的异常变量，以变量表示当前正在处理的异常。下面的例子演示了 try…catch 语句的基本用法。

例 8-1：try…catch 语句的基本用法（ConsoleTryCatch）

```
using System;
using System.Collections.Generic;
using System.Linq;
using System.Text;
using System.Threading.Tasks;

namespace ConsoleTryCatch
{
    class Program
    {
        static void Main(string[] args)
        {
            try
            {
                int a = int.Parse("abcde");
            }
            catch (Exception ex)
            {
                Console.WriteLine(ex);

                Console.ReadLine();
            }
        }
    }
}
```

运行结果如图 8-8 所示。

图 8-8　try…catch 语句的基本用法

此例中，试图把字符串"abcde"转换为 int 型，catch 子句中输出了异常基类 Exception

的对象 ex，如图 8-8 所示，提示信息为"System.FormatException 输入字符串的格式不正确。"由此可看出此例，引发了 FormatException 异常，此异常类为 Exception 的派生类，所以在此可以使用基类 Exception 来捕获。图 8-8 中最后一行提示了报错的行号，可以使得开发人员更方便地定位程序出错的位置。

2．try…finally语句

try 语句块中包含可能产生异常的代码，而 finally 中则指定最终被执行的代码块，try…finally 语句的基本格式如下：

```
try
{
        //可能产生异常的代码块
}
finally
{
        //最终被执行的代码块
}
```

下面的例子演示了 try…finally 语句的基本用法。

例 8-2：try…finally 语句的基本用法（ConsoleTryFinally）

```csharp
using System;
using System.Collections.Generic;
using System.Linq;
using System.Text;
using System.Threading.Tasks;

namespace ConsoleTryFinally
{
    class Program
    {
        static void Main(string[] args)
        {
            try
            {
                int a = int.Parse("456");
                //int b = int.Parse("abcde");
            }
            finally
            {
                Console.WriteLine("我是finally语句块");
                Console.ReadLine();
            }
        }
    }
}
```

运行结果如图 8-9 所示。

此例中，程序不提供对异常的处理，已处理的异常中会确保运行关联的 finally 块。但是，如果异常未得到处理（如把此例中注释之处取消注释），则 finally 块的执行取决于如何触发异常展开操作。此操作又取决于计算机是如何设置的。

通常，当未经处理的异常中止应用程序时，finally 块是否运行并不重要。

第 8 章 调试和异常处理

图 8-9 try…finally 语句的基本用法

3. try…catch…finally语句

try 语句块中包含可能产生异常的代码，catch 中指定对异常的处理，finally 中指定最终被执行的代码块，只能出现一次。

try…catch…finally 语句的基本格式如下：

```
try
{
        //可能产生异常的代码块
}
catch(异常类名 异常变量名)
{
        //异常处理
}
finally
{
        //最终被执行的代码块
}
```

下面的例子演示了 try…catch…finally 语句的基本用法。

例 8-3：try…catch…finally 语句的基本用法（**ConsoleTryCatchFinally**）

```
using System;
using System.Collections.Generic;
using System.Linq;
using System.Text;
using System.Threading.Tasks;

namespace ConsoleTryCatchFinally
{
    class Program
    {
        static void Main(string[] args)
        {
            try
            {
                int a = int.Parse("abcde");
            }
            catch (Exception ex)
            {
                Console.WriteLine(ex.Message);
            }
            finally
```

```
            {
                Console.WriteLine("我是finally块");
                Console.ReadLine();
            }
        }
    }
}
```

运行结果如图 8-10 所示。

此例 catch 语句块中输出了异常类对象的 Message 属性，此属性获取描述当前异常的消息，最后执行了 finally 块中的代码，输出 "我是 finally 块"。

4．throw语句

throw 语句可以重新引发一个已捕获的异常，还可以引发一个预定义的或自定义的异常，可被外围的 try 语句接收，throw 引发的异常称为显式引发异常。通常 throw 语句与 try…catch 语句或 try…finally 语句一起使用。

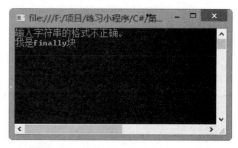

图 8-10　try…catch…finally 语句的基本用法

throw 语句的基本格式如下：

```
throw ex;
```

下面的例子演示了 throw 语句的基本用法。

例 8-4：throw 语句的基本用法（ConsoleThrow）

```
using System;
using System.Collections.Generic;
using System.Linq;
using System.Text;
using System.Threading.Tasks;

namespace ConsoleThrow
{
    class Program
    {
        static void Main(string[] args)
        {
            while (true)
            {
                try
                {
                    Console.WriteLine("请输入被除数:");
                    int n1 = int.Parse(Console.ReadLine());

                    Console.WriteLine("请输入除数:");
                    int n2 = int.Parse(Console.ReadLine());

                    if (n2 == 0)
                    {
```

```
                DivideByZeroException dbzex=new DivideByZeroException();
                throw dbzex;

            }

            int r1 = n1 / n2;
            Console.WriteLine("运算结果为" + r1);
        }
        catch (DivideByZeroException ex)
        {
            Console.WriteLine("输入有误,除数不能为零! ");
        }
        finally
        {
            Console.WriteLine("\n 新的一轮计算开始了~~\n");
        }
    }
}
}
```

运行结果如图 8-11 所示。

此例中接收用户输入的两个整数,分别作为被除数和除数,当输入的第二个数为 0 时,抛出 DivideByZeroException 异常,否则输出运算结果。当 DivideByZeroException 被抛出后,catch 中捕获到此异常,并输出"输入有误,除数不能为零!"的提示语句。

5. 多个catch块与异常的特定程度高低

当 try 语句中有多个异常抛出时,catch 语句也必须有多个,与异常相对应,则多个 catch 语句的顺序对异常的处理有影响。因为程序是按照顺序检查 catch 语句,将先捕获特定程度较高的异常。所谓异常的特定程度,与

图 8-11　throw 语句的基本用法

C#中异常类的继承关系有关。同时使用多个 catch 语句时,如果其中有两个 catch 语句所捕获的异常类存在继承关系,那么要保证捕获派生类的 catch 语句在前,而捕获基类的 catch 语句在后。否则,捕获派生异常类的 catch 语句不会起任何作用或者系统报错。下面的例子演示了多个 catch 块的基本用法。

例 8-5:多个 catch 块的基本用法(ConsoleCatch)

```
using System;
using System.Collections.Generic;
using System.Linq;
using System.Text;
using System.Threading.Tasks;

namespace ConsoleCatch
{
    class Program
    {
        static void Main(string[] args)
        {
```

```csharp
            try
            {
                int a = int.Parse("abcde");
                int b = 0;
                if (b == 0)
                {
                    throw new DivideByZeroException();
                }
            }
            catch (DivideByZeroException ex)
            {
                Console.WriteLine("DivideByZeroException:" + ex.Message);
            }
            catch (FormatException ex)
            {
                Console.WriteLine("FormatException:" + ex.Message);
            }
            catch (Exception ex)
            {
                Console.WriteLine("Exception:" + ex.Message);
            }
            finally
            {
                Console.WriteLine("我是finally");
                Console.ReadLine();
            }
        }
    }
}
```

运行结果如图8-12所示。

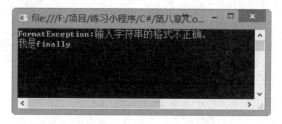

图8-12　多个catch块的基本用法

此例中先是把字符串"abcde"转换为int型，接着判断b如果为0则抛出DivideByZeroException异常，多个catch中分别捕获DivideByZeroException、FormatException和Exception异常。

6. 嵌套的try块

一个try块可以嵌套在另一个try块中。在内部try块中生成但没有被与该try关联的catch捕获的异常会传播到外部try块中。下面的例子演示了嵌套的try块的基本用法。

例8-6：嵌套的try块的基本用法（ConsoleTry）

```csharp
using System;
using System.Collections.Generic;
using System.Linq;
using System.Text;
```

```
using System.Threading.Tasks;

namespace ConsoleTry
{
    class Program
    {
        static void Main(string[] args)
        {
            try
            {
                try
                {
                    int n1 = 7, n2 = 0;
                    int r = n1 / n2;
                    int a = int.Parse("abcde");
                }
                catch (FormatException ex)
                {
                    Console.WriteLine("FormatException:" + ex.Message);
                    Console.ReadLine();
                }
            }
            catch (DivideByZeroException ex)
            {
                Console.WriteLine("DivideByZeroException:" + ex.Message);
                Console.ReadLine();
            }
            catch (Exception ex)
            {
                Console.WriteLine("Exception:" + ex.Message);
                Console.ReadLine();
            }
        }
    }
}
```

运行结果如图 8-13 所示。

此例内部 try 中由于除数为 0，引发了异常，但由于内部没有匹配的 catch 项来捕捉此异常，因此，此异常传播到了外部 try 块中，被外部的 catch 所捕获。

7. 自定义异常

除了可以使用系统预定义的异常外，还可以根据需要自己定义异常。

图 8-13 嵌套的 try 块的基本用法

通常自定义异常类派生自 System.Exception 类或其子类 System.ApplicationException 类。

例 8-7：自定义异常（**ConsoleCustomException**）

```
using System;
using System.Collections.Generic;
using System.Linq;
using System.Text;
using System.Threading.Tasks;

namespace ConsoleCustomException
{
```

```csharp
class Program
{
    static void Main(string[] args)
    {
        try
        {
            Console.WriteLine("请输入 0-100 之间的整数");
            int num = int.Parse(Console.ReadLine());
            if (num < 0 || num > 100)
            {
                string message = "你输入的数字不符合要求！";
                MyException myException = new MyException(message);
                throw myException;
            }
        }
        catch (MyException myException)
        {
            Console.WriteLine(myException.Message);
            myException.ShowMessage();
            Console.ReadLine();
        }
    }
}

class MyException : Exception
{
    string message;
    public MyException()
    {
        this.message = base.Message;
    }

    public MyException(string message)
    {
        this.message = message;
    }
    public override string Message
    {
        get
        {
            return this.message;
        }
    }

    public void ShowMessage()
    {
        Console.WriteLine(message);
    }
}
```

运行结果如图 8-14 所示。

此例中自定义了名为 MyException 的异常类，派生自异常基类 Exception，并重写了 Message 属性，自定义了 ShowMessage 方法。Main 方法中抛出异常，catch 块中分别使用 Message 属性以及调用自定义的 ShowMessage 方法两种方式输出异常提示信息。

在做异常处理时，最好能在应用程序的入口处（事件处理函数，主函数，线程入口）

使用try…catch。但是不要在程序构造函数入口处添加try…catch,因为此处产生异常,它自己并没有能力来处理,此时它还没有构造完毕,只能再向外层抛出异常。应合理而不要盲目地使用异常。

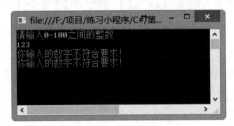

图8-14 自定义异常

小结

本章简要介绍了程序调试的相关操作以及异常类的相关知识。程序调试将贯穿于开发过程的始终,预定义异常类与自定义异常类将会使程序代码更加健壮。

第 9 章 WinForm 应用程序开发基础

从本章开始,将告别控制台窗口,学习 Windows 应用程序的开发。在 C#中,Windows 窗体应用程序也被称为 WinForm 应用程序,是面向对象编程技术的一个重要组成部分。窗体中所有的内容都是按照面向对象编程技术来构建的。Windows 窗体应用程序还体现了另外一种思维,即对事件的处理。本章将介绍 WinForm 应用程序的开发基础。

本章主要内容:
- Windows 窗体应用程序简介
- Windows 应用程序的开发界面
- Windows 应用程序开发的一般流程
- 多文档界面
- 开发一个简单的 Windows 应用程序

9.1 Windows 应用程序的开发界面

在.NET Framework 出现以前,要想开发带有图形界面的 Windows 程序,编码量是很大的。有了.NET Framework 之后,这项工作就变得非常简单了。.NET Framework 提供了 Windows 窗体以及窗体内常用的"控件"给开发人员使用,让开发人员可以在编写极少量代码的情况下就能够创建出功能丰富的应用程序。

在 Windows 中,窗体是向用户显示信息的可视图面,窗体是 Windows 应用程序的基本单元。窗体都具有其自身的特性,可以通过编程来设置。窗体也是对象,窗体类定义了生成窗体的模板,每实例化一个窗体类,就产生一个窗体。.NET Framework 类库的 System.Windows.Forms 命名空间中定义的 Form 类是所有窗体类的基类。使用 Visual Studio 2012 可以快速地开发窗体应用程序。

9.1.1 创建 Windows 程序

创建一个 Windows 应用程序,一共包括以下 4 步:

(1) 打开 Visual Studio 2012。
(2) 选择"文件"→"新建"→"项目"命令。
(3) 项目类型选择 Visual C#。
(4) 模板选择"Windows 窗体应用程序",如图 9-1 所示。输入项目名称以及选择好项目存放的路径后,单击"确定"按钮,将显示如图 9-2 所示的界面。

第 9 章　WinForm 应用程序开发基础

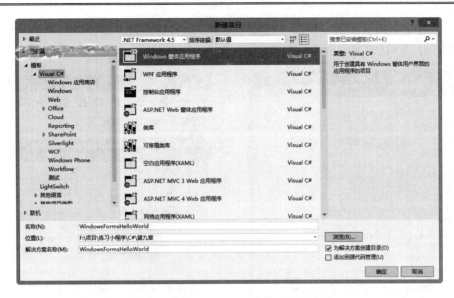

图 9-1　选择"Windows 窗体应用程序"

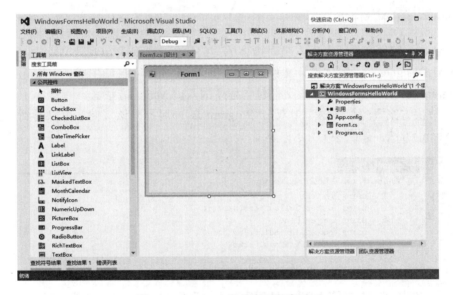

图 9-2　Windows 窗体应用程序界面

创建好的默认的 WinForm 应用程序可直接按快捷键 F5 运行，如图 9-3 所示为默认的 WinForm 应用程序运行效果。

可以看出，默认的 WinForm 应用程序包含图标、窗体名以及"最大化"、"最小化"和"关闭"按钮。

9.1.2　解决方案资源管理器

解决方案资源管理器提供项目及其文件的有组织的视图，并且提供对项目和文件相关命令的便捷访问。与此窗口关联的工具栏提供适用于列表中突出显示的项的常用命令。若要访问解决方案资源管理器，请在"视图"菜单上选择"解决方案资源管理器"命令，如图 9-4 所示为"解决方案资源管理器"。

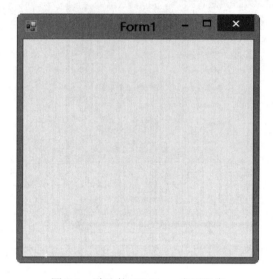

图 9-3　默认的 WinForm 应用程序

图 9-4　解决方案资源管理器

Form1.cs：窗体文件，开发人员对窗体编写的代码一般都存放在此文件中。

Form1.Designer.cs：窗体设计文件，代码由 Visual Studio 自动生成，一般无须修改。

Program.cs：主程序文件，该文件包含程序的入口 Main()方法。

在"解决方案资源管理器"中双击 Program.cs 即可打开该文件，可以看到 Windows 程序的 Main()方法，如图 9-5 所示。

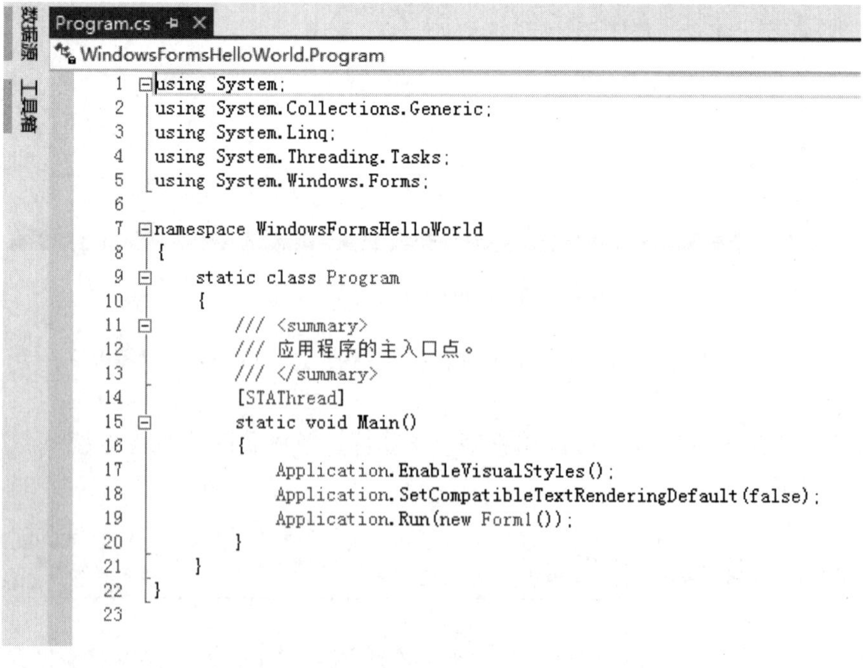

```
1  using System;
2  using System.Collections.Generic;
3  using System.Linq;
4  using System.Threading.Tasks;
5  using System.Windows.Forms;
6
7  namespace WindowsFormsHelloWorld
8  {
9      static class Program
10     {
11         /// <summary>
12         /// 应用程序的主入口点。
13         /// </summary>
14         [STAThread]
15         static void Main()
16         {
17             Application.EnableVisualStyles();
18             Application.SetCompatibleTextRenderingDefault(false);
19             Application.Run(new Form1());
20         }
21     }
22  }
23
```

图 9-5　Windows 程序的 Main()方法

9.1.3 窗体设计器和代码编辑器

在 Visual Studio 中，Windows 应用程序的窗体文件有两种编辑视图：窗体设计器（如图 9-6 所示）和代码编辑器（如图 9-7 所示）。

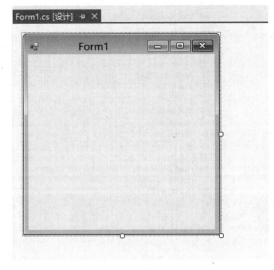

图 9-6　窗体设计器　　　　　　　　图 9-7　代码编辑器

窗体设计器是开发人员进行界面设计、控件拖放、设置窗体及控件属性时使用的，不需要编写代码，使用鼠标即可进行可视化操作。而代码编辑器是在手动编写代码时使用的。

9.1.4　工具箱

Visual Studio 的工具箱使得开发人员实现快速编程成为可能，工具箱包含大量的开发 WinForms 应用程序所使用的控件。通过工具箱，开发人员可以方便地进行可视化的窗体设计，简化了程序设计的工作量，提高工作效率。根据控件功能的不同，将工具箱划分为 12 个栏目，如图 9-8 所示。此外，开发人员还可把其他控件（如自定义控件、用户控件等）添加进工具箱中。

单击某栏目，显示该栏目下的所有控件，如图 9-9 所示。需要使用某个控件时，可以通过双击该控件或拖动该控件到窗体上即可将该控件加载到窗体上。

9.1.5　工具栏

Visual Studio 的工具栏位于菜单栏的下方，工具栏中包含常用的命令，都按功能分组存放，通过工具栏即可迅速访问。常用的工具栏有标准工具栏和调试工具栏，如图 9-10 所示。

图 9-8　工具箱　　　　　图 9-9　展开后的工具箱面板

图 9-10　常用的工具栏

9.2　多文档界面

多文档界面（Multiple-Document Interface）简称 MDI 窗体，窗体是所有界面的基础，这就意味着为了打开多个文档，就需要具有能够同时处理多个窗体的应用程序，因此 MDI 窗体产生了。

MDI 窗体用于同时显示多个文档，每个文档显示在各自的窗口中。MDI 窗体中通常又包含子菜单的窗口菜单，用于在窗口或文档之间进行切换。如图 9-11 所示为多文档窗体界面。

9.2.1　多文档界面设置及窗体属性

在 MDI 窗体中，最外层、包含其他窗体的窗体起到了容器的作用，此窗体被称为"父窗体"，父窗体里面的其他窗体被称为"子窗体"或"MDI 子窗体"。当应用程序启动时，首先显示父窗体，子窗体都在父窗体中打开，一个应用程序有且只有一个父窗体，子窗体不能移出到父窗体之外。

创建 MDI 应用程序，主要包括两大步骤，首先设置 MDI 的父窗体，然后设置子窗体。

（1）设置父窗体：将父窗体的 IsMDIContainer 属性设置为 true。如图 9-12 所示为在属性面板中设置父窗体的属性。

（2）设置子窗体：在代码中将子窗体的 MdiParent 属性设置为 this。

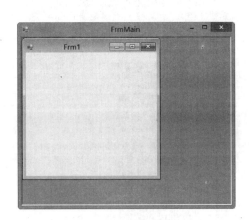

图 9-11　多文档窗体界面

图 9-12　设置父窗体的属性

下面以一个小例子来演示 MDI 窗体。

例 9-1：MDI 窗体（WinFormsMDI）

```
using System;
using System.Collections.Generic;
using System.ComponentModel;
using System.Data;
using System.Drawing;
using System.Linq;
using System.Text;
using System.Threading.Tasks;
using System.Windows.Forms;

namespace WinFormsMDI
{
    public partial class FrmMain : Form
    {
        public FrmMain()
        {
            InitializeComponent();
        }

        private void FrmMain_Load(object sender, EventArgs e)
        {
            //设置父窗体的 IsMdiContainer 属性为 true
            this.IsMdiContainer = true;
```

```
            //初始化窗体对象
            Frm1 f1 = new Frm1();
            Frm2 f2 = new Frm2();

            //设置子窗体的MdiParent为当前窗体
            f1.MdiParent = this;
            f2.MdiParent = this;

            //显示窗体
            f1.Show();
            f2.Show();
        }
    }
}
```

运行结果如图 9-13 所示。

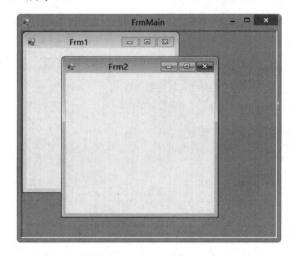

图 9-13　MDI 窗体

在此项目中，分别建立了三个窗体：FrmMain、Frm1 和 Frm2。在 FrmMain 的 Load（加载）事件中分别设置了父窗体以及子窗体，之后显示出子窗体。

9.2.2　窗体传值技术

多文档界面的窗体传值技术有如下几种。
（1）通过构造函数传递；
（2）通过静态变量传递；
（3）通过窗体的公有属性值传递；
（4）通过窗体的公有属性值和 Owner 属性传递；
（5）通过窗体的公有属性值和 Application.OpenForms 属性传递；
（6）通过事件传递。
下面分别以一个简单的小例子来讲解下窗体传值技术。
例 9-2：通过构造函数传递（**WinFormsConstructorTransfer**）

Form1：

```csharp
using System;
using System.Collections.Generic;
using System.ComponentModel;
using System.Data;
using System.Drawing;
using System.Linq;
using System.Text;
using System.Threading.Tasks;
using System.Windows.Forms;

namespace WinFormsConstructorTransfer
{
    public partial class Form1 : Form
    {
        public Form1()
        {
            InitializeComponent();
        }

        private void Form1_Load(object sender, EventArgs e)
        {
            Form2 form2 = new Form2(5.2,3.7);
            form2.Show();
        }

    }
}
```

Form2：

```csharp
using System;
using System.Collections.Generic;
using System.ComponentModel;
using System.Data;
using System.Drawing;
using System.Linq;
using System.Text;
using System.Threading.Tasks;
using System.Windows.Forms;

namespace WinFormsConstructorTransfer
{
    public partial class Form2 : Form
    {
        double x, y;

        public Form2()
        {
            InitializeComponent();
        }
        public Form2(double x, double y)
        {
            InitializeComponent();
            this.x = x;
            this.y = y;
        }
    }
}
```

可在 Form2 的带参构造函数中设置断点，在局部变量窗口中可看到从 Form1 传递过来的 x、y 值，如图 9-14 所示。

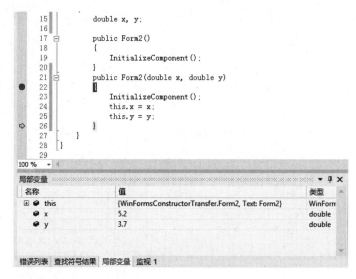

图 9-14 通过构造函数传递

此种方法的特点是：传值是单向的，即不可以互相传值，实现简单。

例 9-3：通过静态变量传递（**WinFormsStaticVariables**）

Form1：

```
using System;
using System.Collections.Generic;
using System.ComponentModel;
using System.Data;
using System.Drawing;
using System.Linq;
using System.Text;
using System.Threading.Tasks;
using System.Windows.Forms;

namespace WinFormsStaticVariables
{
    public partial class Form1 : Form
    {
        public static string msg;

        public Form1()
        {
            InitializeComponent();
            msg = "hello Form2";
            new Form2().Show();
        }
    }
}
```

Form2：

```
using System;
using System.Collections.Generic;
```

第 9 章 WinForm 应用程序开发基础

```csharp
using System.ComponentModel;
using System.Data;
using System.Drawing;
using System.Linq;
using System.Text;
using System.Threading.Tasks;
using System.Windows.Forms;

namespace WinFormsStaticVariables
{
    public partial class Form2 : Form
    {
        public Form2()
        {
            InitializeComponent();
            string msg = Form1.msg;
        }
    }
}
```

运行结果如图 9-15 所示。

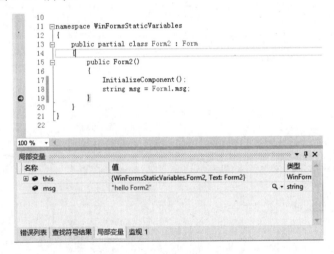

图 9-15　通过静态变量传递

此种方法的特点是：传值是双向的，实现简单。

例 9-4：通过窗体的公有属性值传递（**WinFormsPublicProperty**）

Form1：

```csharp
using System;
using System.Collections.Generic;
using System.ComponentModel;
using System.Data;
using System.Drawing;
using System.Linq;
using System.Text;
using System.Threading.Tasks;
using System.Windows.Forms;

namespace WinFormsPublicProperty
{
    public partial class Form1 : Form
```

```
    {
        public Form1()
        {
            InitializeComponent();
        }

        private void btnShow_Click(object sender, EventArgs e)
        {
            Form2 f2 = new Form2();
            f2.F2Value = "Hello World!";
            f2.ShowDialog();
        }
    }
}
```

Form2：

```
using System;
using System.Collections.Generic;
using System.ComponentModel;
using System.Data;
using System.Drawing;
using System.Linq;
using System.Text;
using System.Threading.Tasks;
using System.Windows.Forms;

namespace WinFormsPublicProperty
{
    public partial class Form2 : Form
    {
        public Form2()
        {
            InitializeComponent();
        }

        public string F2Value {
            get { return this.txtShow.Text; }
            set { this.txtShow.Text = value; }
        }
    }
}
```

运行结果如图 9-16 所示。

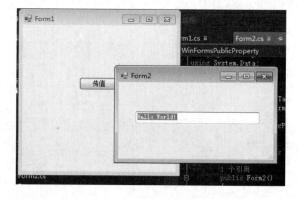

图 9-16　通过窗体的公有属性值传递

例9-5：通过窗体的公有属性值和 Owner 属性传递（WinFormsPublicPropertyAndOwner）

Form1：

```csharp
using System;
using System.Collections.Generic;
using System.ComponentModel;
using System.Data;
using System.Drawing;
using System.Linq;
using System.Text;
using System.Threading.Tasks;
using System.Windows.Forms;

namespace WinFormsPublicPropertyAndOwner
{
    public partial class Form1 : Form
    {
        public string F1Value = "Hello World!";

        public Form1()
        {
            InitializeComponent();
        }

        private void btnShow_Click(object sender, EventArgs e)
        {
            Form2 f2 = new Form2();
            f2.Show(this);
        }
    }
}
```

Form2：

```csharp
using System;
using System.Collections.Generic;
using System.ComponentModel;
using System.Data;
using System.Drawing;
using System.Linq;
using System.Text;
using System.Threading.Tasks;
using System.Windows.Forms;

namespace WinFormsPublicPropertyAndOwner
{
    public partial class Form2 : Form
    {
        public Form2()
        {
            InitializeComponent();
        }

        private void btnGet_Click(object sender, EventArgs e)
        {
            Form1 f1 = (Form1)this.Owner;

            MessageBox.Show(f1.F1Value);
```

            }
        }
    }
```

运行结果如图 9-17 所示。

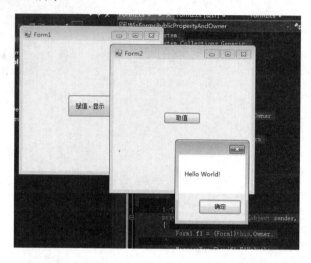

图 9-17 通过窗体的公有属性值和 Owner 属性传递

**例 9-6**：通过窗体的公有属性值和 **Application.OpenForms** 属性传递（**WinFormsPublicPropertyAndOpenForms**）

Form1：

```
using System;
using System.Collections.Generic;
using System.ComponentModel;
using System.Data;
using System.Drawing;
using System.Linq;
using System.Text;
using System.Threading.Tasks;
using System.Windows.Forms;

namespace WinFormsPublicPropertyAndOpenForms
{
    public partial class Form1 : Form
    {
        public string F1Value = "Hello World!";

        public Form1()
        {
            InitializeComponent();
        }

        private void btnShow_Click(object sender, EventArgs e)
        {
            Form2 f2 = new Form2();
            f2.Show();
        }
    }
}
```
```

Form2：

```csharp
using System;
using System.Collections.Generic;
using System.ComponentModel;
using System.Data;
using System.Drawing;
using System.Linq;
using System.Text;
using System.Threading.Tasks;
using System.Windows.Forms;

namespace WinFormsPublicPropertyAndOpenForms
{
    public partial class Form2 : Form
    {
        public Form2()
        {
            InitializeComponent();
        }

        private void btnShow_Click(object sender, EventArgs e)
        {
            Form formTest = Application.OpenForms["Form1"];

            if (formTest != null)
            {
                Form1 f1 = (Form1)formTest;

                MessageBox.Show(f1.F1Value);
            }

        }
    }
}
```

运行结果如图 9-18 所示。

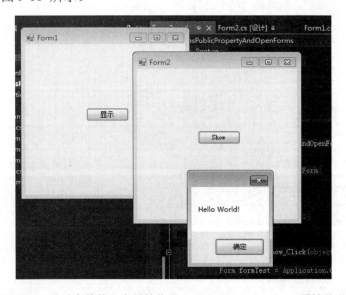

图 9-18　通过窗体的公有属性值和 Application.OpenForms 属性传递

例 9-7：通过事件传递（**WinFormsEvent**）

Form1：

```csharp
using System;
using System.Collections.Generic;
using System.ComponentModel;
using System.Data;
using System.Drawing;
using System.Linq;
using System.Text;
using System.Threading.Tasks;
using System.Windows.Forms;

namespace WinFormsEvent
{
    public partial class Form1 : Form
    {
        public Form1()
        {
            InitializeComponent();
        }

        private void btnShow_Click(object sender, EventArgs e)
        {
            Form2 f2 = new Form2();
            f2.MyEvent += new EventHandler(f2_MyEvent);
            f2.Show();

        }


        void f2_MyEvent(object sender, EventArgs e)
        {
            Form2 f2 = (Form2)sender;

            this.txtShow.Text = f2.F2Value;
        }

    }
}
```

Form2：

```csharp
using System;
using System.Collections.Generic;
using System.ComponentModel;
using System.Data;
using System.Drawing;
using System.Linq;
using System.Text;
using System.Threading.Tasks;
using System.Windows.Forms;

namespace WinFormsEvent
{
    public partial class Form2 : Form
    {
        public Form2()
        {
```

```
            InitializeComponent();
        }

        private void btnShow_Click(object sender, EventArgs e)
        {
            if (MyEvent != null)
            {
                MyEvent(this, EventArgs.Empty);
            }
        }

        public string F2Value
        {
            get
            {
                return this.lblShow.Text;
            }
            set
            {
                this.lblShow.Text = value;
            }
        }

        public event EventHandler MyEvent;

    }
}
```

运行结果如图 9-19 所示。

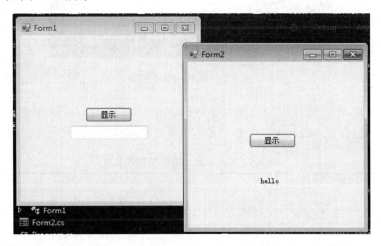

图 9-19　通过事件传递

9.3　开发一个简单的 Windows 应用程序

Windows 应用程序开发的一般流程如下。
（1）利用窗体设计器和"Windows 窗体"控件组中的控件设计应用程序界面。

（2）设计窗口和控件的属性。
（3）编写事件方法代码。

本节将首先学习菜单栏、工具栏与状态栏的使用，接着将以一个小例子来演示开发一个简单的 Windows 应用程序基本的内容。

9.3.1 菜单栏

在.NET 中提供了一个叫作 MenuStrip 的菜单栏控件，使开发人员可以方便地创建菜单。MenuStrip 控件支持多文档界面、菜单合并、工具提示和溢出。开发人员可以通过添加访问键、快捷键、选中标记、图像和分隔条，来增强菜单的可用性和可读性。如图 9-20 所示为 MenuStrip 控件。

图 9-20　MenuStrip 控件

利用 MenuStrip 控件可以轻松地创建 Windows 中的菜单，在菜单中可以添加菜单项（MenuItem）、组合框（ComboBox）、文本框等。MenuStrip 的常用属性如表 9-1 所示。

表 9-1　MenuStrip控件的常用属性

属　　性	说　　明
Name	菜单对象的名称
Items	在菜单中显示的项的集合
Text	与菜单相关联的文本

在 Items 属性的编辑窗口中，可以添加菜单项（MenuItem）、组合框（ComboBox）、文本框、分隔菜单项（Separator）等。也可以对每一项的属性进行设置，还可以调整各项的排列顺序。MenuItem 的常用属性和事件如表 9-2 所示。

表 9-2　MenuItem的常用属性和事件

属　　性	说　　明
Name	菜单对象的名称
DropDownItems	在子菜单中显示的项的集合

第9章 WinForm 应用程序开发基础

续表

属　　性	说　　明
Text	与菜单项相关联的文本
事　　件	说　　明
Click	单击该菜单项时触发该事件

创建菜单的步骤如下。
（1）切换到窗体设计器。
（2）在工具箱中展开"菜单和工具栏"选项卡。
（3）选中并拖曳到窗体上或直接双击控件即可。
下面通过一个小例子来演示下 MenuStrip 控件的用法。

例 9-8：MenuStrip 控件的用法（WinFormsMenuStrip）
Form1：

```
using System;
using System.Collections.Generic;
using System.ComponentModel;
using System.Data;
using System.Drawing;
using System.Linq;
using System.Text;
using System.Threading.Tasks;
using System.Windows.Forms;

namespace WinFormsMenuStrip
{
    public partial class Form1 : Form
    {
        public Form1()
        {
            InitializeComponent();
        }

        private void 弹出ToolStripMenuItem_Click(object sender, EventArgs e)
        {
            MessageBox.Show("我是"弹出"菜单");
        }

        private void 退出EToolStripMenuItem_Click(object sender, EventArgs e)
        {
            MessageBox.Show("我点击了"退出"菜单,确定后程序将关闭！");
            Application.Exit();
        }
    }
}
```

运行结果如图 9-21 所示。

单击菜单栏中的"弹出"命令，效果如图 9-22 所示。

图 9-21　MenuStrip 控件的用法　　　　图 9-22　菜单栏"弹出"操作

单击菜单栏中的"退出"下的"退出"子菜单，效果如图 9-23 所示。

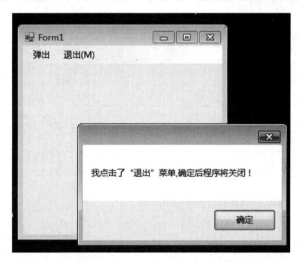

图 9-23　菜单栏"退出"操作

菜单项可在设计界面可视化编写，也可在窗体加载等事件中手工编写代码实现。"退出"菜单后的快捷键 M 的编写方式为：&号加字母，如"退出(M)"为"退出(&M)"，"退出 E"为"退出&E"。设置好菜单项后即可对该菜单项双击鼠标，则自动添加其 Click 事件，编写程序代码即可。使用 Alt 键加对应的快捷键字母，即可执行相应快捷操作。

9.3.2　工具栏

ToolStrip 控件可以创建功能强大的工具栏，工具栏控件中可以包含标签、按钮、文本框、下拉按钮、组合框等。如图 9-24 所示为 ToolStrip 控件。

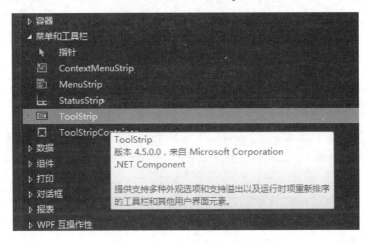

图 9-24　ToolStrip 控件

ToolStrip 控件可以显示文字、图片或文字加图片，其常用属性如表 9-3 所示。

表 9-3　ToolStrip控件常用属性

属　　性	说　　明
LayoutStyle	控制工具栏上的项如何显示，默认为水平显示
Items	包含工具栏中所有项的集合
GripStyle	控制 4 个垂直排列的点是否显示在工具栏的最左边
ShowItemToolTip	是否允许显示工具栏上的工具提示
Stretch	默认情况下，工具栏比包含在其中的项略高或略宽。如果把 Stretch 属性设置为 true，工具栏就会占据其容器的总长

在 Item 属性的编辑窗口中，可以增加、删除项，也可以调整各项的排列顺序，还可以设置其中每一项的属性。

在工具栏中显示的标签和按钮的常用属性和事件如表 9-4 所示。

表 9-4　工具栏上按钮和标签的常用属性和事件

属　　性	说　　明
DisplayStyle	设置图片和文本的显示方式，如显示文本、显示图片、显示文本和图片或什么都不显示
Image	标签或按钮上显示的图片
ImageScaling	是否调整标签或按钮上显示的图片大小
Text	标签或按钮显示的文本
TextImageRelation	标签或按钮上图像与文本的相对位置
事　　件	说　　明
Click	单击标签或按钮时触发该事件

ToolStrip 控件的使用步骤如下。

（1）从工具箱中将 ToolStrip 控件拖曳到窗体中，如图 9-25 所示。

（2）单击工具栏上向下箭头的提示图标，如图 9-26 所示。

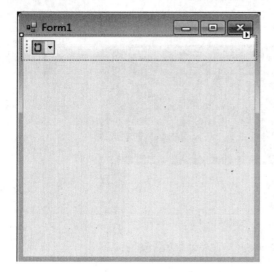

图 9-25　将 ToolStrip 控件拖曳到窗体中　　　图 9-26　添加工具栏中的项

（3）添加相应的工具栏按钮后，可以设置按钮显示的图像，如图 9-27 所示。

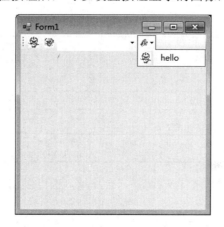

图 9-27　为按钮添加图像

9.3.3　状态栏

StatusStrip 控件通常处于窗体的最底部，其作用是用于显示应用程序当前状态的简短信息。如在 Word 中输入文字时，Word 会在状态栏中显示当前页面、字数等信息。如图 9-28 所示为 StatusStrip 控件。

下面通过一个小例子来演示下 StatusStrip 控件的用法。

例 9-9：**StatusStrip 控件的用法（WinFormsStatusStrip）**

Form1：

```
using System;
using System.Collections.Generic;
using System.ComponentModel;
```

第 9 章　WinForm 应用程序开发基础

```csharp
using System.Data;
using System.Drawing;
using System.Linq;
using System.Text;
using System.Threading.Tasks;
using System.Windows.Forms;

namespace WinFormsStatusStrip
{
    public partial class Form1 : Form
    {
        public Form1()
        {
            InitializeComponent();
        }

        private void Form1_Load(object sender, EventArgs e)
        {
            this.toolStripProgressBar1.Minimum = 1;
            this.toolStripProgressBar1.Maximum = 100;
            this.toolStripProgressBar1.Step = 1;
            for (int i = 0; i < 100; i++)
            {
                this.toolStripProgressBar1.PerformStep();
            }
        }
    }
}
```

运行结果如图 9-29 所示。

图 9-28　StatusStrip 控件

图 9-29　StatusStrip 控件的用法

小结

　　本章围绕 Windows 窗体应用程序的开发，简要地介绍了 Windows 应用程序的开发界面以及 Windows 应用程序开发的一般流程。学习了使用多文档界面实现较为复杂的 Windows 应用程序开发。

第 10 章 WinForms 基本控件

窗口是由控件有机构成的，所以熟悉控件是进行合理、有效的程序开发的重要前提。利用 Visual Studio 附带的许多控件，使得开发用户界面、处理用户的交互将变得非常简单、有趣。Windows 应用程序中的控件分为基本控件和高级控件。限于篇幅，本书无法全面介绍 Visual Studio 中的所有控件，在本章中只介绍基本的控件，包括标签、按钮、文本框、列表等控件的基本用法。高级控件将在第 11 章中进行介绍。

本章主要内容：
- WinForms 的标签控件的用法
- WinForms 的按钮控件的用法
- WinForms 的文本框控件的用法
- WinForms 的列表框控件的用法

10.1 Control 类

在使用 Windows 窗体时就是在使用 System.Windows.Forms 命名空间。这个命名空间使用 using 指令包含在存储 Form 类的一个文件中。.NET 中的大多数控件都派生于 System.Windows.Forms.Control 类。这个类定义了控件的基本功能，这就是为什么控件中的许多属性和事件都相同的原因。许多类本身就是其他控件的基类。

10.1.1 Control 类的属性

大多数控件的基类都是 System.Windows.Forms.Control，它有很多属性，其他控件要么直接继承了这些属性，要么重写它们以便实现某些特定的功能。表 10-1 中列出了 Control 类最常见的属性，这些属性在本章介绍的大多数控件中都有，所以后续内容中将不再详细解释它们。

表 10-1 Control类最常见的属性

属　性	功　能
AccessibleName	获取或设置辅助功能客户端应用程序所使用的控件名称
AllowDrop	获取或设置一个值，该值指示控件是否可以接受用户拖放到它上面的数据
Anchor	获取或设置控件绑定到的容器的边缘并确定控件如何随其父级一起调整大小
AutoScrollOffset	获取或设置一个值，该值指示在 ScrollControlIntoView 中将控件滚动到何处
BackColor	获取或设置控件的背景色
BackgroundImage	获取或设置在控件中显示的背景图像

续表

属性	功能
Bottom	获取控件下边缘与其容器的工作区上边缘之间的距离（以像素为单位）
ClientSize	获取或设置控件的工作区的高度和宽度
Dock	获取或设置哪些控件边框停靠到其父控件并确定控件如何随其父级一起调整大小
DoubleBuffered	获取或设置一个值，该值指示此控件是否应使用辅助缓冲区重绘其图面，以减少或避免闪烁
Enabled	获取或设置一个值，该值指示控件是否可以对用户交互做出响应
Font	获取或设置控件显示的文字的字体
FontHeight	获取或设置控件的字体的高度
ForeColor	获取或设置控件的前景色
Height	获取或设置控件的高度
ImeMode	获取或设置控件的输入法编辑器（IME）模式
Left	获取或设置控件左边缘与其容器的工作区左边缘之间的距离（以像素为单位）
Location	获取或设置该控件的左上角相对于其容器的左上角的坐标
Margin	获取或设置控件之间的空间
MaximumSize	获取或设置大小，该大小是 GetPreferredSize 可以指定的上限
MinimumSize	获取或设置大小，该大小是 GetPreferredSize 可以指定的下限
ModifierKeys	获取一个指示哪些修改键（Shift、Ctrl 和 Alt）处于按下状态的值
Name	获取或设置控件的名称
Padding	获取或设置控件内的空白
Parent	获取或设置控件的父容器
ProductName	获取包含控件的程序集的产品名称
ProductVersion	获取包含控件的程序集的版本
Right	获取控件右边缘与其容器的工作区左边缘之间的距离（以像素为单位）
RightToLeft	获取或设置一个值，该值指示是否将控件的元素对齐以支持使用从右向左的字体的区域设置
Size	获取或设置控件的高度和宽度
TabIndex	获取或设置控件的 Tab 键顺序
TabStop	获取或设置一个值，该值指示用户能否使用 Tab 键将焦点放到该控件上
Tag	获取或设置包含有关控件的数据的对象
Text	获取或设置与此控件关联的文本
Top	获取或设置控件上边缘与其容器的工作区上边缘之间的距离（以像素为单位）
Visible	获取或设置一个值，该值指示是否显示该控件及其所有子控件
Width	获取或设置控件的宽度

10.1.2 Control 类的事件

本节将介绍 Windows 窗体控件生成的事件。这些事件通常与用户的操作相关。如当用户单击按钮时，该按钮就会生成一个事件，说明发生了什么。处理事件就是编程人员为该按钮提供某些功能的方式。Control 类定义了本章所用控件的一些比较常见的事件，如表 10-2 所示。

表 10-2 Control类的事件

事件	说明
AutoSizeChanged	基础结构。此事件与该类无关
BackColorChanged	当 BackColor 属性的值更改时发生
BackgroundImageChanged	当 BackgroundImage 属性的值更改时发生
BackgroundImageLayoutChanged	当 BackgroundImageLayout 属性更改时发生
BindingContextChanged	当 BindingContext 属性的值更改时发生
CausesValidationChanged	当 CausesValidation 属性的值更改时发生
ChangeUICues	焦点或键盘用户界面（UI）提示更改时发生
Click	在单击控件时发生
ClientSizeChanged	当 ClientSize 属性的值更改时发生
ContextMenuChanged	当 ContextMenu 属性的值更改时发生
ContextMenuStripChanged	当 ContextMenuStrip 属性的值更改时发生
ControlAdded	在将新控件添加到 Control.ControlCollection 时发生
ControlRemoved	在从 Control.ControlCollection 移除控件时发生
CursorChanged	当 Cursor 属性的值更改时发生
Disposed	当通过调用 Dispose 方法释放组件时发生（继承自 Component）
DockChanged	当 Dock 属性的值更改时发生
DoubleClick	在双击控件时发生
DragDrop	拖放操作完成时发生
DragEnter	在将对象拖入控件的边界时发生
DragLeave	将对象拖出控件的边界时发生
DragOver	将对象拖过控件的边界时发生
EnabledChanged	在 Enabled 属性值更改后发生
Enter	进入控件时发生
FontChanged	在 Font 属性值更改时发生
ForeColorChanged	在 ForeColor 属性值更改时发生
GiveFeedback	在执行拖动操作期间发生
GotFocus	在控件接收焦点时发生
HandleCreated	在为控件创建句柄时发生
HandleDestroyed	在控件的句柄处于销毁过程中时发生
HelpRequested	当用户请求控件的帮助时发生
ImeModeChanged	在 ImeMode 属性更改后发生
Invalidated	控件的显示要求重新绘制时发生
KeyDown	在控件有焦点的情况下按下键时发生
KeyPress	在控件有焦点的情况下按下键时发生
KeyUp	在控件有焦点的情况下释放键时发生
Layout	在控件应重新定位其子控件时发生
Leave	在输入焦点离开控件时发生
LocationChanged	在 Location 属性值更改后发生
LostFocus	在控件失去焦点时发生

续表

事 件	说 明
MarginChanged	在控件边距更改时发生
MouseCaptureChanged	当控件失去鼠标捕获时发生
MouseClick	用鼠标单击控件时发生
MouseDoubleClick	用鼠标双击控件时发生
MouseDown	当鼠标指针位于控件上并按下鼠标键时发生
MouseEnter	在鼠标指针进入控件时发生
MouseHover	在鼠标指针停放在控件上时发生
MouseLeave	在鼠标指针离开控件时发生
MouseMove	在鼠标指针移到控件上时发生
MouseUp	在鼠标指针在控件上并释放鼠标键时发生
MouseWheel	在控件有焦点的同时鼠标轮移动时发生
Move	在移动控件时发生
PaddingChanged	在控件空白区更改时发生
Paint	在重绘控件时发生
ParentChanged	在 Parent 属性值更改时发生
PreviewKeyDown	在焦点位于此控件上的情况下,当有按键动作时发生(在 KeyDown 事件之前发生)
QueryAccessibilityHelp	在 AccessibleObject 为辅助功能应用程序提供帮助时发生
QueryContinueDrag	在拖放操作期间发生,并且允许拖动源确定是否应取消拖放操作
RegionChanged	当 Region 属性的值更改时发生
Resize	在调整控件大小时发生
RightToLeftChanged	在 RightToLeft 属性值更改时发生
SizeChanged	在 Size 属性值更改时发生
StyleChanged	在控件样式更改时发生
SystemColorsChanged	系统颜色更改时发生
TabIndexChanged	在 TabIndex 属性值更改时发生
TabStopChanged	在 TabStop 属性值更改时发生
TextChanged	在 Text 属性值更改时发生
Validated	在控件完成验证时发生
Validating	在控件验证时发生
VisibleChanged	在 Visible 属性值更改时发生

有以下三种处理事件的基本方式。

(1)双击控件,进入控件默认事件的处理程序。

(2)使用属性窗口中的事件列表,如图 10-1 所示。

要给事件添加处理程序,只需在事件列表中双击该事件,就会生成给控件订阅该事件的代码,以及处理该事件的方法签名。此外,还可以在事件列表中该事件的旁边,直接输入一个处理该事件的名称。按下回车键,就会用输入的名称生成一个事件处理程序。

(3)可以自己添加订阅该事件的代码。

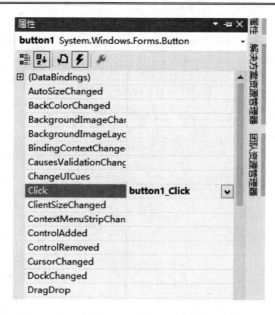

图 10-1　事件列表

10.2　标签控件（Label 控件）

Label 控件用于显示用户不能编辑的文本，Label 控件也许是最常用的控件，在任何 Windows 应用程序中都可以在对话框中见到它们。也可以通过编写代码来设置要显示的文本信息。如果要添加一个 Label 控件，系统会自动创建一个标签控件的对象，如图 10-2 所示为 Label 控件。

图 10-2　Label 控件

Label 控件有许多属性。大多数属性都派生于 Control，但有一些属性是新增的。表 10-3 中列出了最常见的属性。

表 10-3 Label控件的常见属性

属性	说明
BackColor	获取或设置控件的背景色（继承自 Control）
BorderStyle	获取或设置控件的边框样式
Bottom	获取控件下边缘与其容器的工作区上边缘之间的距离（以像素为单位）（继承自 Control）
DataBindings	为该控件获取数据绑定（继承自 Control）
FlatStyle	获取或设置标签控件的平面样式外观
Font	获取或设置控件显示的文字的字体（继承自 Control）
FontHeight	获取或设置控件的字体的高度（继承自 Control）
ForeColor	获取或设置控件的前景色（继承自 Control）
Height	获取或设置控件的高度（继承自 Control）
Image	获取或设置显示在 Label 上的图像
ImageAlign	获取或设置在控件中显示的图像的对齐方式
TabIndex	获取或设置控件的 Tab 键顺序（继承自 Control）
TabStop	获取或设置一个值，指示用户能否通过 Tab 键切换至 Label。此类未使用此属性
Tag	获取或设置包含有关控件的数据的对象（继承自 Control）
Text	获取或设置与此控件关联的文本（重写 Control.Text）
TextAlign	获取或设置标签中文本的对齐方式
Top	获取或设置控件上边缘与其容器的工作区上边缘之间的距离（以像素为单位）（继承自 Control）
Visible	获取或设置一个值，该值指示是否显示该控件及其所有子控件（继承自 Control）
Width	获取或设置控件的宽度（继承自 Control）

10.3 按钮控件（Button 控件）

Button 控件存在于几乎所有的 Windows 对话框中。Button 控件允许用户通过单击来执行操作。Button 控件既可以显示文本，也可以显示图像。当该控件被单击时，先被按下，然后被释放。如图 10-3 所示为 Button 控件。

Button 控件存在于几乎所有的 Windows 对话框中，其功能主要有以下三种。

（1）用于某种状态关闭对话框，如"确定"按钮和"取消"按钮。

（2）给对话框上输入的数据执行操作，如"查询"按钮、"添加"按钮等。

（3）打开另一个对话框或应用程序，如"帮助"按钮等。

图 10-3 Button 控件

10.3.1 Button 控件的常用属性

下面简单介绍下该控件的常用属性。表 10-4 中列出了 Button 类最常用的属性。

表 10-4 Button常用的属性

属　　性	说　　明
DefaultStyleKey	在使用或定义主题样式时，获取或设置用于引用此控件的样式的键（继承自 FrameworkElement）
HandlesScrolling	获取一个值控件是否支持滚动（继承自 Control）
HasEffectiveKeyboardFocus	获取一个值，该值指示 UIElement 是否具有焦点（继承自 UIElement）
InheritanceBehavior	获取或设置属性值继承、资源键查找和 RelativeSource FindAncestor 查找的范围限制（继承自 FrameworkElement）
IsEnabledCore	获取 IsEnabled 属性的值（继承自 ButtonBase）
LogicalChildren	获取内容控件的逻辑子元素的枚举数（继承自 ContentControl）
StylusPlugIns	获取与此元素关联的所有触笔插件（自定义）对象的集合（继承自 UIElement）
VisualBitmapEffect	已过时。获取或设置 Visual 的 BitmapEffect 值（继承自 Visual）
VisualBitmapEffectInput	已过时。获取或设置 Visual 的 BitmapEffectInput 值（继承自 Visual）
VisualBitmapScalingMode	获取或设置 Visual 的 BitmapScalingMode（继承自 Visual）
VisualCacheMode	获取或设置 Visual 的缓存表示形式（继承自 Visual）
VisualChildrenCount	获取此元素内的可视化子元素的数目（继承自 FrameworkElement）
VisualClearTypeHint	获取或设置 ClearTypeHint，它确定在 Visual 中呈现 ClearType 的方式（继承自 Visual）
VisualClip	获取或设置 Visual 的剪辑区域作为 Geometry 值（继承自 Visual）
VisualEdgeMode	获取或设置 Visual 的边缘模式作为 EdgeMode 值（继承自 Visual）
VisualEffect	获取或设置要应用于 Visual 的位图效果（继承自 Visual）
VisualOffset	获取或设置可视对象的偏移量值（继承自 Visual）
VisualOpacity	获取或设置 Visual 的不透明度（继承自 Visual）
VisualOpacityMask	获取或设置 Brush 值，该值表示 Visual 的不透明蒙板（继承自 Visual）
VisualParent	获取可视对象的可视化树父级（继承自 Visual）
VisualScrollableAreaClip	获取或设置 Visual 的剪辑的可滚动区域（继承自 Visual）
VisualTextHintingMode	获取或设置 Visual 的 TextHintingMode（继承自 Visual）
VisualTextRenderingMode	获取或设置 Visual 的 TextRenderingMode（继承自 Visual）
VisualTransform	获取或设置 Visual 的 Transform 值（继承自 Visual）
VisualXSnappingGuidelines	获取或设置 X 坐标（垂直）准线集合（继承自 Visual）
VisualYSnappingGuidelines	获取或设置 Y 坐标（水平）准线集合（继承自 Visual）

10.3.2 Button 控件的应用

目前为止，Button 控件最常用的事件是 Click 事件，单击 Button 控件时将引发 Click 事件，并执行该事件中的代码。例 10-1 演示了响应单击事件的按钮。

例 10-1：响应按钮的单击事件（WinFormsButtonClick）

```
using System;
using System.Collections.Generic;
using System.ComponentModel;
using System.Data;
using System.Drawing;
using System.Linq;
using System.Text;
```

```
using System.Threading.Tasks;
using System.Windows.Forms;

namespace WinFormsButtonClick
{
    public partial class Form1 : Form
    {
        public Form1()
        {
            InitializeComponent();
        }

        private void button1_Click(object sender, EventArgs e)
        {
            MessageBox.Show("触发了按钮的单击事件！");
        }
    }
}
```

运行结果如图 10-4 所示。

图 10-4 响应按钮的单击事件

在此项目中，建立了一个 Windows 窗体，在窗体上拖放了一个 Button 按钮，并为其编写事件处理程序，单击 Button 按钮时，引发了 Click 事件，弹出提示框。下面的例子演示了窗体的"接受"按钮以及"取消"按钮的用法。

例 10-2："接受"按钮以及"取消"按钮的用法（**WinFormsAcceptAndCancelButton**）

```
using System;
using System.Collections.Generic;
using System.ComponentModel;
using System.Data;
using System.Drawing;
using System.Linq;
using System.Text;
using System.Threading.Tasks;
using System.Windows.Forms;

namespace WinFormsAcceptAndCancelButton
{
    public partial class Form1 : Form
    {
```

```
public Form1()
{
    InitializeComponent();
}

private void Form1_Load(object sender, EventArgs e)
{
    this.AcceptButton = button1;
    this.CancelButton = button2;
}

private void button1_Click(object sender, EventArgs e)
{
    MessageBox.Show("AcceptButton");
}

private void button2_Click(object sender, EventArgs e)
{
    MessageBox.Show("CancelButton");
}
    }
}
```

运行结果如图 10-5 与图 10-6 所示。

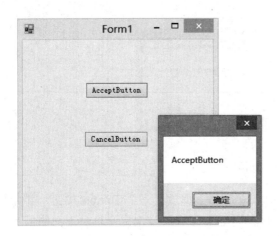
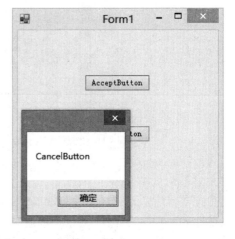

图 10-5 "接受"按钮　　　　　　　　图 10-6 "取消"按钮

在此项目中，分别为两个 Button 设置了窗体的 AcceptButton 属性以及 CancelButton 属性，从而实现了当按下 Enter 键时，就会触发 Button1 按钮的 Click 事件，当按下 Esc 键时，就会触发 Button2 按钮的 Click 事件，这与分别单击它们的效果相同。下面的例子演示了为按钮添加快捷键的方法。

例 10-3：按钮快捷键（WinFormsButtonShortcuts）

```
using System;
using System.Collections.Generic;
using System.ComponentModel;
using System.Data;
using System.Drawing;
using System.Linq;
```

```csharp
using System.Text;
using System.Threading.Tasks;
using System.Windows.Forms;

namespace WinFormsButtonShortcuts
{
    public partial class Form1 : Form
    {
        public Form1()
        {
            InitializeComponent();
        }

        private void Form1_Load(object sender, EventArgs e)
        {
            button1.Text = "确定(&M)";
        }

        private void Form1_KeyDown(object sender, KeyEventArgs e)
        {
            if (e.KeyCode == Keys.N && e.Control)
            {
                button1.PerformClick();
            }
        }

        private void button1_Click(object sender, EventArgs e)
        {
            MessageBox.Show("button1");
        }

        private void button2_Click(object sender, EventArgs e)
        {
            MessageBox.Show("button2");
        }
    }
}
```

运行结果如图 10-7 所示。

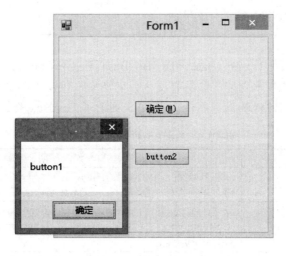

图 10-7　按钮快捷键

此项目中,之后为 button1 设置了 Text 属性"确定(&M)",在窗体的 KeyDown 事件中为 button2 编写了代码,代码检测按的键值是否为 Ctrl+N 组合键,是的话则执行单击 button2 的动作。

10.4 文本框控件(TextBox 控件)

TextBox 控件用于显示文本或获取用户输入的数据。TextBox 的主要用途是让用户输入文本,用户可以输入任意字符,也可以只允许用户输入数值等。通常,TextBox 用于可编辑文本,也可以使其成为只读控件。此外,文本框还可以显示多行,对文本框中文本换行使其符合控件的大小。如图 10-8 所示为 TextBox 控件。

图 10-8 TextBox 控件

10.4.1 TextBox 控件的常用属性

TextBox 派生于基类 TextBoxBase,TextBoxBase 派生于 Control。TextBoxBase 提供了在文本框中处理文本的基本功能,如选择文本、剪切文本以及粘贴文本等事件。

下面简单介绍下该控件的常用属性。表 10-5 列出了 TextBox 类最常用的属性。

表 10-5 TextBox控件的常用属性

属性	说明
AcceptsReturn	获取或设置一个值,该值指示在多行 TextBox 控件中按 Enter 键时,是在控件中创建一行新文本还是激活窗体的默认按钮
AutoCompleteCustomSource	获取或设置当 TextBox.AutoCompleteSource 属性设置为 [CustomSource] 时要使用的自定义 T:System.Collections.Specialized.StringCollection
AutoCompleteMode	获取或设置一个选项,该选项控制自动完成应用于 TextBox 的方式

续表

属 性	说 明
AutoCompleteSource	获取或设置一个值,该值指定用于自动完成的完整字符串的源
CanEnableIme	获取一个用以指示是否可以将 ImeMode 属性设置为活动值的值,以启用 IME 支持(继承自 TextBoxBase)
CanRaiseEvents	确定是否可以在控件上引发事件(继承自 Control)
CharacterCasing	获取或设置 TextBox 控件是否在字符输入时修改其大小写格式
CreateParams	获取创建控件句柄时所需要的创建参数(重写 TextBoxBase.CreateParams)
DefaultCursor	获取或设置控件的默认光标(继承自 TextBoxBase)
DefaultImeMode	获取控件支持的输入法编辑器(IME)模式(继承自 Control)
DefaultMargin	获取控件之间默认指定的间距(以像素为单位)(继承自 Control)
DefaultMaximumSize	获取以像素为单位的长度和高度,此长度和高度被指定为控件的默认最大大小(继承自 Control)
DefaultMinimumSize	获取以像素为单位的长度和高度,此长度和高度被指定为控件的默认最小大小(继承自 Control)
DefaultPadding	获取控件内容的内部间距(以像素为单位)(继承自 Control)
DefaultSize	获取控件的默认大小(继承自 TextBoxBase)
DesignMode	获取一个值,用以指示 Component 当前是否处于设计模式(继承自 Component)
DoubleBuffered	基础结构。获取或设置一个值,该值指示是否在显示控件前在缓冲区中完成控件绘制。此属性与此类无关(继承自 TextBoxBase)
Events	获取附加到此 Component 的事件处理程序的列表(继承自 Component)
FontHeight	获取或设置控件的字体的高度(继承自 Control)
ImeModeBase	获取或设置控件的输入法编辑器(IME)模式(继承自 TextBoxBase)
Multiline	获取或设置一个值,该值指示此控件是否为多行 TextBox 控件(重写 TextBoxBase.Multiline)
PasswordChar	获取或设置字符,该字符用于屏蔽单行 TextBox 控件中的密码字符
ReadOnly	这个 Boolean 值表示文本是否为只读
RenderRightToLeft	已过时(继承自 Control)
ResizeRedraw	获取或设置一个值,该值指示控件在调整大小时是否重绘自己(继承自 Control)
ScaleChildren	获取一个值,该值确定子控件的缩放(继承自 Control)
ScrollBars	获取或设置哪些滚动条应出现在多行 TextBox 控件中
SelectedText	获取在 TextBox 控件中选中的文本
ShowFocusCues	获取一个值,该值指示控件是否应显示聚焦框(继承自 Control)
ShowKeyboardCues	获取一个值,该值指示用户界面是否处于适当的状态以显示或隐藏键盘快捷键(继承自 Control)
Text	获取或设置 TextBox 中的当前文本(重写 TextBoxBase.Text)
TextAlign	获取或设置 TextBox 控件中文本的对齐方式
UseSystemPasswordChar	获取或设置一个值,该值指示 TextBox 控件中的文本是否作为默认密码字符显示

10.4.2 TextBox 控件的常用事件

TextBox 提供了很多事件,表 10-6 中列出了 TextBox 类最常用的事件。

表 10-6 TextBox控件的常用事件

事 件	说 明
KeyDown	在焦点位于此元素上并且用户按下键时发生（继承自 UIElement）
KeyPress	接收与键对应的字符
KeyUp	在焦点位于此元素上并且用户释放键时发生（继承自 UIElement）
TextChanged	文本框中文本发生改变，都会引发该事件

10.4.3 TextBox 控件的简单应用

了解了 TextBox 控件的属性及其事件后，下面简单介绍下 TextBox 控件的一些设置。下面的例子演示了 TextBox 控件的一些常见用法。

例 10-4 TextBox 控件的常见用法（**WinFormsTextBox**）。

```
using System;
using System.Collections.Generic;
using System.ComponentModel;
using System.Data;
using System.Drawing;
using System.Linq;
using System.Text;
using System.Threading.Tasks;
using System.Windows.Forms;

namespace WinFormsTextBox
{
    public partial class Form1 : Form
    {
        public Form1()
        {
            InitializeComponent();
        }

        private void Form1_Load(object sender, EventArgs e)
        {
            this.textBox1.ReadOnly = true;
            this.textBox2.PasswordChar = '#';
            this.textBox3.UseSystemPasswordChar = true;
            this.textBox4.Multiline = true;
        }
    }
}
```

运行结果如图 10-9 所示。

此项目中，分别为 4 个 TextBox 控件设置了 ReadOnly、PasswordChar、UseSystemPasswordChar、Multiline 属性。ReadOnly 属性为 true 时，不能在此 TextBox 中输入文本，PasswordChar 和 UseSystemPasswordChar 属性可以将 TextBox 设置成密码文本框，使用 PasswordChar 属性可以设置以哪个字符显示文本（如"*"号或"#"号等），而 UseSystemPasswordChar 属性为 true，则以默认的字符"*"

图 10-9 TextBox 控件的常见用法

显示文本。Multiline 属性为 true，则表示此 TextBox 为多行文本框。

10.5　ListBox 控件和 CheckedListBox 控件

ListBox 控件和 CheckedListBox 控件同属于列表框控件，列表框控件用于显示一组字符串，可以从中选择一个或多个选项。ListBox 类派生于 ListControl 类。而 CheckedListBox 派生于 ListBox 类。它提供了附带复选标记的列表框。如图 10-10 所示为 ListBox 控件，如图 10-11 所示为 CheckedListBox 控件。

图 10-10　ListBox 控件

图 10-11　CheckedListBox 控件

10.5.1　ListBox 控件的属性

除非明确说明，表 10-7 中列出的所有属性都可用于 ListBox 和 CheckedListBox 类。

表 10-7　ListBox控件的常用属性

属　　性	说　　明
Background	获取或设置描述控件的背景的画笔（继承自 Control）
Foreground	获取或设置描述前景色的画笔（继承自 Control）
GroupStyle	获取的GroupStyle对象的集合定义组的每个级别外观(继承自 ItemsControl)
HasItems	获取一个值 ItemsControl 是否包含项目（继承自 ItemsControl）
Height	获取或设置元素的建议高度（继承自 FrameworkElement）
IsSealed	获取一个值标识此实例当前是否已密封（只读）（继承自 DependencyObject）
Items	获取集合用于生成 ItemsControl 的内容（继承自 ItemsControl）
ItemsSource	获取或设置用于集合生成 ItemsControl 的内容（继承自 ItemsControl）
ItemTemplate	获取或设置用于的 DataTemplate 显示每个项（继承自 ItemsControl）
ItemTemplateSelector	获取或设置选择的用于的模板自定义逻辑显示每个项(继承自 ItemsControl)
MaxHeight	获取或设置元素的最大高度约束（继承自 FrameworkElement）
MaxWidth	获取或设置元素的最大宽度约束（继承自 FrameworkElement）
MinHeight	获取或设置元素的最小高度约束（继承自 FrameworkElement）
MinWidth	获取或设置元素的最小宽度约束（继承自 FrameworkElement）

续表

属 性	说 明
Resources	获取或设置本地定义的资源字典（继承自 FrameworkElement）
SelectedIndex	获取或设置当前选择中第一个项的索引，或者在选择为空时返回 -1（继承自 Selector）
SelectedItem	获取或设置当前选择中的第一项，或者，如果选择为空，则返回 null（继承自 Selector）
SelectedItems	获取当前选定的项
SelectedValue	获取或设置通过使用 SelectedValuePath 而获取的 SelectedItem 的值（继承自 Selector）
SelectedValuePath	获取或设置用于从 SelectedItem 获取 SelectedValue 的路径（继承自 Selector）
SelectionMode	获取或设置 ListBox 的选择行为
Style	获取或设置此元素在呈现时使用的样式（继承自 FrameworkElement）
TabIndex	获取或设置使用 Tab 键时，确定顺序接收焦点的元素的值，当用户将控件定位（继承自 Control）
Tag	获取或设置任意对象值，该值可用于存储关于此元素的自定义信息（继承自 FrameworkElement）
Template	获取或设置控件模板（继承自 Control）
ToolTip	获取或设置在用户界面（UI）中为此元素显示的工具提示对象（继承自 FrameworkElement）
Visibility	获取或设置此元素的用户界面（UI）可见性。这是一个依赖项属性（继承自 UIElement）
Width	获取或设置元素的宽度（继承自 FrameworkElement）
CheckedIndices	（只用于 CheckedListBox）该 CheckedListBox 中选中索引的集合
CheckedItems	（只用于 CheckedListBox）该 CheckedListBox 中选中项的集合
CheckOnClick	（只用于 CheckedListBox）获取或设置一个值，该值指示当选定项时是否应切换复选框
DataSource	基础结构。获取或设置控件的数据源。此属性与此类无关
DisplayMember	获取或设置一个字符串，该字符串指定要显示其内容的列表框中所含对象的属性
DrawMode	基础结构。获取一个值，该值表示 CheckedListBox 的绘制元素的模式。此属性与此类无关（重写 ListBox.DrawMode）
ItemHeight	获取项区域的高度（重写 ListBox.ItemHeight）
Items	获取该 CheckedListBox 中项的集合
Padding	获取或设置 CheckedListBox 内的边距。此属性与此类无关
SelectionMode	获取或设置指定选择模式的值（重写 ListBox.SelectionMode）
ThreeDCheckBoxes	(只用于 CheckedListBox)获取或设置一个值，该值指示复选框是否有 Flat 或 Normal 的 System.Windows.Forms.ButtonState
UseCompatibleTextRendering	获取或设置一个值，该值确定是使用 Graphics 类（GDI+）还是 TextRenderer 类（GDI）呈现文本
ValueMember	基础结构。获取或设置一个字符串，该字符串指定要从中取值的数据源的属性。此属性与此类无关

10.5.2 ListBox 控件的方法

表 10-8 中列出的所有方法都可用于 ListBox 和 CheckedListBox 类。

表 10-8 ListBox控件的方法

方法	说明
ClearSelected	清除列表框中的所有选中项
FindString(String)	查找 ListBox 中以指定字符串开头的第一个项（继承自 ListBox）
FindString(String, Int32)	查找 ListBox 中以指定字符串开头的第一个项。 搜索从特定的起始索引处开始（继承自 ListBox）
FindStringExact(String)	查找 ListBox 中第一个精确匹配指定字符串的项（继承自 ListBox）
FindStringExact(String, Int32)	查找 ListBox 中第一个精确匹配指定字符串的项。 搜索从特定的起始索引处开始（继承自 ListBox）
GetSelected	返回一个值，该值指示是否选定了指定的项（继承自 ListBox）
SetSelected	选择或清除对 ListBox 中指定项的选定（继承自 ListBox）
GetItemChecked	（只用于 CheckedListBox）返回指示指定项是否选中的值
GetItemCheckState	（只用于 CheckedListBox）返回指示当前项的复选状态的值
SetItemChecked	（只用于 CheckedListBox）将指定索引处的项的 CheckState 设置为 Checked
SetItemCheckState	（只用于 CheckedListBox）设置指定索引处项的复选状态

10.5.3 ListBox 控件的事件

表 10-9 中列出的所有方法都可用于 ListBox 和 CheckedListBox 类。

表 10-9 ListBox控件的事件

事件	说明
ItemCheck	（只用于 CheckedListBox）在列表框中一个选项的选中状态发生改变时引发该事件
SelectedIndexChanged	在选中选项的索引发生改变时引发该事件

10.5.4 ListBox 控件的常见用法

本节通过几个小例子来介绍下列表框控件的常见用法。例 10-5 中代码演示了向 ListBox 控件中添加项以及移除项。

例 10-5：ListBox 添加、移除项（WinFormsListBox）

```
using System;
using System.Collections.Generic;
using System.ComponentModel;
using System.Data;
using System.Drawing;
using System.Linq;
using System.Text;
using System.Threading.Tasks;
using System.Windows.Forms;

namespace WinFormsListBox
{
    public partial class Form1 : Form
    {
```

```csharp
public Form1()
{
    InitializeComponent();
}

private void btnAdd_Click(object sender, EventArgs e)
{
    if (this.txtText.Text == "")
    {
        MessageBox.Show("请输入要添加的数据");
        this.txtText.Focus();
    }
    else
    {
        this.lbShow.Items.Add(this.txtText.Text);
        this.txtText.Text = "";
    }
}

private void btnRemove_Click(object sender, EventArgs e)
{
    if (this.lbShow.SelectedItems.Count != 0)
    {
        this.lbShow.Items.Remove(this.lbShow.SelectedItem);
    }
    else
    {
        MessageBox.Show("请先选择要移除的项！");
    }
}
```

运行结果如图 10-12 所示。

图 10-12 ListBox 添加、移除项

此例通过 ListBox 控件的 Items 属性的 Add 方法和 Remove 方法，实现向控件中添加项以及移除选中项。

下面的例子演示了 ListBox 控件中项的多选。

例 10-6：ListBox 控件中项的多选（WinFormsListBoxMulti）

```
using System;
using System.Collections.Generic;
using System.ComponentModel;
using System.Data;
using System.Drawing;
using System.Linq;
using System.Text;
using System.Threading.Tasks;
using System.Windows.Forms;

namespace WinFormsListBoxMulti
{
    public partial class Form1 : Form
    {
        public Form1()
        {
            InitializeComponent();
        }

        private void Form1_Load(object sender, EventArgs e)
        {
            this.lbShow.Items.Add("dog");
            this.lbShow.Items.Add("cat");
            this.lbShow.Items.Add("snake");
            this.lbShow.Items.Add("horse");
            this.lbShow.Items.Add("pig");
            this.lbShow.Items.Add("sheep");
            this.lbShow.Items.Add("alpaca");
            this.lbShow.Items.Add("elephant");
            this.lbShow.Items.Add("tiger");
            this.lbShow.Items.Add("mouse");
            this.lbShow.Items.Add("whale");
            this.lbShow.Items.Add("koala");

            this.lbShow.SelectionMode = SelectionMode.MultiExtended;
        }
    }
}
```

运行结果如图 10-13 所示。

图 10-13　ListBox 控件中项的多选

此例通过设置 ListBox 控件的 SelectionMode 属性实现 ListBox 控件项的多选。此属性值是 SelectionMode 的枚举值。

10.6 消息对话框

在程序中，经常使用消息对话框给用户一定的信息提示，如在操作过程中遇到错误或程序异常，经常会使用这种方式给用户以提示。在 WinForm 中，消息对话框是使用 MessageBox 对象的 Show 方法显示的，MessageBox 消息对话框位于 System.Windows.Forms 命名空间中，一般情况下，一个消息对话框包含信息提示文字内容、消息对话框的标题文字、用户响应的按钮及信息图标等内容。C#中允许开发人员根据自己的需要设置相应的内容，创建符合自己要求的消息对话框。

Show 方法是一个静态方法，也就是说，不需要基于 MessageBox 类的对象创建实例，就可以使用该方法，且该方法提供了不同的重载版本，用来根据自己的需要设置不同风格的消息对话框。此方法的返回类型为 DialogResult 枚举类型，包含用户在此消息对话框中所做的操作，其可能的枚举值如表 10-10 所示。

表 10-10　DialogResult枚举成员

成 员 名 称	说　　明
Abort	对话框的返回值是 Abort（通常从标签为"中止"的按钮发送）
Cancel	对话框的返回值是 Cancel（通常从标签为"取消"的按钮发送）
Ignore	对话框的返回值是 Ignore（通常从标签为"忽略"的按钮发送）
No	对话框的返回值是 No（通常从标签为"否"的按钮发送）
None	从对话框返回了 Nothing。 这表明有模式对话框继续运行
OK	对话框的返回值是 OK（通常从标签为"确定"的按钮发送）
Retry	对话框的返回值是 Retry（通常从标签为"重试"的按钮发送）
Yes	对话框的返回值是 Yes（通常从标签为"是"的按钮发送）

开发人员可根据这些返回值判断接下来要做的事情。在 Show 方法的参数中使用 MessageBoxButtons 来设置消息对话框要显示的按钮的个数及内容，此参数与 DialogResult 一样也是一个枚举值，枚举值如表 10-11 所示。

表 10-11　MessageBoxButtons枚举成员

成 员 名 称	说　　明
AbortRetryIgnore	消息框包含"中止"、"重试"和"忽略"按钮
OK	消息框包含"确定"按钮
OKCancel	消息框包含"确定"和"取消"按钮
RetryCancel	消息框包含"重试"和"取消"按钮
YesNo	消息框包含"是"和"否"按钮
YesNoCancel	消息框包含"是"、"否"和"取消"按钮

在开发中，可以指定表 10-11 中的任何一个枚举值所提供的按钮，单击任何一个按钮都会对应 DialogResult 中的一个值。除此之外，在 Show 方法中还可使用 MessageBoxIcon 枚举类型定义显示在消息框中的图标类型，其可能出现的枚举值如表 10-12 所示。

表 10-12　MessageBoxIcon枚举成员

成 员 名 称	说　　明
Error	该符号是由一个红色背景的圆圈及其中的白色 X 组成
Asterisk	该符号是由一个圆圈及其中的小写字母 i 组成
Exclamation	该符号由一个黄色背景的三角形及其中的一个叹号组成
Hand	该符号由一个红色背景的圆圈及其中的白色 x 组成
Question	该符号由一个圆圈及其中的一个问号组成
None	消息框中不包含符号
Information	该符号是由一个圆圈及其中的小写字母 i 组成
Stop	该符号是由一个红色背景的圆圈及其中的白色 X 组成
Warning	该符号是由一个黄色背景的三角形及其中的一个叹号组成

除上面的参数之外，还有一个 MessageBoxDefaultButton 枚举类型的参数，指定消息对话框的默认按钮。

下面以一个小例子来演示下 MessageBox 的用法。

例 10-7：MessageBox 的用法（WinFormsMessageBox）

```
using System;
using System.Collections.Generic;
using System.ComponentModel;
using System.Data;
using System.Drawing;
using System.Linq;
using System.Text;
using System.Threading.Tasks;
using System.Windows.Forms;

namespace WinFormsMessageBox
{
    public partial class Form1 : Form
    {
        public Form1()
        {
            InitializeComponent();
        }

        private void btnShow_Click(object sender, EventArgs e)
        {
            DialogResult dr= MessageBox.Show("测试消息对话框", "测试",
            MessageBoxButtons.YesNoCancel,
                MessageBoxIcon.Warning, MessageBoxDefaultButton.
                Button1);
            if (dr == DialogResult.Yes)
                MessageBox.Show("点击了"是"按钮", "系统提示1");
            else if (dr == DialogResult.No)
                MessageBox.Show("点击了"否"按钮", "系统提示2");
            else if (dr == DialogResult.Cancel)
```

```
                MessageBox.Show("点击了"取消"按钮", "系统提示 3");
            else
                MessageBox.Show("没有进行任何的操作!", "系统提示 4");
        }
    }
}
```

程序运行后,将出现如图 10-14 所示的界面。

单击"弹出消息框"按钮,将出现如图 10-15 所示的消息对话框。

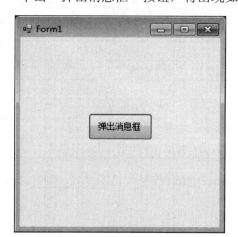

图 10-14　MessageBox 的用法

图 10-15　MessageBox 的用法

分别单击三个按钮,将出现如图 10-16 所示的三种效果。

图 10-16　MessageBox 的用法

小结

本章简要介绍了 WinForms 基本控件的相关知识。其中包括标签、按钮、文本框、列表等控件。分别从控件的属性、方法、事件以及应用等方面阐述。熟练掌握这些控件将为日后开发复杂的 Windows 应用程序打下基础。

第 11 章　WinForms 高级控件

第 10 章介绍了 WinForms 的基本控件，本章将介绍 WinForms 的高级控件的用法。如在实现某管理系统的员工信息管理时，单选按钮可用于选择性别一栏，可使用图片框以及 ImageList 控件选择员工头像等。而选项卡控件则可节省窗体上的空间，实现多页的展现形式，进度条控件则可展示某一任务的完成进度，ToolStrip 控件则可辅助菜单栏控件实现菜单栏中功能的快捷按钮等。

本章主要内容：
- WinForms 的单选按钮的用法
- WinForms 的图片框控件的用法
- WinForms 的选项卡控件的用法
- WinForms 的进度条控件的用法
- WinForms 的 ImageList 控件的用法
- WinForms 的 ToolStrip 控件的用法
- WinForms 的 ListView 控件的用法
- WinForms 的 TreeView 控件的用法
- WinForms 的 monthCalendar 控件的用法
- WinForms 的 DataTimePicker 控件的用法

11.1　单选按钮（RadioButton）

RadioButton 控件为用户提供多于一个选项组成的选项集合。当用户选择某项时，同一组中的其他选项不能为同时选中。RadioButton 显示为一个标签，左边是一个圆点，该圆点可以是选中或未选中状态。如图 11-1 所示为 RadioButton 按钮。

如果一个窗体中出现多个单选按钮组，则必须使用如 GroupBox 这样的容器控件。把要分在同一组中的若干单选按钮拖放在容器控件中即可。

11.1.1　RadioButton 类的常见属性和事件

RadioButton 和大多 Button 相关的控件类一样，基本都派生自 ButtonBase 类。其最常用的属性只有一个——Checked 属性。

图 11-1　RadioButton 按钮

此属性表示控件的选中状态,如果该控件被选中,此属性值为 true,否则为 false。

在处理 RadioButton 控件的事件时,通常只处理 CheckedChanged 事件。CheckedChanged 事件是当 RadioButton 的选中状态发生改变时引发此事件。当然,有时也会处理 Click 事件,Click 事件是当单击 RadioButton 时引发该事件。

11.1.2 RadioButton 的用法

下面通过一个小例子来介绍下 RadioButton 的用法。

例 11-1:RadioButton 的用法(WinFormsRadioButton)

```
using System;
using System.Collections.Generic;
using System.ComponentModel;
using System.Data;
using System.Drawing;
using System.Linq;
using System.Text;
using System.Threading.Tasks;
using System.Windows.Forms;

namespace WinFormsRadioButton
{
    public partial class Form1 : Form
    {
        public Form1()
        {
            InitializeComponent();
        }

        private void btnCheck_Click(object sender, EventArgs e)
        {
            if (this.rb1.Checked)
                MessageBox.Show("您选中了单选按钮 1");
            else if (this.rb2.Checked)
                MessageBox.Show("您选中了单选按钮 2");
            else
                MessageBox.Show("未选择任何单选按钮!");
        }
        private void rb_CheckedChanged(object sender, EventArgs e)
        {
            RadioButton rb=(RadioButton)sender;
            MessageBox.Show(rb.Name+"触发了CheckedChanged事件!");
        }
    }
}
```

此例子中,在设计界面中设置了单选按钮 1 的 Checked 属性为 True,并设置单选按扭 1 与单选按钮 2 的 CheckedChanged 事件为 rb_CheckedChanged。运行效果如图 11-2 所示。

此时若单击 Check 按钮，效果如图 11-3 所示。

图 11-2 RadioButton 的用法

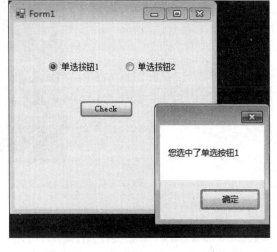

图 11-3 单击 Check 按钮

若选中单选按钮 2，则依次弹出提示框"rb1 触发了 CheckedChanged 事件！"、"rb2 触发了 CheckedChanged 事件！"，如图 11-4 所示。

图 11-4 选中单选按钮 2

11.2 图片框控件（PictureBox）

PictureBox 控件可以显示来自位图、图标或者元文件，以及来自增强的元文件、JPEG 或 GIF 文件的图形。

PictureBox 控件提供了更多的功能和绘图的方法。可以利用 PictureBox 控件提供的方法在其上面绘制图形。如图 11-5 所示为 PictureBox 控件。

图 11-5 PictureBox 控件

11.2.1 PictureBox 类的常见属性和事件

PictureBox 类的常见属性有两个：Image 和 SizeMode。Image 属性获取或设置由 PictureBox 显示的图像。而 SizeMode 属性则指示如何显示图像。

PictureBox 类的常见事件如表 11-1 所示。

表 11-1 PictureBox类的常见事件

名　　称	说　　明
Click	单击组件时发生
CausesValidationChanged	重写 Control.CausesValidationChanged 属性
Enter	重写 Control.Enter 属性
FontChanged	当 Font 属性的值更改时发生
ForeColorChanged	当 ForeColor 属性的值更改时发生
ImeModeChanged	当 ImeMode 属性的值更改时发生
KeyDown	在控件有焦点的情况下按下键时发生
KeyPress	在控件有焦点的情况下按下键时发生
KeyUp	在控件有焦点的情况下释放键时发生
Leave	在输入焦点离开 PictureBox 时发生
LoadCompleted	在异步图像加载操作完成、取消或引发异常时发生
LoadProgressChanged	在异步图像加载操作的进度更改时发生
RightToLeftChanged	当 RightToLeft 属性的值更改时发生
SizeModeChanged	在 SizeMode 更改时发生
TabIndexChanged	当 TabIndex 属性的值更改时发生
TabStopChanged	当 TabStop 属性的值更改时发生
TextChanged	当 Text 属性的值更改时发生

11.2.2 PictureBox 控件实例

下面通过一个小实例简单介绍下 PictureBox 控件。

例 11-2：PictureBox 的用法（WinFormsPictureBox）

```
using System;
using System.Collections.Generic;
using System.ComponentModel;
using System.Data;
using System.Drawing;
using System.Linq;
using System.Text;
using System.Threading.Tasks;
using System.Windows.Forms;

namespace WinFormsPictureBox
{
    public partial class Form1 : Form
    {
        public Form1()
        {
            InitializeComponent();
        }
        bool flag = true;

        private void Form1_Load(object sender, EventArgs e)
        {
            this.pbShow.Image = Image.FromFile(Environment.CurrentDirectory
            + @"/hzw2.jpg");
        }

        private void normalToolStripMenuItem_Click(object sender, EventArgs e)
        {
            this.pbShow.SizeMode = PictureBoxSizeMode.Normal;
        }

        private void stretchImageToolStripMenuItem_Click(object sender,
        EventArgs e)
        {
            this.pbShow.SizeMode = PictureBoxSizeMode.StretchImage;
        }

        private void autoSizeToolStripMenuItem_Click(object sender,
        EventArgs e)
        {
            this.pbShow.SizeMode = PictureBoxSizeMode.AutoSize;
        }

        private void centerImageToolStripMenuItem_Click(object sender,
        EventArgs e)
        {
            this.pbShow.SizeMode = PictureBoxSizeMode.CenterImage;
        }

        private void zoomToolStripMenuItem_Click(object sender, EventArgs e)
        {
            this.pbShow.SizeMode = PictureBoxSizeMode.Zoom;
        }

        private void pbShow_MouseClick(object sender, MouseEventArgs e)
        {
            if (flag)
```

```
            {
                this.pbShow.Image = Image.FromFile(Environment.
                CurrentDirectory+@"/hzw1.jpg");
                flag = false;
            }
            else
            {
                this.pbShow.Image = Image.FromFile(Environment.
                CurrentDirectory + @"/hzw2.jpg");
                flag = true;
            }
        }
    }
}
```

此例子中，在窗体中添加了一个 PictureBox 和一个 MenuStrip 控件。在设计界面中设置了 PictureBox 的 SizeMode 属性为 CenterImage，并为 PictureBox 添加了 MouseClick 事件。此事件中使用一个 bool 值的变量来控制每次单击，以实现图片的简单切换。运行效果如图 11-6 所示。

单击菜单栏上的 SizeMode 下的项目可改变图片的显示方式，如图 11-7 所示。

图 11-6　PictureBox 的用法

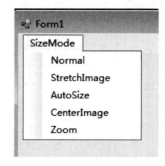
图 11-7　图片的显示方式

如单击 Zoom 命令，效果如图 11-8 所示。

单击图片，可实现图片的简单切换，效果如图 11-9 所示。

图 11-8　Zoom 显示方式

图 11-9　单击图片

11.3 选项卡控件（TabControl）

当需要在一个窗体内放置几组相对独立而又数量较多的控件时，可以使用 TabControl 控件，TabControl 控件可以添加多个选项卡，然后在选项卡上添加子控件。每个选项卡关联着一个页面，这样就可以把窗体设计成多页，使窗体的功能划分为多个不同部分。

TabControl 包含 TabPages，TabPages 表示所有的 TabPage 的集合。TabPage 控件表示选项卡。如图 11-10 所示为 TabControl 控件。

图 11-10　TabControl 控件

11.3.1　TabControl 类的常见属性和事件

TabControl 类的常见属性如表 11-2 所示。

表 11-2　TabControl类的常见属性

属　性	说　明
Multiline	该属性设置 TabControl 控件是否可以出现多行选项卡
RowCount	返回当前显示的选项卡行数
SelectedIndex	返回或设置选中选项卡的索引
SelectedTab	返回或设置选中的选项卡
TabCount	返回选项卡的总数
TabPages	TabPage 对象的结合

TabControl 类最为常用的事件是 SelectedIndexChanged 事件。该事件在 SelectedIndex 属性值更改时触发。

11.3.2　TabControl 控件实例

下面通过一个小实例简单介绍下 TabControl 控件。
例 11-3：TabControl 的用法（WinFormsTabControl）

```
using System;
using System.Collections.Generic;
using System.ComponentModel;
using System.Data;
using System.Drawing;
using System.Linq;
using System.Text;
using System.Threading.Tasks;
using System.Windows.Forms;

namespace WinFormsTabControl
{
```

```csharp
public partial class Form1 : Form
{
    public Form1()
    {
        InitializeComponent();
    }

    private void Form1_Load(object sender, EventArgs e)
    {
        this.tabControl1.Multiline = true;
    }

    private void btnAdd_Click(object sender, EventArgs e)
    {
        TabPage tp = new TabPage();
        tp.Text = "选项卡"+(this.tabControl1.TabCount+1);
        tabControl1.TabPages.Add(tp);
    }

    private void tabControl1_SelectedIndexChanged(object sender, EventArgs e)
    {
        MessageBox.Show("第" + (this.tabControl1.SelectedIndex + 1) + "个选项卡被选中！");
    }
}
```

此例子中，在设计界面中设置了TabControl控件的两个初始选项卡，并为其各添加了一个按钮用于区分选项卡。在窗体上添加了一个"添加"按钮用于新增选项卡。运行效果如图11-11所示。

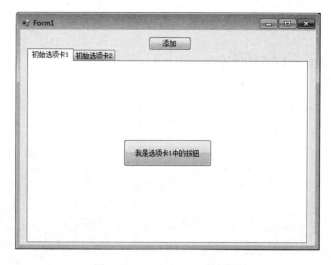

图11-11　TabControl的用法

单击"初始选项卡2"标签效果如图11-12所示。

图 11-12　单击"初始选项卡 2"

若单击"添加"按钮,每单击一次则添加一个选项卡。若添加的选项卡宽度超出 TabControl 控件则会换行显示。如图 11-13 所示为添加若干选项卡后单击第十个选项卡标签的效果。

图 11-13　选项卡换行显示

11.4　进度条控件(ProgressBar)

ProgressBar 控件用于显示一个任务的进度条,当任务执行完成时,进度条会被填满。进度条能直观地帮助用户了解等待一定时间的操作所需的时间。如图 11-14 所示为 ProgressBar 控件。

图 11-14　ProgressBar 控件

11.4.1　ProgressBar 类的常见属性

ProgressBar 类的常见属性如表 11-3 所示。

表 11-3　ProgressBar 类的常见属性

属　　性	说　　明
BackgroundImage	获取或设置 ProgressBar 控件的背景图像（重写 Control.BackgroundImage）
BackgroundImageLayout	获取或设置进度栏的背景图像的布局（重写 Control.BackgroundImageLayout）
CausesValidation	获取或设置一个值，该值指示控件在接收焦点时是否会引起在任何需要执行验证的控件上执行验证
Font	获取或设置 ProgressBar 中的文本的字体（重写 Control.Font）
ImeMode	获取或设置 ProgressBar 的输入法编辑器（IME）
MarqueeAnimationSpeed	获取或设置进度块在进度栏内滚动所用的时间段，以毫秒为单位
Maximum	获取或设置控件范围的最大值
Minimum	获取或设置控件范围的最小值
Padding	获取或设置 ProgressBar 控件边缘与其内容之间的距离
RightToLeftLayout	获取或设置一个值，该值指示 ProgressBar 及其所包含的任何文本是否从右向左显示
Step	获取或设置调用 PerformStep 方法增加进度栏的当前位置时所根据的数量
Style	获取或设置在进度栏上指示进度应使用的方式
TabStop	重写 TabStop
Text	重写 Text（重写 Control.Text）
Value	获取或设置进度栏的当前位置

要使进度条运行起来，通常只需设置 Maximum、Minimum、Value 和 Step 4 个属性即可。Maximum 设置 ProgressBar 控件的最大值，相反，它的最小值是设置 Minimum 完成的。当程序运行时，看到进度条在增长，其增长的值就是通过 Value 属性设置的。ProgressBar 控件的进度是第一次走一个小格，这个值叫作步长，是通过 Step 属性设置的。

11.4.2　ProgressBar 控件实例

下面通过一个小实例简单介绍下 ProgressBar 控件。

例 11-4：ProgressBar 的用法（WinFormsProgressBar）

```
using System;
using System.Collections.Generic;
using System.ComponentModel;
using System.Data;
using System.Drawing;
using System.Linq;
using System.Text;
using System.Threading;
using System.Threading.Tasks;
using System.Windows.Forms;

namespace WinFormsProgressBar
{
    public partial class Form1 : Form
    {
        public Form1()
        {
            InitializeComponent();
        }

        private void btnShow_Click(object sender, EventArgs e)
        {
            progressBar1.Minimum = 0;
            progressBar1.Maximum = 100;

            for (int i = 0; i < 100; i++)
            {
                progressBar1.Value++;
                Application.DoEvents();
                this.lblShow.Text =progressBar1.Value.ToString();
                Thread.Sleep(100);
            }
            MessageBox.Show("执行成功！");
        }
    }
}
```

此例子中，单击"开始执行"按钮后，设置进度条的最小值为 0 最大值为 100，使用了 for 循环来控制进度条的更新，循环中设置控件的 Value 属性自增，并设置标签显示为当前进度值，使用 Application.DoEvents()方法来处理消息。运行效果如图 11-15 所示。

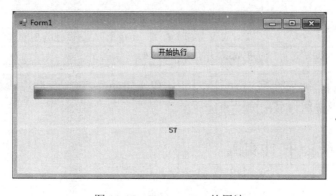

图 11-15　ProgressBar 的用法

11.5 ImageList 控件

ImageList 控件用于缓存用户预定义好的图片列表信息，该控件并不可以单独使用显示图片内容，必须和其他控件联合使用才可以显示预先存储其中的图片内容。可以通过索引调用显示图片，也可以删除某张图片或全部清除。

如图 11-16 所示为 ImageList 控件。

图 11-16　ImageList 控件

11.5.1　ImageList 类的常见属性

ImageList 类的常见属性如表 11-4 所示。

表 11-4　ImageList 类的常见属性

属　　性	说　　明
ColorDepth	获取图像列表的颜色深度
Handle	获取图像列表对象的句柄
HandleCreated	获取一个值，该值指示是否已创建基础 Win32 句柄
Images	获取此图像列表的 ImageList.ImageCollection
ImageSize	获取或设置图像列表中的图像大小
ImageStream	获取与此图像列表关联的 ImageListStreamer
Tag	获取或设置包含有关 ImageList 的其他数据的对象
TransparentColor	获取或设置被视为透明的颜色

ImageList 类的主要属性是 Images 和 ImageSize，Images 包含关联控件将要使用的图片。属性 ImageSizes 设置图像显示的大小。

11.5.2　ImageList 控件实例

下面通过一个小实例简单介绍下 ImageList 控件。

例 11-5：ImageList 的用法（WinFormsImageList）

```csharp
using System;
using System.Collections.Generic;
using System.ComponentModel;
using System.Data;
using System.Drawing;
using System.IO;
using System.Linq;
using System.Text;
using System.Threading;
using System.Threading.Tasks;
using System.Windows.Forms;

namespace WinFormsImageList
{
    public partial class Form1 : Form
    {
        public Form1()
        {
            InitializeComponent();
        }

        private void Form1_Load(object sender, EventArgs e)
        {
            string target = new DirectoryInfo(Application.StartupPath).
            Parent.Parent.FullName + @"\images\";

            for (int i = 1; i <= 7; i++)
            {
                imgList.Images.Add(Image.FromFile(target + i + ".jpg"));
            }

        }

        private void btnShow_Click(object sender, EventArgs e)
        {
            for (int i = 0; i < imgList.Images.Count; i++)
            {
                pbShow.Image = imgList.Images[i];
                Application.DoEvents();
                Thread.Sleep(1000);
            }
        }
    }
}
```

此例子中，在设置界面中放置了一个 PictureBox 用于显示 ImageList 中的图片，在窗体加载事件中，为 ImageList 控件添加了 7 张图片，当单击"循环播放"按钮时，PictureBox 将循环显示出这 7 张图片。运行效果如图 11-17 所示。

图 11-17 ImageList 的用法

11.6 ToolStrip 控件

ToolStrip 控件可以创建功能强大的工具栏，ToolStrip 控件中可以包含标签、文本、按钮等控件，可以显示文字、图片等内容。如图 11-18 所示为 ToolStrip 控件。

ToolStrip 控件主要功能如下。

（1）在各容器之间显示公共用户界面。

（2）创建易于自定义的常用工具栏，让这些工具栏支持高级用户界面和布局功能，如停靠、漂浮、带文本和图像的按钮、下拉按钮和控件、"溢出"按钮和 ToolStrip 项的运行时重新排序。

（3）支持溢出和运行时项重新排序。如果 ToolStrip 没有足够空间显示界面项，溢出功能会将它们移到下拉菜单中。

（4）通过通用呈现模型支持操作系统的典型外观和行为。

（5）对所有容器和包含的项进行事件的一致性处理，处理方式与其他控件的事件相同。

（6）将项从一个 ToolStrip 拖到另一个 ToolStrip 内。

（7）使用 ToolStripDropDown 中的高级布局创建下拉控件及用户界面类型编辑器。

图 11-18 ToolStrip 控件

11.6.1 ToolStrip 类的常见属性

ToolStrip 类的常见属性如表 11-5 所示。

表 11-5　ToolStrip 类的常见属性

属　　性	说　　明
Dock	获取或设置 ToolStrip 停靠在父容器的哪一边缘
AllowItemReorder	获取或设置一个值,让该值指示拖放和项重新排序是否专门由 ToolStrip 类进行处理
LayoutStyle	获取或设置一个值,让该值指示 ToolStrip 如何对其项进行布局
Overflow	获取或设置是将 ToolStripItem 附加到 ToolStrip,附加到 ToolStripOverflowButton,还是让它在这两者之间浮动
IsDropDown	获取一个值,该值指示单击 ToolStripItem 时,ToolStripItem 是否显示下拉列表中的其他项
OverflowButton	获取 ToolStripItem,它是启用了溢出的 ToolStrip 的"溢出"按钮
Renderer	获取或设置一个 ToolStripRenderer,用于自定义 ToolStrip 的外观和行为(外观)
RenderMode	获取或设置要应用于 ToolStrip 的绘制样式
Items	获取工具栏中所有的项
ShowItemToolTip	确定是否显示工具栏上某项的工具提示

11.6.2　ToolStrip 相关的伴随类

通过使用多个伴随类可以实现 ToolStrip 控件的灵活性。如表 11-6 所示为一些最值得注意的伴随类。

表 11-6　ToolStrip 类的伴随类

名　　称	说　　明
MenuStrip	替换 MainMenu 类并添加功能
StatusStrip	替换 StatusBar 类并添加功能
ContextMenuStrip	替换 ContextMenu 类并添加功能
ToolStripItem	抽象基类,它管理 ToolStrip、ToolStripControlHost 或 ToolStripDropDown 可以包含的所有元素的事件和布局
ToolStripContainer	提供一个容器,在该容器中窗体的每一侧均带有一个面板,面板中的控件可以按多种方式排列
ToolStripRenderer	处理 ToolStrip 对象的绘制功能
ToolStripProfessionalRenderer	提供 Microsoft Office 样式的外观
ToolStripManager	控制 ToolStrip 的呈现和漂浮,以及 MenuStrip、ToolStripDropDownMenu 和 ToolStripMenuItem 对象的合并
ToolStripManagerRenderMode	指定应用于窗体中的多个 ToolStrip 对象的绘制样式(自定义、Windows XP 或 Microsoft Office Professional)
ToolStripRenderMode	指定应用于窗体中的一个 ToolStrip 对象的绘制样式(自定义、Windows XP 或 Microsoft Office Professional)
ToolStripControlHost	承载不是明确的 ToolStrip 控件,但需要为其提供 ToolStrip 功能的其他控件
ToolStripItemPlacement	指定是在主 ToolStrip 中对 ToolStripItem 进行布局,是在溢出 ToolStrip 中对它进行布局,还是都不进行布局

11.6.3　ToolStrip 中的项

前面提到,ToolStrip 控件中可以包含多种控件,这些控件如表 11-7 所示。

表 11-7 ToolStrip中的项

名 称	说 明
ToolStripButton	表示 ToolStrip 的按钮项。可以用不同的边框样式显示该项，并可将它用于表示和激活操作状态。还可以将其定义为默认具有焦点
ToolStripLabel	表示 ToolStrip 的标签项。ToolStripLabel 与 ToolStripButton 一样，默认不获得焦点，而且不呈现下压或突出显示
ToolStripSplitButton	结合了按钮和下拉按钮功能
ToolStripDropDownButton	看起来类似于 ToolStripButton，但在用户单击它时，它会显示一个下拉区域。通过设置 ShowDropDownArrow 属性可以隐藏或显示下拉箭头。ToolStripDropDownButton 承载用于显示溢出 ToolStrip 的项的 ToolStripOverflowButton
ToolStripSeparator	根据方向将垂直线和水平线添加到工具栏和菜单中。它提供项的分组以及项之间的区分（例如菜单上的那些项）
ToolStripComboBox	是为在 ToolStrip 中进行承载而优化的 ComboBox。被承载控件的属性和事件的子集在 ToolStripComboBox 级上公开，但是基础 ComboBox 控件可通过 ComboBox 属性进行完全访问
ToolStripTextBox	是为在 ToolStrip 中进行承载而优化的 TextBox。被承载控件的属性和事件的子集在 ToolStripTextBox 级上公开，但是基础 TextBox 控件可通过 TextBox 属性进行完全访问
ToolStripProgressBar	是为在 ToolStrip 中进行承载而优化的 ProgressBar。被承载控件的属性和事件的子集在 ToolStripProgressBar 级上公开，但是基础 ProgressBar 控件可通过 ProgressBar 属性进行完全访问

11.6.4 创建工具栏

创建工具栏的过程比较简单，具体表现在以下几个步骤。

（1）从工具栏中将 ToolStrip 控件拖曳到窗体中，如图 11-19 所示。

（2）单击工具栏上向下的箭头，添加所需的工具栏项。工具栏项如图 11-20 所示。

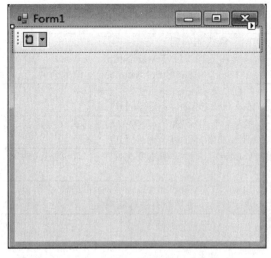

图 11-19 将 ToolStrip 控件拖曳到窗体中　　　图 11-20 工具栏项

（3）添加所需的工具栏项后，可以设置其显示的图像，如图 11-21 所示。
（4）运行程序，运行效果如图 11-22 所示。

图 11-21　设置显示的图像

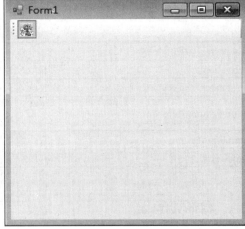

图 11-22　运行效果

11.7　ListView 控件

ListView 控件为列表视图控件，用于以特定样式或视图类型显示列表项。如图 11-23 所示为 ListView 控件。

图 11-23　ListView 控件

ListView 使用户可以把包含在控件中的数据显示为行和列，或者显示为一列或者显示为图标形式。它有 5 种视图模式：列表（List）、小图标（SmallIcon）、大图标（LargeIcon）、详细信息（Detail）和平铺（Tile）。

11.7.1 ListView 类的常见属性、事件和方法

ListView 类的常见属性如表 11-8 所示。

表 11-8 ListView类的常见属性

名 称	说 明
Activation	获取或设置用户激活某个项必须要执行的操作的类型
Alignment	获取或设置控件中项的对齐方式
AllowColumnReorder	获取或设置一个值，该值指示用户是否可拖动列标题来对控件中的列重新排序
AutoArrange	获取或设置图标是否自动进行排列
BackColor	获取或设置背景色（重写 Control.BackColor）
BackgroundImageLayout	基础结构。获取或设置 ImageLayout 值（重写 Control.BackgroundImageLayout）
BackgroundImageTiled	获取或设置一个值，该值指示是否应平铺 ListView 的背景图像
BorderStyle	获取或设置控件的边框样式
CheckBoxes	获取或设置一个值，该值指示控件中各项的旁边是否显示复选框
CheckedIndices	获取控件中当前选中项的索引
CheckedItems	获取控件中当前选中的项
Columns	获取控件中显示的所有列标题的集合
FocusedItem	获取或设置当前具有焦点的控件中的项
ForeColor	获取或设置前景色（重写 Control.ForeColor）
FullRowSelect	获取或设置一个值，该值指示单击某项是否选择其所有子项
GridLines	获取或设置一个值，该值指示：在包含控件中项及其子项的行和列之间是否显示网格线
Groups	获取分配给控件的 ListViewGroup 对象的集合
HeaderStyle	获取或设置列标题样式
HideSelection	获取或设置一个值，该值指示当控件没有焦点时，该控件中选定的项是否保持突出显示
HotTracking	获取或设置一个值，该值指示当鼠标指针经过某个项或子项的文本时，文本的外观是否变为超链接的形式
HoverSelection	获取或设置一个值，该值指示当鼠标指针在项上停留几秒钟时是否自动选定该项
InsertionMark	获取一个对象，在 ListView 控件内拖动项时，该对象用来指示预期的放置位置
Items	获取包含控件中所有项的集合
LabelEdit	获取或设置一个值，该值指示用户是否可以编辑控件中项的标签
LabelWrap	获取或设置一个值，该值指示当项作为图标在控件中显示时，项标签是否换行
LargeImageList	获取或设置当项以大图标在控件中显示时使用的 ImageList
ListViewItemSorter	获取或设置用于控件的排序比较器

续表

名称	说明
MultiSelect	获取或设置一个值,该值指示是否可以选择多个项
OwnerDraw	获取或设置一个值,该值指示 ListView 控件是由操作系统绘制,还是由用户提供的代码绘制
Padding	基础结构。获取或设置 ListView 控件及其内容之间的间距
RightToLeftLayout	获取或设置一个值,该值指示控件是否采用从右到左的布局
Scrollable	获取或设置一个值,该值指示在没有足够空间来显示所有项时,是否给滚动条添加控件
SelectedIndices	获取控件中选定项的索引
SelectedItems	获取在控件中选定的项
ShowGroups	获取或设置一个值,该值指示是否以分组方式显示项
ShowItemToolTips	获取或设置一个值,该值指示是否为 ListView 中包含的 ListViewItem 对象显示工具提示
SmallImageList	获取或设置 ImageList,当项在控件中显示为小图标时使用
Sorting	获取或设置控件中项的排序顺序
StateImageList	获取或设置与控件中应用程序定义的状态相关的 ImageList
Text	基础结构。此属性与此类无关(重写 Control.Text)
TileSize	获取或设置平铺视图中显示的图块的大小
TopItem	获取或设置控件中的第一个可见项
UseCompatibleStateImageBehavior	获取或设置一个值,该值指示 ListView 是使用与 .NET Framework 1.1 兼容的状态图像行为,还是使用与 .NET Framework 2.0 兼容的状态图像行为
View	获取或设置项在控件中的显示方式
VirtualListSize	获取或设置处于虚拟模式时列表中包含的 ListViewItem 对象的数量
VirtualMode	获取或设置一个值,该值指示用户是否为 ListView 控件提供了自己的数据管理操作

ListView 类的常用方法并不多,常用方法如表 11-9 所示。

表 11-9 ListView类的常用方法

名称	说明
Clear()	移除所有项和列
BeginUpdate()	避免在调用 EndUpdate 方法之前描述控件
EndUpdate()	在 BeginUpdate 方法挂起描述后,继续描述列表视图控件
EnsureVisible()	确保指定项在控件中是可见的,必要时滚动控件的内容
GetItemAt()	检索位于指定位置的项

ListView 类的事件如表 11-10 所示。

表 11-10 ListView类的事件

名称	说明
AfterLabelEdit	当用户编辑项的标签时发生
BackgroundImageLayoutChangd	基础结构。当 BackgroundImageLayout 属性更改时发生
BeforeLabelEdit	当用户开始编辑项的标签时发生

续表

名 称	说 明
CacheVirtualItems	当处于虚拟模式下的 ListView 的显示区域的内容发生更改时发生，ListView 决定需要的项的新范围
ColumnClick	当用户在列表视图控件中单击列标题时发生
ColumnReordered	在列标题顺序更改时发生
ColumnWidthChanged	在成功更改列的宽度后发生
ColumnWidthChanging	在更改列的宽度时发生
DrawColumnHeader	当绘制 ListView 的详细信息视图并且 OwnerDraw 属性设置为 true 时发生
DrawItem	在绘制 ListView 并且 OwnerDraw 属性设置为 true 时发生
DrawSubItem	当绘制 ListView 的详细信息视图并且 OwnerDraw 属性设置为 true 时发生
ItemActivate	在激活一项时发生
ItemCheck	当某项的选中状态更改时发生
ItemChecked	当某项的选中状态更改时发生
ItemDrag	在用户开始拖动项时发生
ItemMouseHover	当鼠标悬停于某项上时发生
ItemSelectionChanged	当项的选定状态发生更改时发生
PaddingChanged	基础结构。当 Padding 属性的值更改时发生
Paint	基础结构。在绘制 ListView 控件时发生
RetrieveVirtualItem	当 ListView 处于虚拟模式且需要 ListViewItem 时发生
RightToLeftLayoutChanged	当 RightToLeftLayout 属性的值更改时发生
SearchForVirtualItem	当 ListView 处于虚拟模式下且正进行搜索时发生
SelectedIndexChanged	当 SelectedIndices 集合更改时发生
TextChanged	基础结构。当 Text 属性更改时发生
VirtualItemsSelectionRangeChanged	当 ListView 处于虚拟模式下且某个范围内的项的选定状态发生更改时发生

11.7.2 ListView 控件实例

下面通过一个小实例简单介绍下 ListView 控件。

例 11-6：ListView 的用法（WinFormsListView）

```
using System;
using System.Collections.Generic;
using System.ComponentModel;
using System.Data;
using System.Drawing;
using System.Linq;
using System.Text;
using System.Threading.Tasks;
using System.Windows.Forms;

namespace WinFormsListView
{
    public partial class Form1 : Form
    {
```

```csharp
public Form1()
{
    InitializeComponent();
}

private void Form1_Load(object sender, EventArgs e)
{
    //设置lvShow的视图模式为大图标模式
    this.lvShow.View = View.LargeIcon;

    //为两个ImageList添加图片,并为lvShow添加项
    for (int i = 1; i < 17; i++)
    {
        this.imglistSmall.Images.Add(Image.FromFile(i + ".png"));
        this.imgListLarge.Images.Add(Image.FromFile(i + ".png"));

        lvShow.Items.Add(i.ToString());
    }

    //分别设置lvShow的大、小图标视图所显示的ImageList
    this.lvShow.SmallImageList = imglistSmall;
    this.lvShow.LargeImageList = imgListLarge;

    //为lvShow的各项设置显示的图像
    for (int i = 0; i < 16; i++)
    {
        lvShow.Items[i].ImageIndex = i;
    }
}

private void btnLarge_Click(object sender, EventArgs e)
{
    this.lvShow.View = View.LargeIcon;
}

private void btnSmall_Click(object sender, EventArgs e)
{
    this.lvShow.View = View.SmallIcon;
}

private void btnTile_Click(object sender, EventArgs e)
{
    this.lvShow.View = View.Tile;
}

private void btnList_Click(object sender, EventArgs e)
{
    this.lvShow.View = View.List;
}
```

此例子中,在设计界面中放置了一个ListView、两个ImageList和4个用于改变ListView

视图模式的按钮。

分别单击4个按钮，运行效果如图11-24～图11-27所示。

图11-24　单击LargeIcon按钮

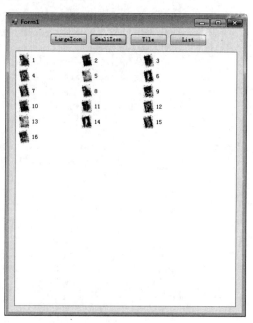

图11-25　单击SmallIcon按钮

图11-26　单击Tile按钮

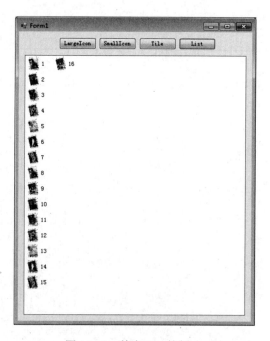

图11-27　单击List按钮

要使ListView显示列标题，需要设置ColumnHeader的实例，把其添加到ListView的Columns集合中即可。当ListView处于Details视图模式时，要显示的列标题才能显示出来。

ListView 中的选项是 ListViewItem 类的一个实例。ListViewItem 包含要显示的信息，如文本等。ListViewItem 对象有一个 SubItems 属性，该属性包含 ListViewSubItem 的实例。在 Details 或 Tile 视图下，这些子选项就会显示出来。每个子选项表示列表视图中的一列。子选项不能显示图标。通过 Items 集合把 ListViewItems 添加到 ListView 中，通过 ListViewItem 中的 SubItems 集合把 ListViewSubItems 添加到 ListViewItem 中。

11.8 TreeView 控件

TreeView 控件为树控件，用于以节点形式显示一个树状的菜单，这些节点按层次结构的顺序排列。每个节点又可以包含子节点，包含子节点的节点被称为父节点。如图 11-28 所示为 TreeView 控件。

图 11-28　TreeView 控件

11.8.1　TreeView 类的属性

TreeView 类属性比较多，其属性如表 11-11 所示。

表 11-11　TreeView类的属性

名　　称	说　　明
BackColor	获取或设置控件的背景色（重写 Control.BackColor）
BackgroundImage	基础结构。获取或设置 TreeView 控件的背景图像（重写 Control.BackgroundImage）
BackgroundImageLayout	基础结构。获取或设置 TreeView 控件的背景图像的布局（重写 Control.BackgroundImageLayout）
BorderStyle	获取或设置树视图控件的边框样式
CheckBoxes	获取或设置一个值，用以指示是否在树视图控件中的树节点旁显示复选框
DrawMode	获取或设置绘制控件的模式
ForeColor	此控件的当前前景色，控件使用此颜色绘制文本（重写 Control.ForeColor）
FullRowSelect	获取或设置一个值，用以指示选择突出显示是否跨越树视图控件的整个宽度
HideSelection	获取或设置一个值，用以指示选定的树节点是否即使在树视图已失去焦点时仍会保持突出显示
HotTracking	获取或设置一个值，用以指示当鼠标指针移过树节点标签时，树节点标签是否具有超链接的外观

续表

名称	说明
ImageIndex	获取或设置树节点显示的默认图像的图像列表索引值
ImageKey	获取或设置 TreeView 控件中的每个节点在处于未选定状态时的默认图像的键
ImageList	获取或设置包含树节点所使用的 Image 对象的 ImageList
Indent	获取或设置每个子树节点级别的缩进距离
ItemHeight	获取或设置树视图控件中每个树节点的高度
LabelEdit	获取或设置一个值,用以指示是否可以编辑树节点的标签文本
LineColor	获取或设置连接 TreeView 控件的节点的线条的颜色
Nodes	获取分配给树视图控件的树节点集合
Padding	基础结构。获取或设置 TreeView 控件的内容和它的边缘之间的间距
PathSeparator	获取或设置树节点路径所使用的分隔符串
RightToLeftLayout	获取或设置一个值,该值指示 TreeView 是否应从右向左布局
Scrollable	获取或设置一个值,用以指示树视图控件是否在需要时显示滚动条
SelectedImageIndex	获取或设置当树节点选定时所显示的图像的图像列表索引值
SelectedImageKey	获取或设置 TreeNode 处于选定状态时显示的默认图像的键
SelectedNode	获取或设置当前在树视图控件中选定的树节点
ShowLines	获取或设置一个值,用以指示是否在树视图控件中的树节点之间绘制连线
ShowNodeToolTips	获取或设置一个值,该值指示当鼠标指针悬停在 TreeNode 上时显示工具提示
ShowPlusMinus	获取或设置一个值,用以指示是否在包含子树节点的树节点旁显示加号(+)和减号(-)按钮
ShowRootLines	获取或设置一个值,用以指示是否在树视图根处的树节点之间绘制连线
Sorted	获取或设置一个值,用以指示树视图中的树节点是否经过排序
StateImageList	获取或设置图像列表,该列表用于指示 TreeView 及其节点的状态
Text	基础结构。获取或设置 TreeView 的文本(重写 Control.Text)
TopNode	获取或设置树视图控件中第一个完全可见的树节点
TreeViewNodeSorter	获取或设置 IComparer 的实现,以对 TreeView 节点执行自定义排序
VisibleCount	获取树视图控件中完全可见的树节点的数目

其中比较重要的属性如 Nodes、SelectedNode 等,读者应着重掌握其用法。

11.8.2 TreeNode 类的属性

TreeView 控件是由一个个节点构成的,每个节点都是一个 TreeNode 类型,其属性如表 11-12 所示。

表 11-12 TreeNode类的属性

名称	说明
BackColor	获取或设置树节点的背景色
Bounds	获取树节点的界限
Checked	获取或设置一个值,用以指示树节点是否处于选中状态
ContextMenu	获取与此树节点关联的快捷菜单
ContextMenuStrip	获取或设置与此树节点关联的快捷菜单
FirstNode	获取树节点集合中的第一个子树节点

续表

名　　称	说　　明
ForeColor	获取或设置树节点的前景色
FullPath	设置从根树节点到当前树节点的路径
Handle	获取树节点的句柄
ImageIndex	获取或设置当树节点处于未选定状态时所显示图像的图像列表索引值
ImageKey	获取或设置此树节点处于未选中状态时与其关联的图像的键
Index	获取树节点在树节点集合中的位置
IsEditing	获取一个值，用以指示树节点是否处于可编辑状态
IsExpanded	获取一个值，用以指示树节点是否处于可展开状态
IsSelected	获取一个值，用以指示树节点是否处于选定状态
IsVisible	获取一个值，用以指示树节点是否是完全可见或部分可见
LastNode	获取最后一个子树节点
Level	获取 TreeView 控件中的树视图的深度（从零开始）
Name	获取或设置树节点的名称
NextNode	获取下一个同级树节点
NextVisibleNode	获取下一个可见树节点
NodeFont	获取或设置用于显示树节点标签文本的字体
Nodes	获取分配给当前树节点的 TreeNode 对象的集合
Parent	获取当前树节点的父树节点
PrevNode	获取上一个同级树节点
PrevVisibleNode	获取上一个可见树节点
SelectedImageIndex	获取或设置当树节点处于选定状态时所显示的图像的图像列表索引值
SelectedImageKey	获取或设置当树节点处于选中状态时显示在该节点中的图像的键
StateImageIndex	获取或设置图像的索引，该索引用于在父 TreeView 的 CheckBoxes 属性设置为 false 时，指示 TreeNode 的状态
StateImageKey	获取或设置图像的键，该键用于在父 TreeView 的 CheckBoxes 属性设置为 false 时，指示 TreeNode 的状态
Tag	获取或设置包含树节点有关数据的对象
Text	获取或设置在树节点标签中显示的文本
ToolTipText	获取或设置当鼠标指针悬停于 TreeNode 之上时显示的文本
TreeView	获取树节点分配到的父树视图

11.8.3　TreeView 控件实例

下面通过一个小实例简单介绍下 TreeView 控件。

例 11-7：TreeView 的用法（WinFormsTreeView）

```
using System;
using System.Collections.Generic;
using System.ComponentModel;
using System.Data;
using System.Drawing;
using System.Linq;
using System.Text;
using System.Threading.Tasks;
using System.Windows.Forms;
```

```csharp
namespace WinFormsTreeView
{
    public partial class Form1 : Form
    {
        public Form1()
        {
            InitializeComponent();
        }

        private void Form1_Load(object sender, EventArgs e)
        {

            //添加节点
            TreeNode root = new TreeNode();
            root.Text = "XXX 后台管理系统";

            TreeNode node1 = new TreeNode();
            node1.Text = "人事管理";
            TreeNode node2 = new TreeNode();
            node2.Text = "系统维护";

            TreeNode node11 = new TreeNode();
            node11.Text = "员工管理";
            TreeNode node12 = new TreeNode();
            node12.Text = "生日查询";
            TreeNode node21 = new TreeNode();
            node21.Text = "权限设置";
            TreeNode node22 = new TreeNode();
            node22.Text = "系统设置";
            TreeNode node23 = new TreeNode();
            node23.Text = "系统统计";
            //二级节点加入一级节点
            node1.Nodes.Add(node11);
            node1.Nodes.Add(node12);
            node2.Nodes.Add(node21);
            node2.Nodes.Add(node22);
            node2.Nodes.Add(node23);
            //一级节点加入根节点
            root.Nodes.Add(node1);
            root.Nodes.Add(node2);

            //把根节点添加到 TreeView
            this.tvShow.Nodes.Add(root);

            //展开 TreeView 的所有节点
            this.tvShow.ExpandAll();


        }

        private void tvShow_AfterSelect(object sender, TreeViewEventArgs e)
        {
            if (this.tvShow.SelectedNode != null && this.tvShow.SelectedNode.Level!=0)
            {
                MessageBox.Show(this.tvShow.SelectedNode.Text);
            }
```

            }
        }
}
```

此例子模拟实现某管理后台的树状菜单,程序运行后将展开所有树节点。运行效果如图 11-29 所示。

代码中,使用 AfterSelect 事件来判断每次单击的节点,单击任一非根节点,运行效果如图 11-30 所示。

图 11-29　TreeView 的用法

图 11-30　单击 TreeView 的节点

## 11.9　MonthCalendar 控件

MonthCalendar 控件为用户查看和设置日期信息提供了一个直观的图形界面。该控件以网格形式显示日历,网格包含月份的编号日期,这些日期排列在周一到周日下的 7 个列中,并且突出显示选定的日期范围。可以单击月份标题任何一侧的箭头按钮来选择不同的月份。MonthCalendar 是比较常用的一个控件,可以让用户对日期进行快速的查看和设置、也可以选择一段所需要的日期时间段。如图 11-31 所示为 MonthCalendar 控件。

### 11.9.1　MonthCalendar 类的属性

MonthCalendar 控件使用起来比较简单,其属性如表 11-13　图 11-31　MonthCalendar 控件
```

所示。

表 11-13 MonthCalendar 类的属性

名 称	说 明
AnnuallyBoldedDates	获取或设置 DateTime 对象的数组,确定一年中要以粗体显示的日期
BackColor	获取或设置控件的背景色(重写 Control.BackColor)
BackgroundImage	基础结构。获取或设置 MonthCalendar 的背景图像(重写 Control.BackgroundImage)
BackgroundImageLayout	基础结构。获取或设置一个值,该值指示 BackgroundImage 的布局 (重写 Control.BackgroundImageLayout)
BoldedDates	获取或设置 DateTime 对象的数组,确定要以粗体显示的非周期性日期
CalendarDimensions	获取或设置所显示月份的列数和行数
FirstDayOfWeek	根据月历中的显示获取或设置一周中的第一天
ForeColor	获取或设置控件的前景色(重写 Control.ForeColor)
ImeMode	基础结构。获取或设置此控件所支持的输入法编辑器(IME)模式
MaxDate	获取或设置允许的最大日期
MaxSelectionCount	获取或设置月历控件中可选择的最大天数
MinDate	获取或设置允许的最小日期
MonthlyBoldedDates	获取或设置 DateTime 对象的数组,确定每月要用粗体显示的日期
Padding	基础结构。获取或设置 MonthCalendar 控件的边缘与该控件的内容之间的空间
RightToLeftLayout	获取或设置一个值,该值指示控件是否采用从右到左的布局
ScrollChange	获取或设置月历控件的滚动率
SelectionEnd	获取或设置选定日期范围的结束日期
SelectionRange	为月历控件获取或设置选定的日期范围
SelectionStart	获取或设置所选日期范围的开始日期
ShowToday	获取或设置一个值,该值指示控件底端是否显示 TodayDate 属性表示的日期
ShowTodayCircle	获取或设置一个值,该值指示是否用圆圈或正方形标识今天日期
ShowWeekNumbers	获取或设置一个值,该值指示月历控件是否在每行日期的左侧显示周数(1~52)
SingleMonthSize	获取显示一个日历月所需的最小大小
Size	获取或设置 MonthCalendar 控件的大小
Text	基础结构。获取或设置要在 MonthCalendar 上显示的文本(重写 Control.Text)
TitleBackColor	获取或设置指示日历标题区的背景色的值
TitleForeColor	获取或设置指示日历标题区的前景色的值
TodayDate	获取或设置由 MonthCalendar 用作今天的日期的值
TodayDateSet	获取指示是否已显式设置 TodayDate 属性的值
TrailingForeColor	获取或设置一个值,该值指示控件中没有完全显示的月中日期的颜色

11.9.2 MonthCalendar 控件实例

本节以一个小实例来演示下 MonthCalendar 控件的用法。

例 11-8:MonthCalendar 的用法(WinFormsMonthCalendar)

```
using System;
```

```csharp
using System.Collections.Generic;
using System.ComponentModel;
using System.Data;
using System.Drawing;
using System.Linq;
using System.Text;
using System.Threading.Tasks;
using System.Windows.Forms;

namespace WinFormsMonthCalendar
{
    public partial class Form1 : Form
    {
        public Form1()
        {
            InitializeComponent();
        }

        private void monthCalendar1_DateChanged(object sender,
        DateRangeEventArgs e)
        {
            this.txtStart.Text = this.monthCalendar1.SelectionStart.
            ToString();
            this.txtEnd.Text = this.monthCalendar1.SelectionEnd.ToString();
        }
    }
}
```

此例子在 MonthCalendar 控件的 DateChanged 事件中实现了当单击 MonthCalendar 控件，将选取的开始日期以及结束日期分别赋值到两个文本框中显示出来。运行效果如图 11-32 所示。

图 11-32　MonthCalendar 的用法

11.10　DataTimePicker 控件

DataTimePicker 控件能够使用户可以选择日期和时间，并以指定的格式显示该日期和时间，DataTimePicker 控件只能够选择一个时间段。如图 11-33 所示为 DataTimePicker 控件。

图 11-33　DataTimePicker 控件

11.10.1　DataTimePicker 类的属性

DataTimePicker 类主要的属性如表 11-14 所示。

表 11-14　DataTimePicker类的属性

名　　称	说　　明
ShowCheckBox	是否在控件中显示复选框，当复选框为选中时，表示未选择任何值
Checked	当 ShowCheckBox 为 TRUE 时，确定是否选择复选框
ShowUpDown	改为数字显示框，不再显示月历表
Value	当前的日期（年月日时分秒）
MinDate	可在控件中选择的最小日期和时间
MaxDate	可在控件中选择的最大日期和时间

11.10.2　DataTimePicker 控件实例

本节将以一个小实例来演示下 DataTimePicker 控件的使用。

例 11-9：演示 **DataTimePicker** 控件的使用（**WinFormsDataTimePicker**）

```
using System;
using System.Collections.Generic;
using System.ComponentModel;
using System.Data;
using System.Drawing;
using System.Linq;
using System.Text;
using System.Threading.Tasks;
using System.Windows.Forms;
```

```csharp
namespace WinFormsDataTimePicker
{
    public partial class Form1 : Form
    {
        public Form1()
        {
            InitializeComponent();
        }

        private void Form1_Load(object sender, EventArgs e)
        {
            //设置显示日期时间格式为自定义格式
            this.dtpShow.Format = DateTimePickerFormat.Custom;

            //设置自定义格式化的字符串
            this.dtpShow.CustomFormat = "yyyy-MM-dd HH:mm:ss";
        }

        private void dtpShow_ValueChanged(object sender, EventArgs e)
        {
            //获取选中的时间日期值
            MessageBox.Show(dtpShow.Value.ToString());
        }
    }
}
```

运行结果如图 11-34 所示。

单击 DataTimePicker 控件右侧的倒三角，选中一个日期，效果如图 11-35 所示。

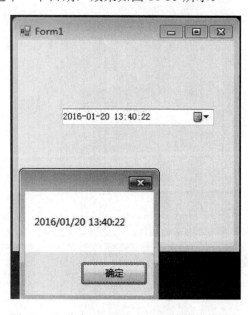

图 11-34　DataTimePicker 控件的使用　　图 11-35　选中 DataTimePicker 控件的某日期

DateTimePickerFormat 有 4 个枚举值：Custom、Long、Short、Time。分别为自定义格式、长日期格式、短日期格式、时间格式。

小结

本章简要介绍了 WinForms 高级控件的相关知识。其中包括单选按钮、图片框控件、选项卡控件、进度条控件、ImageList 控件、ToolStrip 控件、ListView 控件、TreeView 控件、monthCalendar 控件、DataTimePicker 控件等控件。分别从控件的属性、应用等方面加以介绍。读者应认真学习并掌握这些控件。

第 12 章 文件及数据流技术

在软件的使用过程中,经常需要对文件及文件夹进行操作,如读写、移动、复制和删除文件,创建、移动、删除和遍历文件夹等。在 WinForms 中,与文件夹及文件读写有关的类都位于 System.IO 命名空间中。本章将详细介绍在 WinForms 中如何操作文件及文件夹。

本章主要内容:
- System.IO 命名空间
- FileStream 文件流类
- StreamReader 和 StreamWriter 类
- BinaryReader 和 BinaryWriter 类

12.1 System.IO 命名空间

System.IO 命名空间包含允许读写文件和数据流的类型以及提供基本文件和目录支持的类型。

12.1.1 System.IO 命名空间中包含的类

System.IO 命名空间中包含的类如表 12-1 所示。

表 12-1 System.IO命名空间中包含的类

名 称	说 明
BinaryReader	用特定的编码将基元数据类型读作二进制值
BinaryWriter	以二进制形式将基元类型写入流,并支持用特定的编码写入字符串
BufferedStream	将缓冲层添加到另一个流上的读取和写入操作。此类不能被继承
Directory	公开用于创建、移动和枚举通过目录和子目录的静态方法。此类不能被继承
DirectoryInfo	公开用于创建、移动和枚举目录和子目录的实例方法。此类不能被继承
DirectoryNotFoundException	当找不到文件或目录的一部分时所引发的异常
DriveInfo	提供对有关驱动器的信息的访问
DriveNotFoundException	当尝试访问的驱动器或共享不可用时引发的异常
EndOfStreamException	读操作试图超出流的末尾时引发的异常
ErrorEventArgs	为 FileSystemWatcherError 事件提供数据
File	提供用于创建、复制、删除、移动和打开文件的静态方法,并协助创建 FileStream 对象

续表

名称	说明
FileFormatException	应该符合一定文件格式规范的输入文件或数据流的格式不正确时引发的异常
FileInfo	提供创建、复制、删除、移动和打开文件的属性和实例方法,并且帮助创建 FileStream 对象。此类不能被继承
FileLoadException	当找到托管程序集却不能加载它时引发的异常
FileNotFoundException	尝试访问磁盘上不存在的文件失败时引发的异常
FileStream	公开以文件为主的 Stream,既支持同步读写操作,也支持异步读写操作
FileSystemEventArgs	提供目录事件的数据:Changed、Created、Deleted
FileSystemInfo	为 FileInfo 和 DirectoryInfo 对象提供基类
FileSystemWatcher	侦听文件系统更改通知,并在目录或目录中的文件发生更改时引发事件
InternalBufferOverflowException	内部缓冲区溢出时引发的异常
InvalidDataException	在数据流的格式无效时引发的异常
IODescriptionAttribute	设置可视化设计器在引用事件、扩展程序或属性时可显示的说明
IOException	发生 I/O 错误时引发的异常
MemoryStream	创建其支持存储区为内存的流
Path	对包含文件或目录路径信息的 String 实例执行操作。这些操作是以跨平台的方式执行的
PathTooLongException	当路径名或文件名长度超过系统定义的最大长度时引发的异常
PipeException	当命名管道内出现错误时引发
RenamedEventArgs	为 Renamed 事件提供数据
Stream	提供字节序列的一般视图
StreamReader	实现一个 TextReader,使其以一种特定的编码从字节流中读取字符
StreamWriter	实现一个 TextWriter,使其以一种特定的编码向流中写入字符
StringReader	实现从字符串进行读取的 TextReader
StringWriter	实现一个用于将信息写入字符串的 TextWriter。该信息存储在基础 StringBuilder 中
TextReader	表示可读取连续字符系列的读取器
TextWriter	表示可以编写一个有序字符系列的编写器。该类为抽象类
UnmanagedMemoryAccessor	提供从托管代码随机访问非托管内存块的能力
UnmanagedMemoryStream	提供从托管代码访问非托管内存块的能力
WindowsRuntimeStorageExtensions	在开发 Windows 应用商店应用程序时,将 IStorageFile 和 IStorageFolder 接口的扩展方法包含在 Windows 运行时中
WindowsRuntimeStreamExtensions	包含在 Windows 运行时中的流和在适用于 Windows 应用商店应用的.NET 中托管的流之间转换的扩展方法

12.1.2 File 类的常用方法

File 类提供用于创建、复制、删除、移动和打开文件的静态方法,并协助创建 FileStream 对象。File 类的方法如表 12-2 所示。

表 12-2 File类的方法

名 称	说 明
AppendAllLines(String, IEnumerable<String>)	在一个文件中追加文本行，然后关闭该文件。如果指定文件不存在，此方法会创建一个文件，向其中写入指定的行，然后关闭该文件
AppendAllLines(String, IEnumerable<String>, Encoding)	使用指定的编码向一个文件中追加文本行，然后关闭该文件。如果指定文件不存在，此方法会创建一个文件，向其中写入指定的行，然后关闭该文件
AppendAllText(String, String)	打开一个文件，向其中追加指定的字符串，然后关闭该文件。如果文件不存在，此方法创建一个文件，将指定的字符串写入文件，然后关闭该文件
AppendAllText(String, String, Encoding)	将指定的字符串追加到文件中，如果文件还不存在则创建该文件
AppendText	创建一个 StreamWriter，它将 UTF-8 编码文本追加到现有文件或新文件（如果指定文件不存在）
Copy(String, String)	将现有文件复制到新文件。不允许覆盖同名的文件
Copy(String, String, Boolean)	将现有文件复制到新文件。允许覆盖同名的文件
Create(String)	在指定路径中创建或覆盖文件
Create(String, Int32)	创建或覆盖指定的文件
Create(String, Int32, FileOptions)	创建或覆盖指定的文件，并指定缓冲区大小和一个描述如何创建或覆盖该文件的 FileOptions 值
Create(String, Int32, FileOptions, FileSecurity)	创建或覆盖具有指定的缓冲区大小、文件选项和文件安全性的指定文件
CreateText	创建或打开一个文件用于写入 UTF-8 编码的文本
Decrypt	使用 Encrypt 方法解密由当前账户加密的文件
Delete	删除指定的文件
Encrypt	将某个文件加密，使得只有加密该文件的账户才能将其解密
Exists	确定指定的文件是否存在
GetAccessControl(String)	获取一个 FileSecurity 对象，它封装指定文件的访问控制列表（ACL）条目
GetAccessControl(String, AccessControlSections)	获取一个 FileSecurity 对象，它封装特定文件的指定类型的访问控制列表（ACL）项
GetAttributes	获取在此路径上的文件的 FileAttributes
GetCreationTime	返回指定文件或目录的创建日期和时间
GetCreationTimeUtc	返回指定的文件或目录的创建日期及时间，其格式为协调通用时间（UTC）
GetLastAccessTime	返回上次访问指定文件或目录的日期和时间
GetLastAccessTimeUtc	返回上次访问指定的文件或目录的日期及时间，其格式为协调通用时间（UTC）
GetLastWriteTime	返回上次写入指定文件或目录的日期和时间
GetLastWriteTimeUtc	返回上次写入指定的文件或目录的日期和时间，其格式为协调通用时间（UTC）
Move	将指定文件移到新位置，并提供指定新文件名的选项
Open(String, FileMode)	打开指定路径上的 FileStream，具有读/写访问权限
Open(String, FileMode, FileAccess)	以指定的模式和访问权限打开指定路径上的 FileStream
Open(String, FileMode, FileAccess, FileShare)	打开指定路径上的 FileStream，具有指定的读、写或读/写访问模式以及指定的共享选项

续表

名　称	说　明
OpenRead	打开现有文件以进行读取
OpenText	打开现有 UTF-8 编码文本文件以进行读取
OpenWrite	打开一个现有文件或创建一个新文件以进行写入
ReadAllBytes	打开一个文件，将文件的内容读入一个字符串，然后关闭该文件
ReadAllLines(String)	打开一个文本文件，读取文件的所有行，然后关闭该文件
ReadAllLines(String, Encoding)	打开一个文件，使用指定的编码读取文件的所有行，然后关闭该文件
ReadAllText(String)	打开一个文本文件，读取文件的所有行，然后关闭该文件
ReadAllText(String, Encoding)	打开一个文件，使用指定的编码读取文件的所有行，然后关闭该文件
ReadLines(String)	读取文件的文本行
ReadLines(String, Encoding)	读取具有指定编码的文件的文本行
Replace(String, String, String)	使用其他文件的内容替换指定文件的内容，这一过程将删除原始文件，并创建被替换文件的备份
Replace(String, String, String, Boolean)	用其他文件的内容替换指定文件的内容，删除原始文件，并创建被替换文件的备份和（可选）忽略合并错误
SetAccessControl	对指定的文件应用由 FileSecurity 对象描述的访问控制列表（ACL）项
SetAttributes	设置指定路径上文件的指定的 FileAttributes
SetCreationTime	设置创建该文件的日期和时间
SetCreationTimeUtc	设置文件创建的日期和时间，其格式为协调通用时间（UTC）
SetLastAccessTime	设置上次访问指定文件的日期和时间
SetLastAccessTimeUtc	设置上次访问指定的文件的日期和时间，其格式为协调通用时间（UTC）
SetLastWriteTime	设置上次写入指定文件的日期和时间
SetLastWriteTimeUtc	设置上次写入指定的文件的日期和时间，其格式为协调通用时间（UTC）
WriteAllBytes	创建一个新文件，在其中写入指定的字节数组，然后关闭该文件。如果目标文件已存在，则覆盖该文件
WriteAllLines(String, IEnumerable<String>)	创建一个新文件，在其中写入一组字符串，然后关闭该文件
WriteAllLines(String, String[])	创建一个新文件，在其中写入指定的字符串数组，然后关闭该文件
WriteAllLines(String, IEnumerable<String>, Encoding)	使用指定的编码创建一个新文件，在其中写入一组字符串，然后关闭该文件
WriteAllLines(String, String[], Encoding)	创建一个新文件，使用指定的编码在其中写入指定的字符串数组，然后关闭该文件
WriteAllText(String, String)	创建一个新文件，在其中写入指定的字符串，然后关闭文件。如果目标文件已存在，则覆盖该文件
WriteAllText(String, String, Encoding)	创建一个新文件，在其中写入指定的字符串，然后关闭文件。如果目标文件已存在，则覆盖该文件

12.1.3　FileInfo 类的方法

FileInfo 类提供创建、复制、删除、移动和打开文件的属性和实例方法，并且帮助创建

FileStream 对象。此类不能被继承。FileInfo 类的方法如表 12-3 所示。

表 12-3 FileInfo类的方法

名 称	说 明
AppendText	创建一个 StreamWriter，它向 FileInfo 的此实例表示的文件追加文本
CopyTo(String)	将现有文件复制到新文件，不允许覆盖现有文件
CopyTo(String, Boolean)	将现有文件复制到新文件，允许覆盖现有文件
Create	创建文件
CreateText	创建写入新文本文件的 StreamWriter
Decrypt	使用 Encrypt 方法解密由当前账户加密的文件
Delete	永久删除文件（重写 FileSystemInfo.Delete()）
Encrypt	将某个文件加密，使得只有加密该文件的账户才能将其解密
GetAccessControl()	获取 FileSecurity 对象，该对象封装当前 FileInfo 对象所描述的文件的访问控制列表（ACL）项
GetAccessControl(AccessControlSections)	获取 FileSecurity 对象，该对象封装当前 FileInfo 对象所描述的文件的指定类型的访问控制列表（ACL）项
MoveTo	将指定文件移到新位置，并提供指定新文件名的选项
Open(FileMode)	在指定的模式中打开文件
Open(FileMode, FileAccess)	用读、写或读/写访问权限在指定模式下打开文件
Open(FileMode, FileAccess, FileShare)	用读、写或读/写访问权限和指定的共享选项在指定的模式中打开文件
OpenRead	创建只读 FileStream
OpenText	创建使用 UTF8 编码、从现有文本文件中进行读取的 StreamReader
OpenWrite	创建只写 FileStream
Replace(String, String)	使用当前 FileInfo 对象所描述的文件替换指定文件的内容，这一过程将删除原始文件，并创建被替换文件的备份
Replace(String, String, Boolean)	使用当前 FileInfo 对象所描述的文件替换指定文件的内容，这一过程将删除原始文件，并创建被替换文件的备份。还指定是否忽略合并错误
SetAccessControl	将 FileSecurity 对象所描述的访问控制列表（ACL）项应用于当前 FileInfo 对象所描述的文件
ToString	以字符串形式返回路径

12.1.4 Directory 类的方法

Directory 类是一个静态类，常用的地方为创建目录和目录管理。Directory 类的方法如表 12-4 所示。

表 12-4 Directory类的方法

名 称	说 明
CreateDirectory(String)	在指定路径创建所有目录和子目录
CreateDirectory(String, DirectorySecurity)	创建指定路径中的所有目录，并应用指定的 Windows 安全性
Delete(String)	从指定路径删除空目录

续表

名　　称	说　　明
Delete(String, Boolean)	删除指定的目录并（如果指示）删除该目录中的所有子目录和文件
EnumerateDirectories(String)	返回指定路径中的目录名称的可枚举集合
EnumerateDirectories(String, String)	返回指定路径中与搜索模式匹配的目录名称的可枚举集合
EnumerateDirectories(String, String, SearchOption)	返回指定路径中与搜索模式匹配的目录名称的可枚举集合，还可以搜索子目录
EnumerateFiles(String)	返回指定路径中的文件名的可枚举集合
EnumerateFiles(String, String)	返回指定路径中与搜索模式匹配的文件名称的可枚举集合
EnumerateFiles(String, String, SearchOption)	返回指定路径中与搜索模式匹配的文件名称的可枚举集合，还可以搜索子目录
EnumerateFileSystemEntries(String)	返回指定路径中的文件系统项的可枚举集合
EnumerateFileSystemEntries(String, String)	返回指定路径中与搜索模式匹配的文件系统项的可枚举集合
EnumerateFileSystemEntries(String, String, SearchOption)	返回指定路径中与搜索模式匹配的文件名称和目录名称的可枚举集合，还可以搜索子目录
Exists	确定给定路径是否引用磁盘上的现有目录
GetAccessControl(String)	获取一个 DirectorySecurity 对象，该对象封装指定目录的访问控制列表（ACL）项
GetAccessControl(String, AccessControlSections)	获取一个 DirectorySecurity 对象，它封装指定目录的指定类型的访问控制列表（ACL）项
GetCreationTime	获取目录的创建日期和时间
GetCreationTimeUtc	获取目录创建的日期和时间，其格式为协调通用时间（UTC）
GetCurrentDirectory	获取应用程序的当前工作目录
GetDirectories(String)	获取指定目录中的子目录的名称（包括其路径）
GetDirectories(String, String)	在当前目录获取与指定搜索模式匹配的子目录的名称（包括它们的路径）
GetDirectories(String, String, SearchOption)	获取与在当前目录中的指定搜索模式相匹配的子目录（包括其路径）的名称，并且可以搜索子目录
GetDirectoryRoot	返回指定路径的卷信息、根信息或两者同时返回
GetFiles(String)	返回指定目录中文件的名称（包括其路径）
GetFiles(String, String)	返回指定目录中与指定的搜索模式匹配的文件的名称（包含它们的路径）
GetFiles(String, String, SearchOption)	返回指定目录中与指定的搜索模式匹配的文件的名称（包含它们的路径），并使用一个值以确定是否搜索子目录
GetFileSystemEntries(String)	返回指定目录中所有文件和子目录的名称
GetFileSystemEntries(String, String)	返回与指定搜索条件匹配的文件系统项的数组
GetFileSystemEntries(String, String, SearchOption)	获取指定路径中与搜索模式匹配的所有文件名称和目录名称的数组，还可以搜索子目录
GetLastAccessTime	返回上次访问指定文件或目录的日期和时间
GetLastAccessTimeUtc	返回上次访问指定文件或目录的日期和时间，其格式为协调通用时间（UTC）
GetLastWriteTime	返回上次写入指定文件或目录的日期和时间
GetLastWriteTimeUtc	返回上次写入指定文件或目录的日期和时间，其格式为协调通用时间（UTC）
GetLogicalDrives	检索此计算机上格式为"<驱动器号>:\"的逻辑驱动器的名称

续表

名称	说明
GetParent	检索指定路径的父目录，包括绝对路径和相对路径
Move	将文件或目录及其内容移到新位置
SetAccessControl	将 DirectorySecurity 对象描述的访问控制列表（ACL）项应用于指定的目录
SetCreationTime	为指定的文件或目录设置创建日期和时间
SetCreationTimeUtc	设置指定文件或目录的创建日期和时间，其格式为协调通用时间（UTC）
SetCurrentDirectory	将应用程序的当前工作目录设置为指定的目录
SetLastAccessTime	设置上次访问指定文件或目录的日期和时间
SetLastAccessTimeUtc	设置上次访问指定文件或目录的日期和时间，其格式为协调通用时间（UTC）
SetLastWriteTime	设置上次写入目录的日期和时间
SetLastWriteTimeUtc	设置上次写入某个目录的日期和时间，其格式为协调通用时间（UTC）

12.1.5　File 类的使用

本节以一个小实例来演示下 File 类的使用。

例 12-1：File 类的使用（WinFormsFile）

```
using System;
using System.Collections.Generic;
using System.ComponentModel;
using System.Data;
using System.Drawing;
using System.IO;
using System.Linq;
using System.Text;
using System.Threading.Tasks;
using System.Windows.Forms;

namespace WinFormsFile
{
    public partial class Form1 : Form
    {
        public Form1()
        {
            InitializeComponent();
        }

        string file = Environment.CurrentDirectory + @"\test.txt";
        private void btnCreateAndWrite_Click(object sender, EventArgs e)
        {
            string dest = Environment.CurrentDirectory + @"\test-"+DateTime.Now.ToString("yyyyMMddHHmmss") + ".txt";
            string content = "我是用于测试的文本！当前时间：" + DateTime.Now.ToString("yyyy-MM-dd HH:mm:ss");

            if (File.Exists(file))
```

```csharp
        {
            MessageBox.Show("该文件存在，将先进行备份操作！");
            File.Copy(file, dest);
            MessageBox.Show("文件备份成功！点击确定继续...");
            File.WriteAllText(file, content);
            MessageBox.Show("新文件创建并写入成功！写入的内容为：" + File.
            ReadAllText(file));
        }
        else
        {
            File.WriteAllText(file, content);
            MessageBox.Show("文件创建并写入成功！写入的内容为：" + File.
            ReadAllText(file));
        }

    }

    private void btnMove_Click(object sender, EventArgs e)
    {
        if (File.Exists(file))
        {
            File.Move(file, Environment.CurrentDirectory + @"\new\test"
            + DateTime.Now.ToString("yyyyMMddHHmmss") + ".txt");
            MessageBox.Show("文件已成功移动！");
        }
        else
        {
            MessageBox.Show("不存在 test.txt 文件！");
        }
    }

    private void btnDel_Click(object sender, EventArgs e)
    {
        if (File.Exists(file))
        {
            File.Delete(file);

            MessageBox.Show("文件已成功删除！");
        }
        else
        {
            MessageBox.Show("不存在 test.txt 文件！");
        }
    }
}
```

运行效果如图 12-1 所示。

图 12-1 File 类的使用

单击"创建并写入"按钮后，在 bin 目录下生成了一个 test.txt 文件，并提示如图 12-2 所示信息。

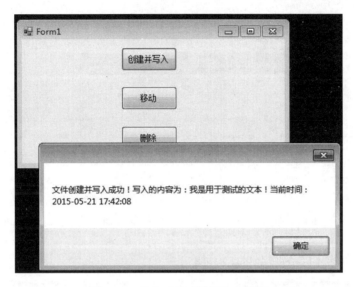

图 12-2　单击"创建并写入"按钮

若此时再次单击"创建并写入"按钮，程序会先把已经存在的文件进行备份（此处备份的方法是在同目录下复制一份文件），然后再创建新文件。生成的文件与运行效果如图 12-3～图 12-6 所示。

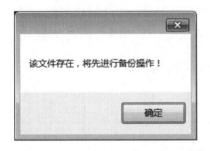　　　　

图 12-3　File 类的使用 1　　　　图 12-4　File 类的使用 2

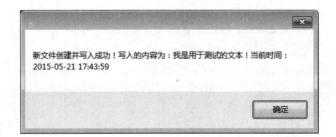

图 12-5　File 类的使用 3

此例子中，在设计界面中设置了单选按钮 1 的 Checked 属性为 True，并设置单选按钮 1 与单选按钮 2 的 CheckedChanged 事件为 rb_CheckedChanged。

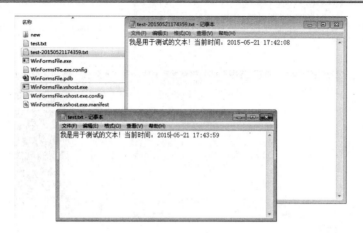

图 12-6 生成的 txt 文件

单击"移动"按钮后,将会把已经存在的文件移动到事先建立好的 new 文件夹下。效果如图 12-7 所示。

单击"删除"按钮,效果如图 12-8 所示。

图 12-7 单击"移动"按钮   图 12-8 单击"删除"按钮

读者可改变按钮的单击顺序,以实现程序不同的执行效果。

12.1.6 Directory 类的使用

本节以一个小实例来演示下 Directory 类的使用。

例 12-2:Directory 类的使用(WinFormsDirectory)

```csharp
using System;
using System.Collections.Generic;
using System.ComponentModel;
using System.Data;
using System.Drawing;
using System.IO;
using System.Linq;
using System.Text;
using System.Threading.Tasks;
using System.Windows.Forms;

namespace WinFormsDirectory
{
    public partial class Form1 : Form
    {
```

```csharp
public Form1()
{
    InitializeComponent();
}

private void btnCreate_Click(object sender, EventArgs e)
{
    string dir = Environment.CurrentDirectory + @"\test";
    string dest = Environment.CurrentDirectory + @"\ceshi";

    if (!Directory.Exists(dir))
    {
        Directory.CreateDirectory(dir);
        MessageBox.Show("目录创建成功! ");
    }
    else
    {
        MessageBox.Show("该目录已经存在,无须再次创建! ");
    }

    if (Directory.Exists(dir))
    {
        if (Directory.Exists(dest))
            Directory.Delete(dest,true);
        Directory.Move(dir, dest);
    }

    MessageBox.Show("目录创建时间:" + Directory.GetCreationTime(dest).ToString());
}
}
```

运行效果如图 12-9 所示。

单击"创建"按钮后,先判断是否存在 test 文件夹,若不存在则创建。接着判断是否存在 ceshi 文件夹,若存在则删除。最后,把文件夹 test 重命名为"ceshi"并输出目录创建的时间,此时在 bin 目录下只存在一个名为"ceshi"的文件夹,如图 12-10 所示信息。

图 12-9 Directory 类的使用

图 12-10 单击"创建"按钮

12.2 FileStream 文件流类

FileStream 类是以文件为主的 Stream，既支持同步读写操作，也支持异步读写操作。

使用 FileStream 能够对系统上的文件进行读、写、打开、关闭等操作。并对其他与文件相关的操作系统提供句柄操作，如管道、标准输入和标准输出。读写操作可以指定为同步或异步操作。FileStream 对输入输出进行缓冲，从而提高性能。FileStream 的构造函数有 15 个不同的重载版本，在此只介绍其中最常用的。

```
FileStream fs = new FileStream(path,mode);
```

还有一个较为常用的重载版本如下：

```
FileStream fs = new FileStream(path, mode,access);
```

其中，path 为当前 FileStream 对象将封装的文件的路径，mode 为 FileMode 类型的枚举对象，其指定操作系统打开文件的方式，access 为 FileAccess 类型的枚举对象，其定义用于文件读取、写入或读取/写入访问权限的常数。

12.2.1 FileMode 枚举对象的成员

FileMode 枚举对象的成员如表 12-5 所示。

表 12-5 FileMode枚举对象的成员

名 称	说 明
Append	若存在文件，则打开该文件并查找到文件尾，或者创建一个新文件。这需要 System.Security.Permissions.FileIOPermissionAccess.Append 权限。FileMode.Append 只能与 FileAccess.Write 一起使用。试图查找文件尾之前的位置时会引发 System.IO.IOException 异常，并且任何试图读取的操作都会失败并引发 System.NotSupportedException 异常
Create	指定操作系统应创建新文件。如果文件已存在，它将被覆盖。这需要 System.Security.Permissions.FileIOPermissionAccess.Write 权限。FileMode.Create 等效于这样的请求：如果文件不存在，则使用 System.IO.FileMode.CreateNew；否则使用 System.IO.FileMode.Truncate。如果该文件已存在但为隐藏文件，则将引发 System.UnauthorizedAccessException 异常
CreateNew	指定操作系统应创建新文件。这需要 System.Security.Permissions.FileIOPermissionAccess. Write 权限。如果文件已存在，则将引发 System.IO.IOException 异常
Open	指定操作系统应打开现有文件。打开文件的能力取决于 System.IO.FileAccess 枚举所指定的值。如果文件不存在，引发一个 System.IO.FileNotFoundException 异常
OpenOrCreate	指定操作系统应打开文件（如果文件存在）；否则应创建新文件。如果用 FileAccess.Read 打开文件，则需要 System.Security.Permissions.FileIOPermissionAccess. Read 权限。如果文件访问为 FileAccess.Write，则需要 System.Security.Permissions.FileIOPermissionAccess. Write 权限。如果用 FileAccess.ReadWrite 打开文件，则同时需要 System.Security.Permissions. FileIOPermissionAccess.Read 和 System.Security.Permissions.FileIOPermissionAccess.Write 权限
Truncate	指定操作系统应打开现有文件。该文件被打开时，将被截断为零字节大小。这需要 System.Security.Permissions.FileIOPermissionAccess.Write 权限。尝试从使用 FileMode. Truncate 打开的文件中进行读取将导致 System.ArgumentException 异常

12.2.2　FileAccess 枚举对象的成员

FileAccess 枚举对象的成员如表 12-6 所示。

表 12-6　FileAccess枚举对象的成员

名　称	说　明
Read	对文件的读访问。可从文件中读取数据。与 Write 组合以进行读写访问
Write	文件的写访问。可将数据写入文件。同 Read 组合即构成读/写访问权
ReadWrite	对文件的读访问和写访问。可从文件读取数据和将数据写入文件

12.2.3　FileStream 类的常用属性

FileStream 类的常用属性如表 12-7 所示。

表 12-7　FileStream类的常用属性

名　称	说　明
CanRead	获取一个值，该值指示当前流是否支持读取（重写 Stream.CanRead）
CanSeek	获取一个值，该值指示当前流是否支持查找（重写 Stream.CanSeek）
CanWrite	获取一个值，该值指示当前流是否支持写入（重写 Stream.CanWrite）
Handle	已过时。获取当前 FileStream 对象所封装文件的操作系统文件句柄
IsAsync	获取一个值，该值指示 FileStream 是异步还是同步打开的
Length	获取用字节表示的流长度（重写 Stream.Length）
Name	获取传递给构造函数的 FileStream 的名称
Position	获取或设置此流的当前位置（重写 Stream.Position）
SafeFileHandle	获取 SafeFileHandle 对象，它代表当前 FileStream 对象所封装的文件的操作系统文件句柄

12.2.4　FileStream 类的常用方法

FileStream 类的常用方法如表 12-8 所示。

表 12-8　FileStream类的常用方法

名　称	说　明
BeginRead	开始异步读操作
BeginWrite	开始异步写操作
EndRead	等待挂起的异步读取操作完成
EndWrite	结束异步写入操作，在 I/O 操作完成之前一直阻止
Flush()	清除此流的缓冲区，使得所有缓冲的数据都写入到文件中（重写 Stream.Flush()）
Flush(Boolean)	清除此流的缓冲区，将所有缓冲的数据都写入到文件中，另外也清除所有中间文件缓冲区
FlushAsync(CancellationToken)	异步清理这个流的所有缓冲区，并使所有缓冲数据写入基础设备，并且监控取消请求（重写 Stream.FlushAsync(CancellationToken)）

续表

名称	说明
GetAccessControl	获取 FileSecurity 对象，该对象封装当前 FileStream 对象所描述的文件的访问控制列表（ACL）项
Lock	防止其他进程读取或写入 FileStream
Read	从流中读取字节块并将该数据写入给定缓冲区中（重写 Stream.Read(Byte[], Int32, Int32)）
ReadAsync(Byte[], Int32, Int32, CancellationToken)	从当前流异步读取字节序列，将流中的位置向前移动读取的字节数，并监控取消请求（重写 Stream.ReadAsync(Byte[], Int32, Int32, CancellationToken)）
ReadByte	从文件中读取一个字节，并将读取位置提升一个字节（重写 Stream.ReadByte()）
Seek	将该流的当前位置设置为给定值（重写 Stream.Seek(Int64, SeekOrigin)）
SetAccessControl	将 FileSecurity 对象所描述的访问控制列表（ACL）项应用于当前 FileStream 对象所描述的文件
SetLength	将该流的长度设置为给定值（重写 Stream.SetLength(Int64)）
Unlock	允许其他进程访问以前锁定的某个文件的全部或部分
Write	将字节块写入文件流（重写 Stream.Write(Byte[], Int32, Int32)）
WriteAsync(Byte[], Int32, Int32, CancellationToken)	将字节序列异步写入当前流，通过写入的字节数提前该流的当前位置，并监视取消请求数（重写 Stream.WriteAsync(Byte[], Int32, Int32, CancellationToken)）
WriteByte	将一个字节写入文件流的当前位置（重写 Stream.WriteByte(Byte)）

12.3 StreamReader 类和 StreamWriter 类

使用 StreamReader 和 StreamWriter 可实现文本文件的读写。下面将详细介绍这两个类的相关知识。

12.3.1 StreamReader 类

StreamReader 类实现一个 TextReader，使其以一种特定的编码从字节流中读取字符。其构造方法多达十几种，如表 12-9 所示。

表 12-9　StreamReader类的构造方法

名称	说明
StreamReader(Stream)	为指定的流初始化 StreamReader 类的新实例
StreamReader(String)	为指定的文件名初始化 StreamReader 类的新实例
StreamReader(Stream, Boolean)	用指定的字节顺序标记检测选项，为指定的流初始化 StreamReader 类的一个新实例
StreamReader(Stream, Encoding)	用指定的字符编码为指定的流初始化 StreamReader 类的一个新实例
StreamReader(String, Boolean)	为指定的文件名初始化 StreamReader 类的新实例，带有指定的字节顺序标记检测选项

续表

名 称	说 明
StreamReader(String, Encoding)	用指定的字符编码，为指定的文件名初始化 StreamReader 类的一个新实例
StreamReader(Stream, Encoding, Boolean)	为指定的流初始化 StreamReader 类的新实例，带有指定的字符编码和字节顺序标记检测选项
StreamReader(String, Encoding, Boolean)	为指定的文件名初始化 StreamReader 类的新实例，带有指定的字符编码和字节顺序标记检测选项
StreamReader(Stream, Encoding, Boolean, Int32)	为指定的流初始化 StreamReader 类的新实例，带有指定的字符编码、字节顺序标记检测选项和缓冲区大小
StreamReader(String, Encoding, Boolean, Int32)	为指定的文件名初始化 StreamReader 类的新实例，带有指定字符编码、字节顺序标记检测选项和缓冲区大小
StreamReader(Stream, Encoding, Boolean, Int32, Boolean)	为指定的流初始化 StreamReader 类的新实例，带有指定的字符编码、字节顺序标记检测选项和缓冲区大小，有选择地打开流

StreamReader 类的方法如表 12-10 所示。

表 12-10 StreamReader类的方法

名 称	说 明
Close	关闭 StreamReader 对象和基础流，并释放与读取器关联的所有系统资源（重写 TextReader.Close()）
DiscardBufferedData	清除内部缓冲区
Peek	返回下一个可用的字符，但不使用它（重写 TextReader.Peek()）
Read()	读取输入流中的下一个字符并使该字符的位置提升一个字符（重写 TextReader.Read()）
Read(Char[], Int32, Int32)	从当前流中将指定的最多个字符读到指定索引位置开始的缓冲区（重写 TextReader.Read(Char[], Int32, Int32)）
ReadAsync	异步从当前流中读取指定数目的字符并从指定索引开始将该数据写入缓冲区（重写 TextReader.ReadAsync(Char[], Int32, Int32)）
ReadBlock	从当前流中读取指定数目的字符并从指定索引开始将该数据写入缓冲区（重写 TextReader.ReadBlock(Char[], Int32, Int32)）
ReadBlockAsync	异步从当前流中读取指定数目的字符并从指定索引开始将该数据写入缓冲区（重写 TextReader.ReadBlockAsync(Char[], Int32, Int32)）
ReadLine	从当前流中读取一行字符并将数据作为字符串返回（重写 TextReader.ReadLine()）
ReadLineAsync	从当前流中异步读取一行字符并将数据作为字符串返回（重写 TextReader.ReadLineAsync()）
ReadToEnd	从流的当前位置到末尾读取所有字符（重写 TextReader.ReadToEnd()）
ReadToEndAsync	异步读取从当前位置到流的结尾的所有字符并将它们作为一个字符串返回（重写 TextReader.ReadToEndAsync()）

12.3.2 StreamWriter 类

StreamWriter 类实现一个 TextWriter，使其以一种特定的编码向流中写入字符。其构造方法如表 12-11 所示。

表 12-11　StreamWriter类的构造方法

名　称	说　明
StreamWriter(Stream)	用 UTF-8 编码及默认缓冲区大小，为指定的流初始化 StreamWriter 类的一个新实例
StreamWriter(String)	用默认编码和缓冲区大小，为指定的文件初始化 StreamWriter 类的一个新实例
StreamWriter(Stream, Encoding)	用指定的编码及默认缓冲区大小，为指定的流初始化 StreamWriter 类的新实例
StreamWriter(String, Boolean)	用默认编码和缓冲区大小，为指定的文件初始化 StreamWriter 类的一个新实例。如果该文件存在，则可以将其覆盖或向其追加。如果该文件不存在，则此构造函数将创建一个新文件
StreamWriter(Stream, Encoding, Int32)	用指定的编码及缓冲区大小，为指定的流初始化 StreamWriter 类的新实例
StreamWriter(String, Boolean, Encoding)	用指定的编码和默认缓冲区大小，为指定的文件初始化 StreamWriter 类的一个新实例。如果该文件存在，则可以将其覆盖或向其追加。如果该文件不存在，则此构造函数将创建一个新文件
StreamWriter(Stream, Encoding, Int32, Boolean)	用指定的编码及默认缓冲区大小，为指定的流初始化 StreamWriter 类的新实例，有选择地打开流
StreamWriter(String, Boolean, Encoding, Int32)	使用指定编码和缓冲区大小，为指定路径上的指定文件初始化 StreamWriter 类的新实例。如果该文件存在，则可以将其覆盖或向其追加。如果该文件不存在，则此构造函数将创建一个新文件

StreamWriter 类的方法如表 12-12 所示。

表 12-12　StreamWriter类的方法

名　称	说　明
Close	关闭当前的 StreamWriter 对象和基础流（重写 TextWriter.Close()）
Flush	清理当前编写器的所有缓冲区，并使所有缓冲数据写入基础流（重写 TextWriter.Flush()）
FlushAsync	异步清除此流的所有缓冲区并导致所有缓冲数据都写入基础设备中（重写 TextWriter.FlushAsync()）
Write(Char)	将字符写入流（重写 TextWriter.Write(Char)）
Write(Char[])	将字符数组写入流（重写 TextWriter.Write(Char[])）
Write(String)	将字符串写入流（重写 TextWriter.Write(String)）
Write(Char[], Int32, Int32)	将字符的子数组写入流（重写 TextWriter.Write(Char[], Int32, Int32)）
WriteAsync(Char)	将字符异步写入该流（重写 TextWriter.WriteAsync(Char)）
WriteAsync(String)	将字符串异步写入该流（重写 TextWriter.WriteAsync(String)）
WriteAsync(Char[], Int32, Int32)	将字符的子数组异步写入该流（重写 TextWriter.WriteAsync(Char[], Int32, Int32)）
WriteLineAsync()	将行结束符异步写入该流（重写 TextWriter.WriteLineAsync()）
WriteLineAsync(Char)	以异步方式将后跟行结束符的字符写入该流（重写 TextWriter.WriteLineAsync(Char)）
WriteLineAsync(String)	将后跟行结束符的字符串异步写入该流（重写 TextWriter.WriteLineAsync(String)）
WriteLineAsync(Char[], Int32, Int32)	将后跟行结束符的字符子数组异步写入该流（重写 TextWriter.WriteLineAsync(Char[], Int32, Int32)）

12.3.3 StreamReader 类与 StreamWriter 类的使用

下面以一个小实例来演示下 StreamReader 与 StreamWriter 类的使用。

例12-3：**StreamReader 与 StreamWriter 类的使用（WinFormsStreamReaderAndStreamWriter）**

```csharp
using System;
using System.Collections.Generic;
using System.ComponentModel;
using System.Data;
using System.Drawing;
using System.IO;
using System.Linq;
using System.Text;
using System.Threading.Tasks;
using System.Windows.Forms;
namespace WinFormsStreamReaderAndStreamWriter
{
    public partial class Form1 : Form
    {
        public Form1()
        {
            InitializeComponent();
        }

        private void btnWriter_Click(object sender, EventArgs e)
        {
            using (StreamWriter sw = new StreamWriter("test.txt"))
            {
                for (int i =1; i <= 10;i++ )
                {
                    sw.WriteLine(i+":"+DateTime.Now.ToString()+" \r\n");
                }
            }
            MessageBox.Show("文件写入成功！");
        }

        private void btnReader_Click(object sender, EventArgs e)
        {
            try
            {
                if (!File.Exists("test.txt"))
                {
                    MessageBox.Show("test.txt 文件不存在");
                    return;
                }
                using (StreamReader sr = new StreamReader("test.txt"))
                {
                    string line;
                    StringBuilder sb = new StringBuilder();

                    while ((line = sr.ReadLine()) != null)
                    {
                        sb.Append(line);
                    }
                    MessageBox.Show(sb.ToString());
```

```
                }
            }
            catch (Exception ex)
            {
                MessageBox.Show(ex.Message);
            }
        }
    }
}
```

运行效果如图 12-11 所示。

单击"写文件"按钮后,将在 bin 目录下生成一个 test.txt 文件,并提示"文件写入成功!",如图 12-12 所示。

图 12-11　StreamReader 与 StreamWriter 类的使用　　图 12-12　单击"写文件"按钮

写入的文件内容如图 12-13 所示。

若单击"读文件"按钮,则提示如图 12-14 所示。

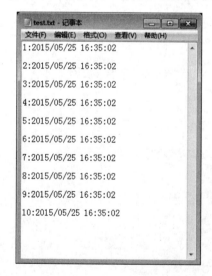
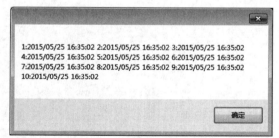

图 12-13　写入的文件内容　　图 12-14　单击"读文件"按钮

若把该 txt 文件删除,再次单击"读文件"按钮,则提示"test.txt 文件不存在"。

12.4 BinaryReader 类和 BinaryWriter 类

使用 BinaryReader 和 BinaryWriter 可实现二进制文件的读写。下面将详细介绍这两个类的相关知识。

12.4.1 BinaryReader 类

BinaryReader 类用特定的编码将基元数据类型读作二进制值。

其构造方法如表 12-13 所示。

表 12-13 BinaryReader类的构造方法

名称	说明
BinaryReader(Stream)	基于所指定的流和特定的 UTF-8 编码，初始化 BinaryReader 类的新实例
BinaryReader(Stream, Encoding)	基于所指定的流和特定的字符编码，初始化 BinaryReader 类的新实例
BinaryReader(Stream, Encoding, Boolean)	基于所提供的流和特定的字符编码，初始化 BinaryReader 类的新实例，有选择地打开流

BinaryReader 类的方法如表 12-14 所示。

表 12-14 BinaryReader类的方法

名称	说明
Close	关闭当前阅读器及基础流
Dispose()	释放由 BinaryReader 类的当前实例占用的所有资源
PeekChar	返回下一个可用的字符，并且不提升字节或字符的位置
Read()	从基础流中读取字符，并根据所使用的 Encoding 和从流中读取的特定字符，提升流的当前位置
Read(Byte[], Int32, Int32)	从字节数组中的指定点开始，从流中读取指定的字节数
Read(Char[], Int32, Int32)	从字符数组中的指定点开始，从流中读取指定的字符数
ReadBoolean	从当前流中读取 Boolean 值，并使该流的当前位置提升 1 个字节
ReadByte	从当前流中读取下一个字节，并使流的当前位置提升 1 个字节
ReadBytes	从当前流中读取指定的字节数以写入字节数组中，并将当前位置前移相应的字节数
ReadChar	从当前流中读取下一个字符，并根据所使用的 Encoding 和从流中读取的特定字符，提升流的当前位置
ReadChars	从当前流中读取指定的字符数，并以字符数组的形式返回数据，然后根据所使用的 Encoding 和从流中读取的特定字符，将当前位置前移
ReadDecimal	从当前流中读取十进制数值，并将该流的当前位置提升 16 个字节
ReadDouble	从当前流中读取 8 字节浮点值，并使流的当前位置提升 8 个字节
ReadInt16	从当前流中读取 2 字节有符号整数，并使流的当前位置提升 2 个字节
ReadInt32	从当前流中读取 4 字节有符号整数，并使流的当前位置提升 4 个字节
ReadInt64	从当前流中读取 8 字节有符号整数，并使流的当前位置向前移动 8 个字节

续表

名 称	说 明
ReadSByte	从此流中读取一个有符号字节，并使流的当前位置提升 1 个字节
ReadSingle	从当前流中读取 4 字节浮点值，并使流的当前位置提升 4 个字节
ReadString	从当前流中读取一个字符串。字符串有长度前缀，一次 7 位地被编码为整数
ReadUInt16	使用 Little-Endian 编码从当前流中读取 2 字节无符号整数，并将流的位置提升两个字节
ReadUInt32	从当前流中读取 4 字节无符号整数并使流的当前位置提升 4 个字节
ReadUInt64	从当前流中读取 8 字节无符号整数并使流的当前位置提升 8 个字节

12.4.2 BinaryWriter 类

BinaryWriter 类以二进制形式将基元类型写入流，并支持用特定的编码写入字符串。其构造方法如表 12-15 所示。

表 12-15　BinaryWriter类的构造方法

名 称	说 明
BinaryWriter(Stream)	基于所指定的流和特定的 UTF-8 编码，初始化 BinaryWriter 类的新实例
BinaryWriter(Stream, Encoding)	基于所指定的流和特定的字符编码，初始化 BinaryWriter 类的新实例
BinaryWriter(Stream, Encoding, Boolean)	基于所提供的流和特定的字符编码，初始化 BinaryWriter 类的新实例，有选择地打开流

BinaryWriter 类的方法如表 12-16 所示。

表 12-16　BinaryWriter类的方法

名 称	说 明
Close	关闭当前的 BinaryWriter 和基础流
Dispose()	释放由 BinaryWriter 类的当前实例占用的所有资源
Flush	清理当前编写器的所有缓冲区，使所有缓冲数据写入基础设备
Seek	设置当前流中的位置
Write(Boolean)	将单字节 Boolean 值写入当前流，其中 0 表示 false，1 表示 true
Write(Byte)	将一个无符号字节写入当前流，并将流的位置提升 1 个字节
Write(Byte[])	将字节数组写入基础流
Write(Char)	将 Unicode 字符写入当前流，并根据所使用的 Encoding 和向流中写入的特定字符，提升流的当前位置
Write(Char[])	将字符数组写入当前流，并根据所使用的 Encoding 和向流中写入的特定字符，提升流的当前位置
Write(Decimal)	将一个十进制值写入当前流，并将流位置提升 16 个字节
Write(Double)	将 8 字节浮点值写入当前流，并将流的位置提升 8 个字节
Write(Int16)	将 2 字节有符号整数写入当前流，并将流的位置提升两个字节
Write(Int32)	将 4 字节有符号整数写入当前流，并将流的位置提升 4 个字节
Write(Int64)	将 8 字节有符号整数写入当前流，并将流的位置提升 8 个字节

续表

名 称	说 明
Write(SByte)	将一个有符号字节写入当前流,并将流的位置提升 1 个字节
Write(Single)	将 4 字节浮点值写入当前流,并将流的位置提升 4 个字节
Write(String)	将有长度前缀的字符串按 BinaryWriter 的当前编码写入此流,并根据所使用的编码和写入流的特定字符,提升流的当前位置
Write(UInt16)	将 2 字节无符号整数写入当前流,并将流的位置提升两个字节
Write(UInt32)	将 4 字节无符号整数写入当前流,并将流的位置提升 4 个字节
Write(UInt64)	将 8 字节无符号整数写入当前流,并将流的位置提升 8 个字节
Write(Byte[], Int32, Int32)	将字节数组部分写入当前流
Write(Char[], Int32, Int32)	将字符数组部分写入当前流,并根据所使用的 Encoding(可能还根据向流中写入的特定字符),提升流的当前位置

12.4.3　BinaryReader 类与 BinaryWriter 类的使用

下面以一个小实例来演示下 BinaryReader 与 BinaryWriter 类的使用。

例 12-4：BinaryReader 与 BinaryWriter 类的使用（WinFormsBinaryReaderAndBinaryWriter）

```csharp
using System;
using System.Collections.Generic;
using System.ComponentModel;
using System.Data;
using System.Drawing;
using System.IO;
using System.Linq;
using System.Text;
using System.Threading.Tasks;
using System.Windows.Forms;

namespace WinFormsBinaryReaderAndBinaryWriter
{
    public partial class Form1 : Form
    {
        public Form1()
        {
            InitializeComponent();
        }

        private void btnReader_Click(object sender, EventArgs e)
        {
            string fileName = "test.dat";

            float x;
            double y;
            string address;
            int houseNumber;
            bool showStatus;

            if (File.Exists(fileName))
            {
                using (BinaryReader reader = new BinaryReader(File.Open
                (fileName, FileMode.Open)))
```

```csharp
            {
                x = reader.ReadSingle();
                y = reader.ReadDouble();
                address = reader.ReadString();
                houseNumber = reader.ReadInt32();
                showStatus = reader.ReadBoolean();
            }
            StringBuilder sb = new StringBuilder();
            sb.Append("x="+x+" ");
            sb.Append("y=" + y + " ");
            sb.Append(address);
            sb.Append(houseNumber + " ");
            sb.Append("showStatus=" + showStatus + " ");

            MessageBox.Show(sb.ToString());
        }
    }

    private void btnWriter_Click(object sender, EventArgs e)
    {
        string fileName = Environment.CurrentDirectory+@"\test.dat";

        using (BinaryWriter writer = new BinaryWriter(File.Open(fileName,
        FileMode.Create)))
        {
            writer.Write(79.6F);
            writer.Write(35.25D);
            writer.Write("江苏省苏州市工业园区仁爱路 No.");
            writer.Write(199);
            writer.Write(true);
        }
    }
}
```

单击"写二进制"按钮，提示"写入成功！"，单击"读二进制"按钮，运行效果如图 12-15 所示。

图 12-15 BinaryReader 与 BinaryWriter 类的使用

小结

本章主要讲解了文件及数据流技术的相关应用。可以使用不同的数据流对各种格式的文件进行读写等操作。学习完本章读者可以试着编写出一个基于本地磁盘的文件及文件夹管理的应用程序。

第 13 章 WPF 编程基础

WPF 是微软推出的新一代的用户界面框架。它提供了统一的编程模型、语言和框架，真正做到了分离界面设计人员与开发人员的工作；同时它提供了全新的多媒体交互用户图形界面。本章只为读者抛砖引玉地介绍下使用 WPF 编程的相关基础知识，使读者对于使用 WPF 编程有所了解。如读者对于 WPF 编程感兴趣，则可在学习完本章基础知识后，参考专门介绍 WPF 相关的书籍及视频自行学习 WPF 的更深层次的内容。

本章主要内容：
- WPF 体系结构
- XAML
- WPF 布局控件

13.1 WPF 概述

Windows Presentation Foundation（WPF）是微软新一代图形系统，为用户界面、2D/3D 图形、文档和媒体提供了统一的描述和操作方法。基于 DirectX 9/10 技术的 WPF 不仅带来了前所未有的 3D 界面，而且其图形向量渲染引擎也大大改进了传统的 2D 界面，比如 Vista 中的半透明效果的窗体等都得益于 WPF。程序员在 WPF 的帮助下，要开发出媲美 Mac 程序的酷炫界面已不再是遥不可及的奢望。WPF 相对于 Windows 客户端的开发来说，向前跨出了巨大的一步，它提供了超丰富的.NET UI 框架，集成了矢量图形，丰富的流动文字支持，3D 视觉效果和强大无比的控件模型框架。微软还提供了专门的界面开发语言 XAML（eXtensible Application Markup Language，可扩展应用程序标记语言），使得界面描述代码和程序代码得以分开，从而提高了开发效率并有利于团队开发。

Windows Presentation Foundation（以前的代号为"Avalon"）是 Microsoft 用于 Windows 的统一显示子系统，它通过 WinFX 公开。它由显示引擎和托管代码框架组成。Windows Presentation Foundation 统一了 Windows 创建、显示和操作文档、媒体和用户界面（UI）的方式，使开发人员和设计人员可以创建更好的视觉效果、不同的用户体验。Windows Presentation Foundation 发布后，Windows XP、Windows Server 2003 和以后所有的 Windows 操作系统版本都可以使用它。

WPF 是 Windows 操作系统中一次重大变革，与早期的 GDI+/GDI 不同。WPF 是基于 DirectX 引擎的，支持 GPU 硬件加速，在不支持硬件加速时也可以使用软件绘制。高级别的线程进行绘制，提高使用者的体验。自动识别显示器分辨率并进行缩放。

13.2 WPF 体系结构

WPF 的应用可以帮助我们实现以前难以想象的一些图形界面的开发。通过对 WPF 的深入了解，可以知道，WPF 主要包括三个部分：PresentationFramework、PresentationCore 和 milcore。其中前两者由受管模块组成，而 milcore 是非受管模块。如图 13-1 所示为 WPF 的体系结构。

最底层是 Kernel，它负责控制和管理与图形驱动相关的最底层任务等。在 Kernel 之上也是两个比较底层的模块。其中，User32 负责确定显示窗口及其在屏幕中的位置状态等，其并不参与常见控件的呈现。DirectX 负责呈现窗口和内容等。

milcore 是 WPF 的核心部分，它主要起到中间人的作用，以实现 WPF 与 DirectX 的通信。再向上是.NET 3.0 的公共语言运行时（Common Language Runtime，CLR）。最高层是 WPF 的另两个核心 PresentationFramework 和 PresentationCore，它们都是受管模块。前者主要包括 WPF 的窗口、面板、样式等高层 WPF 类型。后者主要包括 WPF 的一些基本类型，例如 UIElement、Visual 等。它们是 PresentationFramework 所包括元素的基类。

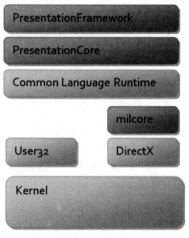

图 13-1　WPF 的体系结构

WPF 体系架构中的三个核心部分分别对应一些动态库，例如 PresentationFramework.dll、PresentationCore.dll 和 milcore.dll。这些动态库中包含众多实现 WPF 核心功能的类和命名空间。这些核心类如图 13-2 所示。

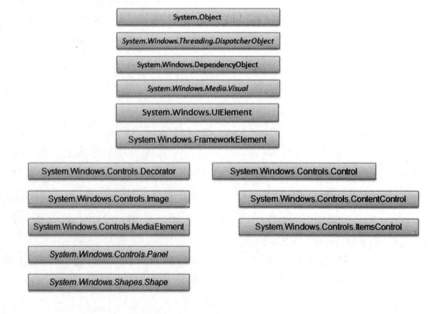

图 13-2　动态库中的核心类

接下来简要介绍几种。

1. System.Windows.Threading.DispatcherObject类

WPF 中的大多数对象是从 DispatcherObject 派生的，这提供了用于处理并发和线程的基本构造。WPF 基于调度程序实现的消息系统。其工作方式与常见的 Win32 消息泵非常类似；事实上，WPF 调度程序使用 User32 消息执行跨线程调用。

2. System.Windows.DependencyObject类

表示一个参与依赖项属性系统的对象。属性是声明性的，可以更方便地指定意图而不是操作。它还支持模型驱动或数据驱动的系统，以显示用户界面内容。这种理念的预期效果是创建可以绑定到的更多属性，从而更好地控制应用程序的行为。

为了更加充分地利用由属性驱动的系统，需要一个比 CLR 提供的内容更丰富的属性系统。此丰富性的一个简单示例就是更改通知。为了实现双向绑定，需要绑定的双方支持更改通知。为了使行为与属性值相关联，需要在属性值更改时得到通知。Microsoft .NET Framework 具有一个 INotifyPropertyChange 接口，对象通过该接口可以发布更改通知，但该接口是可选的。

WPF 提供一个丰富的属性系统，该属性系统是从 DependencyObject 类型派生的。该属性系统实际是一个"依赖"属性系统，因为它会跟踪属性表达式之间的依赖关系，并在依赖关系更改时自动重新验证属性值。例如，如果有一个会继承的属性（如 FontSize），当继承该值的元素的父级发生属性更改时，会自动更新系统。

WPF 属性系统的基础是属性表达式的概念。表达式致使属性系统不具有硬编码的数据绑定、样式调整或继承，而是由框架内后面的层来提供这些功能。

属性系统还提供属性值的稀疏存储。因为对象可以有数十个（如果达不到上百个）属性，并且大部分值处于其默认状态（被继承、由样式设置等），所以并非对象的每个实例都需要具有在该对象上定义的每个属性的完全权重。

属性系统的最后一个新功能是附加属性的概念。WPF 元素是基于组合和组件重用的原则生成的。某些包含元素（如 Grid 布局元素）通常需要子元素上的其他数据才能控制其行为（如行/列信息）。任何对象都可以为任何其他对象提供属性定义，而不是要将所有这些属性与每个元素相关联。这与 JavaScript 中的 expando 功能相似。

3. System.Windows.Media.Visual类

为 WPF 中的呈现提供支持，其中包括命中测试、坐标转换和边界框计算。

Visual 实际上是 WPF 组合系统的入口点。Visual 是托管 API 和非托管 milcore 这两个子系统之间的连接点。

WPF 通过遍历由 milcore 管理的非托管数据结构来显示数据。这些结构（称为组合节点）代表层次结构显示树，其中每个节点都有呈现指令。只能通过消息传递协议来访问此树。

当对 WPF 编程时，将创建 Visual 元素及派生的类型，它们通过此消息传递协议在内部与此组合树进行通信。WPF 中的每个 Visual 可以不创建组合节点，也可以创建一个或多个组合节点。

4．System.Windows.UIElement类

UIElement 是 WPF 核心级实现的基类，该类建立在 Windows Presentation Foundation（WPF）元素和基本表示特征基础上。

5．System.Windows.FrameworkElement类

为 Windows Presentation Foundation（WPF）元素提供 WPF 框架级属性集、事件集和方法集。此类表示附带的 WPF 框架级实现，它是基于由 UIElement 定义的 WPF 核心级 API 构建的。

6．System.Windows.Controls.Control类

表示用户界面（UI）元素的基类，这些元素使用 ControlTemplate 来定义其外观。

7．System.Windows.Controls.ContentControl类

表示包含单项内容的控件。

8．System.Windows.Controls.ItemsControl类

表示一个可用于呈现项的集合的控件。

9．System.Windows.Controls.Decorator类

提供在单个子元素（如 Border 或 Viewbox）上或周围应用效果的元素的基类。

10．System.Windows.Controls.Image类

表示显示图像的控件。

11．System.Windows.Controls.MediaElement类

表示包含音频和/或视频的控件。

12．System.Windows.Controls.Panel类

为所有 Panel 元素提供基类。使用 Panel 元素在 Windows Presentation Foundation（WPF）应用程序中放置和排列子对象。

13．System.Windows.Sharps.Sharp类

为 Ellipse、Polygon 和 Rectangle 之类的形状元素提供基类。

13.3　WPF 的特点

（1）程序人员与设计完全明确地分工。美工人员可以使用 Expression Studio 中套装工

具可视化地设计界面。然后交给程序开发组中的 XAML 就可以了，让程序人员直接套用到开发环境。

（2）对于 WPF 最重要的特色——矢量图的超强支持。兼容支持 2D 绘图，比如矩形、自定义路径，位图等；文字显示的增强，XPS 和消锯齿；三维强大的支持，包括 3D 控件及事件，与 2D 及视频合并打造更立体效果；渐变、使用高精确的（ARGP）颜色，支持浮点类型的像素坐标。这些都是 GDI+远远不及的。

（3）灵活、易扩展的动画机制。.NET Framework 类库提供了强大的基类，只需继承就可以实现自定义程序使用绘制；接口设计非常直观，完全面向对象的对象模型；使用对象描述语言 XAML；使用开发工具的可视化编辑。

（4）开发人员可以使用任何一种.NET 编程语言（C#、VB.NET 等开发语言）进行开发。XAML 主要针对界面的可视化控件描述。

13.4 XAML

XAML 是 Extensible Application Markup Language 的缩写，相应的中文名称为可扩展应用程序标记语言，它是微软公司为构建应用程序用户界面而创建的一种新的描述性语言。本节将简单介绍下 XAML。

13.4.1 XAML 简述

XAML 提供了一种便于扩展和定位的语法来定义和程序逻辑分离的用户界面。XAML 是一种解析性的语言，尽管它也可以被编译。

XAML 是一种声明性语言。具体来讲，XAML 可初始化对象和设置对象的属性，使用一种可显示多个对象间分层关系的语言结构，还使用了一种支持类型扩展的支持类型约定。我们可以在声明性的 XAML 标记中创建可视的 UI 元素。然后可以为每个 XAML 文件关联一个独立的代码隐藏文件，以响应事件和处理最初在 XAML 中声明的对象。

在开发过程中，XAML 支持不同工具和角色之间的源代码交换，例如，在设计工具与 IDE 或是主开发人员与本地化开发人员之间交换 XAML 源代码。通过将 XAML 用作交换格式，可以分开或整合设计人员角色和开发人员角色，并且设计人员和开发人员可以在开发应用期间迭代。

如果将它们视为 Windows 运行时应用项目的一部分，则 XAML 文件即是带 .xaml 扩展名的 XML 文件。

13.4.2 XAML 的优点

XAML 简化了.NET Framework 编程模式上的用户界面创建过程，使用 XAML，开发人员可以对 WPF 程序的所有用户界面元素（例如文本、按钮、图像和列表框等）进行详细的定制，同时还可以对整个界面进行合理化的布局，这与使用 HTML 非常相似。但是由于 XAML 是基于 XML 的，所以它本身就是一个组织良好的 XML 文档，而且相对于 HTML，它的语法更严谨、更明确。预计以后大部分的 XAML 都可由相应的软件自动生成，就如同我们现在制作一个静态页面时，几乎不用编写任何 HTML 代码就可以直接通过 Dreamweaver 软件生成一个美观的页面。但是最初通过手动编写 XAML 代码将是一次绝佳的学习体验，虽然实现的过程繁杂了些，但是将加深对 XAML 语法和各个元素的理解。

大多数的 WPF 程序可能同时包含程序代码和 XAML。可以使用 XAML 定义应用程序的初始界面，而后才编写相应的功能实现代码。可以将逻辑代码直接嵌入到一个 XAML 文件中，也可以将它保留在一个单独的文件中。实际上，能够用 XAML 实现的所有功能都可以使用程序代码来完成。因此，根本无须使用任何的 XAML 就可以创建一个完好的 WPF 程序。一般来说，程序代码的优势在于流程处理和逻辑判断，而不是界面的构建上。而 XAML 则是集中关注于界面的编程，可以将它和其他的.NET 语言配合使用，从而构建出一个功能完善、界面美观的 WPF 程序。XAML 是一种纯正的、用来描述用户界面构成元件和编排方式的标记语言。尽管有部分的 XAML 语法具备程序设计语言的特性（例如 XAML 中的 Trigger 和 TRansform），但是 XAML 并不是一种用于程序设计的语言，它的功能也不是为了执行应用程序逻辑。

微软推荐 XAML 被编译成 BAML（Binary Application Markup Language，二进制语言程序标记语言）。XAML 和 BAML 都可以被 WPF 解析，并且将以一种和 HTML 相似的方式进行界面的呈现。但是和 HTML 不同的是，XAML 是强类型化的。也就是说，HTML 会忽略那些它不能识别的元素和属性，而 XAML 必须在识别所有的元素和属性的情况下，才对页面进行呈现。尽管在 XAML 中各个属性都是以一个个的字符串（例如 Background）表示的，但是这些字符串实际上代表的是 WPF 中的对象，只有被 WPF 识别的对象才可以作为元素的属性，所以说 XAML 是强类型化的。

13.4.3 XAML 基本语法

XAML 的基本语法基于 XML。依照定义，有效的 XAML 必须也是有效的 XML。但 XAML 也拥有可赋予不同且更加完整含义的语法概念，XAML 支持属性元素语法，其中属性值可在元素中设置，而不是在属性中作为字符串值或内容进行设置。对于常规 XML 而言，XAML 属性元素是名称中带点号的元素，因此它对于纯 XML 有效，但具有不同的含义。

1. 对象元素语法

对象元素语法是一种 XAML 标记语法，它通过声明 XML 元素将 CLR 类或结构实例化。这种语法类似于如 HTML 等其他标记语言的元素语法。对象元素语法以左尖括号（<）开始，后面紧跟要实例化的类或结构的类型名称。类型名称后面可以有零个或多个空格，对于对象元素还可以声明零个或多个特性，并用一个或多个空格来分隔每个"特性名="值""对。最后，必须存在下列一种情况：

元素和标记必须用正斜杠（/）和紧跟的右尖括号（>）结尾。

开始标记必须以右尖括号（>）结尾。其他对象元素、属性元素或内部文本可以跟在开始标记后面。此处可以包含的确切内容通常会受到元素对象模型的约束。对象元素还必须存在等效的结束标记，并与其他开始标记/结束标记对形成正确的嵌套和平衡。

由.NET 实现的 XAML 具有一组规则，可将对象元素映射为类型、将特性映射为属性或事件，以及将 XAML 命名空间映射到 CLR 命名空间和程序集。对于 WPF 和.NET Framework，XAML 对象元素映射到 Microsoft .NET 类型（如引用的程序集中所定义），而特性映射到这些类型的成员。在 XAML 中引用 CLR 类型时，还可以访问该类型的继承成员。

例如：

```
<Button Name="myButton" Height="30" Width="60"/>
```

即为一个对象元素语法，该语法实例化 Button 类的一个新实例，并指定了 Name、Height 以及 Width 特性及其值。

2. 特性语法

特性语法是一种 XAML 标记语法，该语法声明现有对象元素中的特性，从而设置属性的值。特性名称必须与支持相关对象元素的类的属性的 CLR 成员名称相匹配。特性名称后面跟随一个赋值运算符（=）。特性值必须是用引号引起来的字符串。

为了通过特性语法进行设置，属性必须为公共属性，并且必须可写。后备类型系统中属性的值必须为值类型，或者必须为可由 XAML 处理器在访问相关后备类型时实例化或引用的引用类型。对于 WPF XAML 事件，作为特性名称被引用的事件必须是公共事件，并且必须具有公共委托。属性或事件必须是由包含对象元素实例化的类或结构的成员。

3. 属性元素语法

属性元素语法是一种与元素的基本 XML 语法规则略有不同的语法。在 XML 中，特性的值实际上是一个字符串，唯一可能的变化是使用哪种字符串编码格式。在 XAML 中，可以指定其他对象元素作为属性的值。此功能由属性元素语法来启用。并不将属性指定为元素标记内的特性，而是使用元素的开始标记指定"元素类型名称.属性名称"形式的属性，在其中指定属性的值，然后结束属性元素。

具体而言，该语法以左尖括号（<）开头，其后紧跟包含属性元素语法的类或结构的类型名称。类型名称后面紧跟一个点（.），然后跟属性的名称，最后跟一个右尖括号（>）。对于特性语法，指定类型的已声明公共成员内必须存在该属性。要赋给属性的值包含在相应的属性元素中。通常，值作为一个或多个对象元素提供，因为将对象指定为值正是属性元素语法应当实现的方案。最后，必须提供一个等效的结束标记来指定同一个元素类型名称.属性名称组合，并与其他元素标记对形成正确的嵌套和平衡。

例如：

```
<Ellipse Width="120" Height="120">
   <Ellipse.Fill>
      <SolidColorBrush Color="Red"/>
```

```
        </Ellipse.Fill>
    </Ellipse>
```

即为属性元素语法。

4. 内容元素语法

某些元素的属性支持内容元素语法，允许忽略元素的名称。实例对象会根据 XAML 元素中的第一个标记值来设置属性。对于大量的格式化文本，使用内容元素语法更加灵活。属性标记之间可以插入大量的文本内容。

例如：

```
<TextBlock>Hello WPF!</TextBlock>
```

即为内容元素语法。

5. 集合语法

XAML 规范要求 XAML 处理器实现能标识其中值类型为集合的属性。.NET 中的常规 XAML 处理器实现基于托管代码和 CLR，并且该处理器实现通过以下各项之一标识集合类型：类型实现 IList，类型实现 IDictionary，类型从 Array 派生。

例如：

```
<Rectangle Width="300" Height="180">
    <Rectangle.Fill>
        <LinearGradientBrush>
            <GradientStopCollection>
                <GradientStop Offset="0.0" Color="Blue"/>
                <GradientStop Offset="1.0" Color="Red"/>
            </GradientStopCollection>
        </LinearGradientBrush>
    </Rectangle.Fill>
</Rectangle>
```

该段代码使用了集合语法。

6. 附加属性

附加属性使得特定类型可以拥有和定义属性，但在任何元素上都将属性设置为特性或属性元素。附加属性所面向的主要方案是，允许标记结构中的子元素向父元素报告信息，同时不需要在所有元素之间广泛共享的对象模型。相反，附加属性可以由任何父元素用来向子元素报告信息。

附加属性使用的语法在表面上与属性元素语法非常相似，因为还需要指定类型名.属性名组合。二者有以下两个重要的差异。

（1）即使在通过特性语法设置附加属性时，也可以使用类型名.属性名组合。只有附加属性才要求特性语法中使用限定属性名。

（2）对于附加属性还可以使用属性元素语法。但是，对于典型的属性元素语法，指定的类型名是包含属性元素的对象元素。如果引用的是附加属性，则类型名是用来定义附加属性的类，而不是包含对象元素。

例如：

```
<Canvas>
<Rectangle Canvas.Left="30" Canvas.Top="30" Width="300" Height="280"/>
</Canvas>
```

7. 标记扩展

XAML 定义了一个标记扩展编程实体，该实体允许从 XAML 处理器对字符串特性值或对象元素的常规处理中进行转义，并将处理转交给后备类。标记扩展使用花括号来作为其语法格式。标记扩展可以在特性语法和属性元素语法代码中使用。

13.4.4 Application 对象

1. Application对象简介

WPF 和传统的 WinForm 类似。WPF 与 WinForm 一样有一个 Application 对象来进行一些全局的行为和操作，并且每个 Domain （应用程序域）中有且只有一个 Application 实例存在。和 WinForm 不同的是，WPF Application 默认由两部分组成：App.xaml 和 App.xaml.cs，将定义和行为代码相分离。WPF 应用程序由 System.Windows.Application 类来进行管理。

微软把 WPF 中经常使用的功能都封装在 Application 类中了。Application 类具体有以下功能。

（1）跟踪应用程序的生存期并与之交互。
（2）检索和处理命令行参数。
（3）检测和响应未经处理的异常。
（4）共享应用程序范围的属性和资源。
（5）管理独立应用程序中的窗口。
（6）跟踪和管理导航。

以下代码为 app.xaml 中的代码，其中 WpfTest 为项目名，在此使用了 StartupUri 来设定启动的 XAML。

```
<Application x:Class="WpfTest.App"
        xmlns="http://schemas.microsoft.com/winfx/2006/xaml/
        presentation"
        xmlns:x="http://schemas.microsoft.com/winfx/2006/xaml"
        StartupUri="MainWindow.xaml">
    <Application.Resources>

    </Application.Resources>
</Application>
```

除此之外，还可调用 Application 的 Run 方法，参数为启动的窗体对象，此方法也是最常用的方法。

例如：

```
Application app = new Application();
WindowTest win = new WindowTest();
app.Run(win);
```

另一种方法是指定 Application 对象的 MainWindow 属性为启动窗体,然后调用无参数的 Run 方法。

例如:

```
WindowTest win = new WindowTest();
app.MainWindow = win;
win.Show();
app.Run();
```

Application 应用程序的关闭只需设置 ShutdownMode 属性即可。此属性的值是 ShutdownMode 的枚举值,其可选的枚举值如表 13-1 所示。

表 13-1 ShutdownMode的枚举值

名 称	说 明
OnLastWindowClose	最后一个窗体关闭或调用 Application 对象的 Shutdown() 方法时,应用程序关闭
OnMainWindowClose	启动窗体关闭或调用 Application 对象的 Shutdown()方法时,应用程序关闭
OnExplicitShutdown	只有在调用 Application 对象的 Shutdown()方法时,应用程序才会关闭

2. Application类的事件

Application 类的事件如表 13-2 所示。

表 13-2 Application类的事件

名 称	说 明
Activated	当应用程序成为前台应用程序时发生,即获取焦点
Deactivated	当应用程序停止作为前台应用程序时发生,即失去焦点
DispatcherUnhandledException	在异常由应用程序引发但未进行处理时发生
Exit	正好在应用程序关闭之前发生,且无法取消
FragmentNavigation	当应用程序中的导航器开始导航至某个内容片断时发生,如果所需片段位于当前内容中,则导航会立即发生;或者,如果所需片段位于不同内容中,则导航会在加载了源 XAML 内容之后发生
LoadCompleted	在已经加载、分析并开始呈现应用程序中的导航器导航到的内容时发生
Navigated	在已经找到应用程序中的导航器要导航到的内容时发生,尽管此时该内容可能尚未完成加载
Navigating	在应用程序中的导航器请求新导航时发生
NavigationFailed	在应用程序中的导航器在导航到所请求内容时出现错误的情况下发生
NavigationProgress	在由应用程序中的导航器管理的下载过程中定期发生,以提供导航进度信息
NavigationStopped	在调用应用程序中的导航器的 StopLoading 方法时发生,或者当导航器在当前导航正在进行期间请求了一个新导航时发生

续表

名 称	说 明
SessionEnding	在用户通过注销或关闭操作系统而结束 Windows 会话时发生
Startup	在调用 Application 对象的 Run 方法时发生

13.5　WPF 布局控件简述

　　WPF 提供了许多可用于创建应用程序的控件。本章简要介绍 WPF 及其功能，所以不详细探讨每个 WPF 控件，读者可自行参考相关书籍及视频资料了解更多内容。在此，只简要介绍下 WPF 的布局控件使得读者对 WPF 界面布局有所了解。

　　WPF 的布局控件都派生于 System.Windows.Controls.Panel 这个基类下面，此类只定义了一个容器，该容器可以包含派生于 UIElement 的对象集合。所有的 WPF 控件都派生与此。使用 WPF 提供的各种控件在 WPF 应用程序中界面进行布局，同时对各种子控件（如按钮、文本框等）进行排列组合。

　　可以使用如 Canvas、DockPanel、Grid、StackPanel、WrapPanel 等布局控件进行界面的布局。

13.5.1　Canvas 控件

　　每个布局控件都有不同的应用场景，如果要对元素进行精确的定位,那么就需要使用 Canvas 了。Canvas 是最基本的面板，它仅支持用显式坐标定位元素，它也允许指定相对任何角的坐标，而不仅是左上角。可以使用 Left、Top、Right、Bottom 附加属性在 Canvas 中定位元素。通过设置 Left 和 Right 属性的值表示元素最靠近的那条边，应该与 Canvas 左边缘或右边缘保持一个固定的距离，设置 Top 和 Bottom 的值也是类似的意思。实质上，在选择每个元素停靠的角时，附加属性的值是作为外边距使用的。可以把 Canvas 比作一个坐标系，所有的元素通过设置坐标来决定其在坐标系中的位置，这个坐标系的原点并不是在中央，而是位于它的左上角。如果一个元素没有使用任何附加属性，它会被放在 Canvas 的左上角。

　　例 13-1 中代码演示了使用 Canvas 定位元素。

例 13-1：使用 Canvas 定位元素（WpfCanvas）

```
<Window x:Class="WpfCanvas.MainWindow"
     xmlns="http://schemas.microsoft.com/winfx/2006/xaml/presentation"
     xmlns:x="http://schemas.microsoft.com/winfx/2006/xaml"
     Title="MainWindow" Height="500" Width="500">
    <Canvas>

        <Button Width="80" Height="20" Background="LightGreen" Canvas.Top="100">Top=100</Button>
        <Button Width="80" Height="20" Background="LightGreen" Canvas.Bottom="100">Bottom=100</Button>
        <Button Width="80" Height="20" Background="LightGreen" Canvas.Left="100">Left=100</Button>
```

```xml
        <Button Width="80" Height="20" Background="LightGreen" Canvas.
    Right="100">Right=100</Button>

        <Button Width="80" Height="20" Background="LightSkyBlue">L=0,T=0
    </Button>
        <Button Width="80" Height="20" Background="LightSkyBlue" Canvas.
    Right="0" Canvas.Bottom="0">R=0,B=0</Button>
        <Button Width="80" Height="20" Background="LightSkyBlue" Canvas.
    Right="0" Canvas.Top="0">R=0,T=0</Button>
        <Button Width="80" Height="20" Background="LightSkyBlue" Canvas.
    Left="0" Canvas.Bottom="0">L=0,B=0</Button>

        <Button Width="80" Height="20" Background="Yellow" Canvas.Left=
    "100" Canvas.Top="100">L=100,T=100</Button>
        <Button Width="80" Height="20" Background="Yellow" Canvas.Left=
    "100" Canvas.Bottom="100">L=100,B=100</Button>
        <Button Width="80" Height="20" Background="Yellow" Canvas.Right=
    "100" Canvas.Top="100">R=100,T=100</Button>
        <Button Width="80" Height="20" Background="Yellow" Canvas.Right=
    "100" Canvas.Bottom="100">R=100,B=100</Button>

        <Button Width="80" Height="20" Background="Tomato" Canvas.Left=
    "200" Canvas.Right="200">L=200,R=200</Button>
        <Button Width="80" Height="20" Background="Tomato" Canvas.Top=
    "200" Canvas.Bottom="200">T=200,B=200</Button>
    </Canvas>
</Window>
```

运行结果如图 13-3 所示。

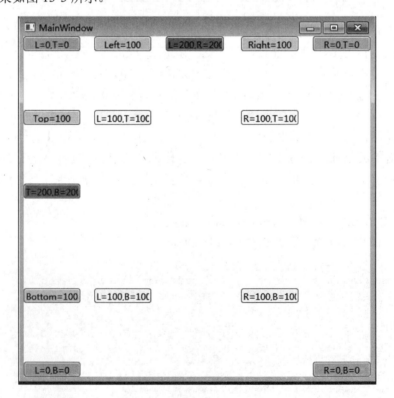

图 13-3 使用 Canvas 定位元素

元素不能使用两个以上的 Canvas 附加属性，图 13-3 可以很清晰地看到，在同时设置 Canvas.Left 和 Canvas.Right 属性的情况下,只有 Canvas.Left 属性起作用，而 Canvas.Right 失效，Canvas.Top 和 Canvas.Bottom 同时存在时也只有 Canvas.Top 起作用。

对于控件重叠深度，可以使用属性 ZIndex 来设置。属性值越大，控件越靠上层。

例 13-2 中代码演示了控件重叠深度的设置。

例 13-2：控件重叠深度的设置（WpfCanvasZIndex）

```
<Window x:Class="WpfCanvasZIndex.MainWindow"
    xmlns="http://schemas.microsoft.com/winfx/2006/xaml/presentation"
    xmlns:x="http://schemas.microsoft.com/winfx/2006/xaml"
    Title="MainWindow" Height="600" Width="500">
    <Canvas>
        <Button Canvas.ZIndex="3" Width="100" Height="100" Canvas.Top="100" Canvas.Left="100" Background="Blue"/>
        <Button Canvas.ZIndex="1" Width="100" Height="100" Canvas.Top="150" Canvas.Left="150" Background="Yellow"/>
        <Button Canvas.ZIndex="2" Width="100" Height="100" Canvas.Top="200" Canvas.Left="200" Background="Green"/>
        <Button Canvas.ZIndex="3" Width="100" Height="100" Canvas.Top="280" Canvas.Left="200" Background="LightSkyBlue"/>
        <Button Canvas.ZIndex="4" Width="100" Height="100" Canvas.Top="350" Canvas.Left="150" Background="Red"/>
        <Button Canvas.ZIndex="2" Width="100" Height="100" Canvas.Top="400" Canvas.Left="100" Background="DeepSkyBlue"/>
    </Canvas>
</Window>
```

运行结果如图 13-4 所示。

图 13-4　控件重叠深度的设置

13.5.2 DockPanel 控件

DockPanel 支持让元素简单地停靠在整个面板的某一条边上，然后拉伸元素以填满全部宽度或高度。它也支持让一个元素填充其他已停靠元素没有占用的剩余空间。

DockPanel 有一个 Dock 附加属性，因此子元素用 4 个值来控制它们的停靠：Left、Top、Right、Bottom。Dock 没有 Fill 值。作为替代，最后的子元素将加入一个 DockPanel 并填满所有剩余的空间，除非 DockPanel 的 LastChildFill 属性为 false，它将朝某个方向停靠。

例 13-3 中代码演示了使用 DockPanel 定位元素。

例 13-3：使用 DockPanel 定位元素（WpfDockPanel）

```
<Window x:Class="WpfDockPanel.MainWindow"
    xmlns="http://schemas.microsoft.com/winfx/2006/xaml/presentation"
    xmlns:x="http://schemas.microsoft.com/winfx/2006/xaml"
    Title="MainWindow" Height="350" Width="525">
    <DockPanel LastChildFill="True">
        <Button DockPanel.Dock="Top" Background="LightSkyBlue">Top</Button>
        <Button DockPanel.Dock="Left" Background="Yellow">Left</Button>
        <Button DockPanel.Dock="Right" Background="DeepSkyBlue">Right
        </Button>
        <Button DockPanel.Dock="Bottom" Background="LightGreen">Bottom
        </Button>
        <Button Background="Pink">Left or Fill</Button>
    </DockPanel>
</Window>
```

运行结果如图 13-5 所示。

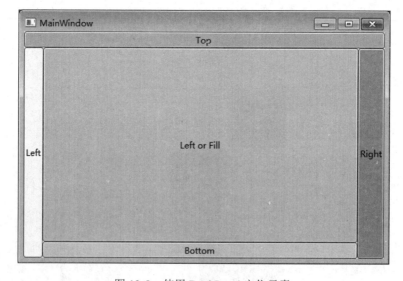

图 13-5　使用 DockPanel 定位元素

若改变 DockPanel 的 LastChildFill 属性值为 false，则效果如图 13-6 所示。

默认情况下 DockPanel 的 LastChildFill 属性为 true，这表示添加到 DockPanel 的最后一个子控件将使其 DockPanel.Dock 属性设置为 Fill。若要更改此行为，把 LastChildFill 属性设置为 false 即可。

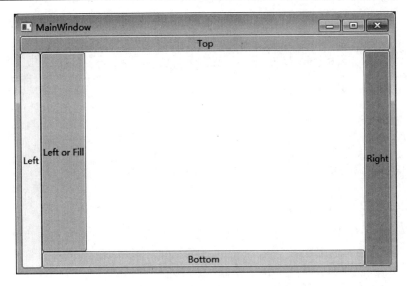

图 13-6　改变 LastChildFill 属性值

13.5.3　Grid 控件

Grid 控件可使子元素按照网格样式进行排列，可把界面划分为多个单元格，定义并配置列、行，以及分别设置每个单元格内容。

Grid 对象支持拆分器（splitter），允许用户调整网格类型中行或列的大小，每个被调整的单元格都会根据所包含的项进行重塑。添加拆分器，只需要定义<GridSplitter>控件，并使用附加语法指定要拆分的行或列即可。

例 13-4 中代码演示了使用 Grid 控件布局元素。

例 13-4：使用 Grid 控件布局元素（WpfGrid）

```
<Window x:Class="WpfGrid.MainWindow"
        xmlns="http://schemas.microsoft.com/winfx/2006/xaml/presentation"
        xmlns:x="http://schemas.microsoft.com/winfx/2006/xaml"
        Title="MainWindow" Height="330" Width="310">
    <Grid Name="gridShow" Width="300" Height="300">
        <Grid.ColumnDefinitions>
            <ColumnDefinition Width="100"/>
            <ColumnDefinition Width="100" />
            <ColumnDefinition Width="100" />
        </Grid.ColumnDefinitions>
        <Grid.RowDefinitions>
            <RowDefinition Height="100" />
            <RowDefinition Height="100" />
            <RowDefinition Height="100" />
        </Grid.RowDefinitions>

        <Label Background="Red" Grid.Row="0" Grid.Column="0">R=0,C=0
        </Label>
        <Label Background="Yellow" Grid.Row="0" Grid.Column="1">R=0,
        C=1</Label>
```

```xml
            <Label Background="LightSkyBlue" Grid.Row="0" Grid.Column="2">
            R=0,C=2</Label>

            <Label Background="SpringGreen" Grid.Row="1" Grid.Column="0">R=1,
            C=0</Label>
            <Label Background="Pink" Grid.Row="1" Grid.Column="1">R=1,C=1
            </Label>
            <Label Background="Tomato" Grid.Row="1" Grid.Column="2">R=1,C=2
            </Label>

            <Label Background="Orange" Grid.Row="2" Grid.Column="0">R=2,
            C=0</Label>
            <Label Background="LightCyan" Grid.Row="2" Grid.Column="1">
            R=2,C=1</Label>
            <Label Background="DeepSkyBlue" Grid.Row="2" Grid.Column="2">R=2,
            C=2</Label>
    </Grid>
</Window>
```

运行结果如图 13-7 所示。

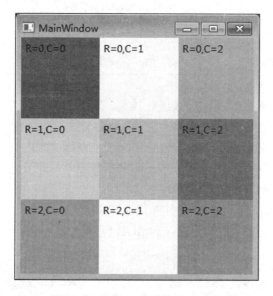

图 13-7　使用 Grid 控件布局元素

此例中将一个 Grid 划分为一个九宫格,此例中已将前几个单元格的 Width 和 Height 设成固定值了。当某列的宽度或者某行的高度想通过内部元素来决定的时候,需将其设置为 Auto;当某列的宽度或者某行的高度想根据窗口的剩余大小来自动调整时,将其设置成"*"号。

13.5.4　StackPanel 控件

StackPanel 元素用于水平或垂直堆叠子元素,可以使用 Orientation 属性更改堆叠的顺序,设置 Orientation 属性为 Horizontal 或 Vertical,Vertical 是默认值。默认由上到下显示各控件。

例 13-5 中代码演示了使用 StackPanel 控件布局元素。

例 13-5：使用 StackPanel 控件布局元素（WpfStackPanel）

```
<Window x:Class="WpfStackPanel.MainWindow"
        xmlns="http://schemas.microsoft.com/winfx/2006/xaml/presentation"
        xmlns:x="http://schemas.microsoft.com/winfx/2006/xaml"
        Title="MainWindow" Height="350" Width="525">

    <StackPanel Orientation="Vertical">

        <Button Background="Yellow">Button1</Button>

        <Button Background="Tomato">Button2</Button>

        <Button Background="Red">Button3</Button>

        <Button Background="Blue">Button4</Button>

        <Button Background="GreenYellow">Button5</Button>
    </StackPanel>
</Window>
```

运行结果如图 13-8 所示。

控件在未定义的前提下，宽度为 StackPanel 的宽度，高度为自动适应控件中内容的高度。若更改 Orientation 的属性值为 Horizontal，则运行效果如图 13-9 所示。

图 13-8　使用 StackPanel 控件布局元素　　　图 13-9　更改 Orientation 的属性值为 Horizontal

13.5.5　WrapPanel 控件

WrapPanel 以流的形式由左到右，由上到下显示控件，其功能类似于 Java AWT 布局中的 FlowLayout。

例 13-6 中代码演示了使用 WrapPanel 控件布局元素。

例 13-6：使用 WrapPanel 控件布局元素（WpfWrapPanel）

```
<Window x:Class="WpfWrapPanel.MainWindow"
        xmlns="http://schemas.microsoft.com/winfx/2006/xaml/presentation"
        xmlns:x="http://schemas.microsoft.com/winfx/2006/xaml"
        Title="MainWindow" Height="300" Width="300">
    <WrapPanel Background="LightSkyBlue" Width="300" Height="300">
        <Button Background="Yellow">Button1</Button>

        <Button Background="Tomato">Button2</Button>

        <Button Background="Red">Button3</Button>

        <Button Background="DeepPink">Button4</Button>

        <Button Background="GreenYellow">Button5</Button>

        <Button Background="Cornsilk">Button6</Button>

        <Button Background="Aqua">Button7</Button>
    </WrapPanel>
</Window>
```

运行结果如图 13-10 所示。

图 13-10　使用 WrapPanel 控件布局元素

小结

本章主要介绍了 WPF 的相关基础知识。其中包括 WPF 体系结构、XAML、WPF 布局控件等知识。使用 WPF 可以制作出相比 WinForms 界面更为炫丽的应用程序。

第 14 章 ADO.NET 操作数据库

ADO.NET 的名称起源于 ADO（ActiveX Data Objects），是一个 COM 组件库，用于在以往的 Microsoft 技术中访问数据。之所以使用 ADO.NET 名称，是因为 Microsoft 希望表明，这是在.NET 编程环境中优先使用的数据访问接口。本章将介绍 ADO.NET 操作数据库的相关知识。

本章主要内容：
- Connection 对象的使用
- Command 对象的使用
- 事务处理
- 使用 ADO.NET 查询和检索数据
- DataGridView 控件显示和操作数据

14.1 ADO.NET 简介

ADO.NET 是一组向 .NET Framework 程序员公开数据访问服务的类。ADO.NET 为创建分布式数据共享应用程序提供了一组丰富的组件。它提供了对关系数据、XML 和应用程序数据的访问，因此是.NET Framework 中不可缺少的一部分。ADO.NET 支持多种开发需求，包括创建由应用程序、工具、语言或 Internet 浏览器使用的前端数据库客户端和中间层业务对象。

ADO.NET 提供对诸如 SQL Server 和 XML 这样的数据源以及通过 OLE DB 和 ODBC 公开的数据源的一致访问。共享数据的使用方应用程序可以使用 ADO.NET 连接到这些数据源，并可以检索、处理和更新其中包含的数据。

ADO.NET 通过数据处理将数据访问分解为多个可以单独使用或一前一后使用的不连续组件。ADO.NET 包含用于连接到数据库、执行命令和检索结果的.NET Framework 数据提供程序。这些结果或者被直接处理，放在 ADO.NET DataSet 对象中以便以特别的方式向用户公开，并与来自多个源的数据组合；或者在层之间传递。DataSet 对象也可以独立于.NET Framework 数据提供程序，用于管理应用程序本地的数据或源自 XML 的数据。

ADO.NET 类位于 System.Data.dll 中，并与 System.Xml.dll 中的 XML 类集成。

ADO.NET 向编写托管代码的开发人员提供类似于 ActiveX 数据对象（ADO）向本机组件对象模型（COM）开发人员提供的功能。建议读者在.NET 应用程序中使用 ADO.NET 而不使用 ADO 来访问数据。

ADO.NET 在.NET Framework 中提供最直接的数据访问方法。

14.1.1　ADO.NET 的作用

ADO.NET 提供了平台互用性和可伸缩的数据访问。ADO.NET 增强了对非连接编程模式的支持，并支持 RICH XML。由于传送的数据都是 XML 格式的，因此任何能够读取 XML 格式的应用程序都可以进行数据处理。事实上，接受数据的组件不一定要是 ADO.NET 组件，它可以是基于一个 Microsoft Visual Studio 的解决方案，也可以是任何运行在其他平台上的应用程序。

ADO.NET 是一组用于和数据源进行交互的面向对象类库。通常情况下，数据源是数据库，但它同样也能够是文本文件、Excel 表格或者 XML 文件。

ADO.NET 允许和不同类型的数据源以及数据库进行交互。然而并没有与此相关的一系列类来完成这样的工作。因为不同的数据源采用不同的协议，所以对于不同的数据源必须采用相应的协议。一些老式的数据源使用 ODBC 协议，许多新的数据源使用 OleDb 协议，并且现在还不断出现更多的数据源，这些数据源都可以通过.NET 的 ADO.NET 类库来进行连接。

ADO.NET 提供与数据源进行交互的相关的公共方法，但是对于不同的数据源采用一组不同的类库。这些类库称为 Data Providers，并且通常是以与之交互的协议和数据源的类型来命名的。

14.1.2　ADO.NET 的主要组件

设计 ADO.NET 组件的目的是为了从数据操作中分解出数据访问。完成此任务的是 ADO.NET 的两个核心组件：DataSet 和 .NET 数据提供程序，后者是一组包括 Connection、Command、DataReader 和 DataAdapter 对象在内的组件。

DataSet 是 ADO.NET 的断开式结构的核心组件。DataSet 的设计目的很明确：为了实现独立于任何数据源的数据访问。因此，它可以用于多种不同的数据源，用于 XML 数据，或用于管理应用程序本地的数据。DataSet 包含一个或多个 DataTable 对象的集合，这些对象由数据行和数据列以及主键、外键、约束和有关 DataTable 对象中数据的关系信息组成。

ADO.NET 结构的另一个核心元素是 .NET 数据提供程序，其组件的设计目的是为了实现数据操作和对数据的快速、只进、只读访问。

Connection 对象提供与数据源的连接。Command 对象使用户能够访问用于返回数据、修改数据、运行存储过程以及发送或检索参数信息的数据库命令。DataReader 从数据源中提供高性能的数据流。最后，DataAdapter 提供连接 DataSet 对象和数据源的桥梁。DataAdapter 使用 Command 对象在数据源中执行 SQL 命令，以便将数据加载到 DataSet 中，并使对 DataSet 中数据的更改与数据源保持一致。

.NET Framework 数据提供程序包含访问各种数据源数据的对象。如表 14-1 所示为目前的 4 种类型的数据提供程序。

表 14-1 .NET Framework数据提供程序

名 称	说 明
SQL Server .NET Framework 数据提供程序	提供对 Microsoft SQL Server 7.0 版或更高版本的数据访问包含在 System.Data.SqlClient 命名空间中
OLEDB .NET Framework 数据提供程序	适用于 OLE DB 公开的数据源 包含在 System.Data.OleDb 命名空间中
ODBC .NET Framework 数据提供程序	适用于 ODBC 公开的数据源 包含在 System.Data.Odbc 命名空间中
Oracle .NET Framework 数据提供程序	适用于 Oracle 数据源，Oracle .NET Framework 数据提供程序，支持 Oracle 客户端软件 8.17 版和更高版本 包含在 System.Data.OracleClient 命名空间中

14.2 Connection 对象

Connection 对象的主要功能是建立与数据库的连接。不同的.NET 数据提供程序都有自己的连接类。其主要包含 4 种连接类，如表 14-2 所示。

表 14-2 数据库连接类

名 称	说 明
SQL Server 数据提供程序	SqlConnection (System.Data.SqlClient 命名空间)
OLEDB 数据提供程序	OleDbConnection (System.Data.OleDb 命名空间)
ODBC 数据提供程序	OdbcConnection (System.Data.Odbc 命名空间)
Oracle 数据提供程序	OracleConnection (System.Data.OracleClient 命名空间)

根据使用数据库的不同，选择使用不同的 Connection 对象连接类连接数据库。如连接 SQL Server 数据库，就要使用 System.Data.SqlClient 命名空间下的 SqlConnection 类连接数据库。

后续章节若无特殊说明，均以 SQL Server 数据库为默认数据库，使用 System.Data.SqlClient 命名空间为例来讲解。

14.2.1 SqlConnection 类的常用属性

Connection 类的常用属性如表 14-3 所示。

表 14-3 Connection类的常用属性

名 称	说 明
ConnectionString	获取或设置用于打开 SQL Server 数据库的字符串（重写 DbConnection.ConnectionString）
State	指示最近在连接上执行网络操作时，SqlConnection 的状态

ConnectionString 的 SQL Server 数据库的连接字符串格式一般为：

```
Data Source=服务器名;Initial Catalog=数据库名;User ID=用户名;Password=密码
```

如连接本机的 testdb 数据库，用户名和密码均为 sa，则连接字符串可写成：

```
string connStr="Data Source=.;Initial Catalog=testdb;User ID=sa; Password=sa";
```

其中，"USER ID=sa"表示连接数据库的验证用户名为 sa，它还有一个别名"uid"，所以此句还可以写成"uid=sa"。

"Password=sa"表示连接数据库的验证密码为 sa。它的别名为"pwd"，所以此句可写为"pwd=sa"。

此处需要注意的是，SQL Server 必须已经设置了可以使用用户名和密码来登录，否则不能用这种方式来登录。

如果 SQL Server 设置为 Windows 登录，那么在此就不能使用"user id"和"password"这种方式来登录，而需要使用"Integrated Security=SSPI"来进行登录。

"Initial Catalog=testdb"表示使用的数据源为 testdb 数据库。它的别名为"Database"，本句可以写成"Database=testdb"。

"Data Source=."中，"."代表本地服务器。它的别名为"Server"、"Address"、"Addr"。

如果使用的是本地数据库且定义了实例名，则可以写为"Server=(local)\实例名"或"Server=.\实例名"；如果是远程服务器，则将"(local)"替换为远程服务器的名称或 IP 地址即可。

State 属性的取值为 ConnectionState 的枚举值。ConnectionState 类位于 System.Data 命名空间下，ConnectionState 的枚举值如表 14-4 所示。

表 14-4　ConnectionState的枚举值

名　称	说　明
Broken	与数据源的连接中断。只有在连接打开之后才可能发生这种情况。可以关闭处于这种状态的连接，然后重新打开
Closed	连接处于关闭状态
Connecting	连接对象正在与数据源连接
Executing	连接对象正在执行命令
Fetching	连接对象正在检索数据
Open	连接处于打开状态

14.2.2　SqlConnection 类的常用方法

Connection 类的常用方法如表 14.5 所示。

表 14.5　Connection类的常用方法

名　称	说　明
BeginTransaction()	开始数据库事务
BeginTransaction(IsolationLevel)	以指定的隔离级别启动数据库事务

续表

名 称	说 明
BeginTransaction(String)	以指定的事务名称启动数据库事务
BeginTransaction(IsolationLevel, String)	以指定的隔离级别和事务名称启动数据库事务
Close	关闭与数据库的连接。此方法是关闭任何已打开连接的首选方法（重写 DbConnection.Close()）
CreateCommand	创建并返回一个与 SqlConnection 关联的 SqlCommand 对象
Open	使用 ConnectionString 所指定的属性设置打开数据库连接（重写 DbConnection.Open()）

14.3 Command 对象

Command 对象可以对数据库执行增、删、改、查的操作。与 Connection 对象一样，不同的.NET 数据提供程序也有不同的 Command 对象：SqlCommand、OleDbCommand、OdbcCommand、OracleCommand4 种。在此只以 SqlCommand 为例进行介绍。

14.3.1 SqlCommand 类的创建

SqlCommand 类有 4 个构造函数，如表 14-6 所示。

表 14-6 SqlCommand类的构造函数

名 称	说 明
SqlCommand()	初始化 SqlCommand 类的新实例
SqlCommand(String)	用查询文本初始化 SqlCommand 类的新实例
SqlCommand(String, SqlConnection)	初始化具有查询文本和 SqlConnection 的 SqlCommand 类的新实例
SqlCommand(String, SqlConnection, SqlTransaction)	使用查询文本、SqlConnection 以及 SqlTransaction 初始化 SqlCommand 类的新实例

14.3.2 SqlCommand 类的常用属性

SqlCommand 类的常用属性如表 14-7 所示。

表 14-7 SqlCommand类的常用属性

名 称	说 明
CommandText	获取或设置要对数据源执行的 Transact-SQL 语句、表名或存储过程（重写 DbCommand.CommandText）
CommandType	获取或设置一个值，该值用于设置指定 CommandText 的类型（重写 DbCommand.CommandType）
Connection	获取或设置 SqlCommand 的此实例使用的 SqlConnection
Parameters	获取 SqlParameterCollection
Transaction	获取或设置将在其中执行 SqlCommand 的 SqlTransaction

其中，CommandType 属性的值是 CommandType 枚举值。其包含的枚举值如表 14-8 所示。

表 14-8 CommandType的枚举值

名　　称	说　　明
StoredProcedure	存储过程的名称
TableDirect	表的名称
Text	SQL 文本命令（默认）

14.3.3 SqlCommand 类的常用方法

SqlCommand 类的常用方法如表 14-9 所示。

表 14-9 SqlCommand类的常用方法

名　　称	说　　明
BeginExecuteNonQuery	启动此 SqlCommand 描述的 Transact-SQL 语句或存储过程的异步执行
Clone	创建作为当前实例副本的新 SqlCommand 对象
CreateParameter	创建 SqlParameter 对象的新实例
ExecuteNonQuery	对连接执行 Transact-SQL 语句并返回受影响的行数（重写 DbCommand.ExecuteNonQuery()）
ExecuteReader	将 CommandText 发送到 Connection 并生成一个 SqlDataReader
ExecuteScalar	执行查询，并返回查询所返回的结果集中第一行的第一列。忽略其他列或行（重写 DbCommand.ExecuteScalar()）
ExecuteXmlReader	将 CommandText 发送到 Connection 并生成一个 XmlReader 对象

14.3.4 SqlCommand 类的使用

本节以一个小实例来介绍下 SqlCommand 类的使用。

例 14-1：SqlCommand 类的使用（WinFormsSqlCommand）

```
using System;
using System.Collections.Generic;
using System.ComponentModel;
using System.Data;
using System.Data.SqlClient;
using System.Drawing;
using System.Linq;
using System.Text;
using System.Threading.Tasks;
using System.Windows.Forms;

namespace WinFormsSqlCommand
{
    public partial class Form1 : Form
    {
        public Form1()
        {
            InitializeComponent();
```

第 14 章 ADO.NET 操作数据库

```csharp
}
SqlConnection conn;
string oldAddress = "";

private void btnConnection_Click(object sender, EventArgs e)
{
    string connStr = "server=.;Initial Catalog=testdb;uid=sa; pwd=sa";

    if(conn==null)
        conn = new SqlConnection(connStr);

    if (conn.State != ConnectionState.Open)
        conn.Open();

    MessageBox.Show("数据库连接已打开！");
}
private void btnNoConnection_Click(object sender, EventArgs e)
{
    if (conn != null && conn.State == ConnectionState.Open)
        conn.Close();
    MessageBox.Show("数据库连接已关闭！");
}
private void btnSelect_Click(object sender, EventArgs e)
{
    if (conn != null && conn.State == ConnectionState.Open)
    {
        string sql = "select address from test where age=26";

        SqlCommand cmd = new SqlCommand(sql,conn);

        object address=cmd.ExecuteScalar();

        if (address != null)
        {
            oldAddress = address.ToString();
            MessageBox.Show("所在地为： " + oldAddress);
        }
    }else
    {
        MessageBox.Show("请先打开数据库连接！");
    }
}
private void btnUpdate_Click(object sender, EventArgs e)
{
    if (conn != null && conn.State == ConnectionState.Open)
    {
        string sql = "update test set address='Xuzhou' where age=26";

        SqlCommand cmd = new SqlCommand(sql, conn);

        if (cmd.ExecuteNonQuery() > 0)
            MessageBox.Show(string.Format("所在地已由{0}变更为 Xuzhou", oldAddress));
    }
    else
```

```
            {
                MessageBox.Show("请先打开数据库连接！");
            }
        }
    }
}
```

运行效果如图 14-1 所示。

图 14-1 SqlCommand 类的使用

依次单击"连接"、"查询"、"更新"、"断开"按钮后，提示如图 14-2～图 14-5 所示信息。

图 14-2 单击"连接"按钮　　　　　图 14-3 单击"查询"按钮

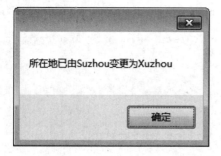 

图 14-4 单击"更新"按钮　　　　　图 14-5 单击"断开"按钮

14.4 事务处理

事务（Transaction）是访问并可能更新数据库中各种数据项的一个程序执行单元。事务是这样一种机制，它确保多个 SQL 语句被当作单个工作单元来处理。

14.4.1 事务的特性

事务具有 4 个属性：原子性、一致性、隔离性、持续性。这 4 个属性通常称为 ACID 特性。

原子性（Atomicity）。一个事务是一个不可分割的工作单位，事务中包括的诸操作要么都做，要么都不做。

一致性（Consistency）。事务必须是使数据库从一个一致性状态变到另一个一致性状态。一致性与原子性是密切相关的。

隔离性（Isolation）。一个事务的执行不能被其他事务干扰。即一个事务内部的操作及使用的数据对并发的其他事务是隔离的，并发执行的各个事务之间不能互相干扰。

持久性（Durability）。持续性也称永久性，指一个事务一旦提交，它对数据库中数据的改变就应该是永久性的。接下来的其他操作或故障不应该对其有任何影响。

14.4.2 执行事务的步骤

在 ADO.NET 中，可以使用 Connection 和 Transaction 对象来控制事务。若要执行事务，需要执行下列操作。

（1）调用 Connection 对象的 BeginTransaction 方法来标记事务的开始。
（2）将 Transaction 对象分配给要执行的 Command 的 Transaction 属性。
（3）执行所需的命令。
（4）调用 Transaction 对象的 Commit 方法来完成事务，或调用 Rollback 方法来取消事务。

14.4.3 事务类 SqlTransaction 类的使用

本节以一个小实例来介绍下事务的使用。

例 14-2：SqlTransaction 类的使用（WinFormsSqlTransaction）

```
using System;
using System;
using System.Collections.Generic;
using System.ComponentModel;
using System.Data;
using System.Data.SqlClient;
using System.Drawing;
```

```csharp
using System.Linq;
using System.Text;
using System.Threading.Tasks;
using System.Windows.Forms;

namespace WinFormsSqlTransaction
{
    public partial class Form1 : Form
    {
        public Form1()
        {
            InitializeComponent();
        }

        private void btnStart_Click(object sender, EventArgs e)
        {
            string connStr = "server=.;Initial Catalog=testdb;uid=sa; pwd=mhxzkhl";

            using (SqlConnection connection = new SqlConnection(connStr))
            {
                connection.Open();

                SqlCommand cmd = connection.CreateCommand();
                SqlTransaction tran = connection.BeginTransaction();

                cmd.Connection = connection;
                cmd.Transaction = tran;

                try
                {
                    cmd.CommandText = @"INSERT INTO [testdb].[dbo].[test]
                                ([name]
                                ,[age]
                                ,[address])
                        VALUES
                                ('敏敏特穆尔'
                                ,22
                                ,'Beijing')";
                    cmd.ExecuteNonQuery();
                    cmd.CommandText =
                        @"INSERT INTO [testdb].[dbo].[test]
                                ([name]
                                ,[age]
                                ,[address])
                        VALUES
                                (张无忌
                                ,24
                                ,'Beijing')";
                    cmd.ExecuteNonQuery();


                    tran.Commit();
                    MessageBox.Show("数据插入成功!");
                }
                catch (Exception ex)
                {
                    try
```

```
            {
                tran.Rollback();
                MessageBox.Show("出错啦,数据已成功回滚!");
            }
            catch (Exception ex2)
            {
                MessageBox.Show("数据回滚失败!"+ex2.Message);
            }
        }
    }
} using System.ComponentModel;
```

运行效果如图 14-6 所示。

图 14-6 SqlTransaction 类的使用

为了方便测试,故意将例子中的第二条 sql 语句写错,"张无忌"没有加单引号。所以执行到此条语句时报错,进入了 catch 块,事务回滚了。修改成正确的 sql 语句后再执行,提示数据插入成功,之后查看数据库表记录,两条记录已成功添加至数据库,如图 14-7 所示。

ID	name	age	address
1	SuSan	28	Beijing
2	Yanyan	22	Nanjing
3	Tom	23	Shanghai
4	Xuanxuan	26	Suzhou
5	Jim	28	Suzhou
6	敏敏特穆尔	22	Beijing
7	张无忌	24	Beijing

图 14-7 数据库表记录

14.5 DataReader 对象

在 14.3 节的实例中使用了 Command 对象的 ExecuteScalar 方法查询数据库获取单个值,

在实际应用中,很多情况下可能需要查询数据库返回多列、多条记录,Command 对象的 ExecuteReader 方法可以实现此需求。ExecuteReader 方法返回一个 DataReader 对象,DataReader 对象可以从数据源中检索只读、只进的数据流,每次从数据源中只提取一条记录。DataReader 对象与之前介绍的其他.NET 数据提供程序一样,也有 4 种数据提供程序:SqlDataReader、OleDbDataReader、OdbcDataReader、OracleDataReader,在此只以 SqlDataReader 做具体介绍,其他三类与其类似。

14.5.1 SqlDataReader 类的属性

SqlDataReader 类的属性如表 14-10 所示。

表 14-10 SqlDataReader类的属性

名 称	说 明
Depth	获取一个值,用于指示当前行的嵌套深度(重写 DbDataReader.Depth)
FieldCount	获取当前行中的列数(重写 DbDataReader.FieldCount)
HasRows	获取一个值,该值指示 SqlDataReader 是否包含一行或多行(重写 DbDataReader.HasRows)
IsClosed	检索一个布尔值,该值指示是否已关闭指定的 SqlDataReader 实例(重写 DbDataReader.IsClosed)
Item[Int32]	在给定列序号的情况下,获取指定列的以本机格式表示的值(重写 DbDataReader.Item)
Item[String]	在给定列名称的情况下,获取指定列的以本机格式表示的值(重写 DbDataReader.Item)
RecordsAffected	获取执行 Transact-SQL 语句所更改、插入或删除的行数(重写 DbDataReader.RecordsAffected)
VisibleFieldCount	获取 SqlDataReader 中未隐藏的字段的数目(重写 DbDataReader.VisibleFieldCount)

14.5.2 SqlDataReader 类的方法

SqlDataReader 类的方法如表 14-11 所示。其中,最为常用的方法为 Read 方法。

表 14-11 SqlDataReader类的方法

名 称	说 明
Close	关闭 SqlDataReader 对象(重写 DbDataReader.Close())
GetBoolean	获取指定列的布尔值形式的值(重写 DbDataReader.GetBoolean(Int32))
GetByte	获取指定列的字节形式的值(重写 DbDataReader.GetByte(Int32))
GetBytes	从指定的列偏移量将字节流读入缓冲区,并将其作为从给定的缓冲区偏移量开始的数组(重写 DbDataReader.GetBytes(Int32, Int64, Byte[], Int32, Int32))
GetChar	获取指定列的单个字符串形式的值(重写 DbDataReader.GetChar(Int32))

续表

名 称	说 明
GetChars	从指定的列偏移量将字符流作为数组从给定的缓冲区偏移量开始读入缓冲区（重写 DbDataReader.GetChars(Int32, Int64, Char[], Int32, Int32)）
GetDataTypeName	获取一个表示指定列的数据类型的字符串（重写 DbDataReader.GetDataTypeName(Int32)）
GetDateTime	获取指定列的 DateTime 对象形式的值（重写 DbDataReader.GetDateTime(Int32)）
GetDateTimeOffset	检索指定列的 DateTimeOffset 对象形式的值
GetDecimal	获取指定列 Decimal 对象形式的值（重写 DbDataReader.GetDecimal(Int32)）
GetDouble	获取指定列的双精度浮点数形式的值（重写 DbDataReader.GetDouble(Int32)）
GetEnumerator	返回循环访问 SqlDataReader 的 IEnumerator（重写 DbDataReader.GetEnumerator()）
GetFieldType	获取是对象的数据类型的 Type（重写 DbDataReader.GetFieldType(Int32)）
GetFieldValue<T>	同步获取作为类型的指定列的值。GetFieldValueAsync 是此方法的异步版本（重写 DbDataReader.GetFieldValue<T>(Int32)）
GetFieldValueAsync<T>(Int32, CancellationToken)	异步获取作为类型的指定列的值。GetFieldValue<T> 是此方法的同步版本（重写 DbDataReader.GetFieldValueAsync<T>(Int32, CancellationToken)）
GetFloat	获取指定列的单精度浮点数形式的值（重写 DbDataReader.GetFloat(Int32)）
GetGuid	获取指定列的值作为全局唯一标识符（GUID）（重写 DbDataReader.GetGuid(Int32)）
GetInt16	获取指定列的 16 位有符号整数形式的值（重写 DbDataReader.GetInt16(Int32)）
GetInt32	获取指定列的 3 位有符号整数形式的值（重写 DbDataReader.GetInt32(Int32)）
GetInt64	获取指定列的 64 位有符号整数形式的值（重写 DbDataReader.GetInt64(Int32)）
GetName	获取指定列的名称。（重写 DbDataReader.GetName(Int32)）
GetOrdinal	在给定列名称的情况下获取列序号（重写 DbDataReader.GetOrdinal(String)）
GetProviderSpecificFieldType	获取一个 Object，它表示基础提供程序特定的字段类型（重写 DbDataReader.GetProviderSpecificFieldType(Int32)）
GetProviderSpecificValue	获取一个表示基础提供程序特定值的 Object（重写 DbDataReader.GetProviderSpecificValue(Int32)）
GetProviderSpecificValues	获取表示基础提供程序特定值的对象的数组（重写 DbDataReader.GetProviderSpecificValues(Object[])）
GetSchemaTable	返回一个 DataTable，它描述 SqlDataReader 的列元数据（重写 DbDataReader.GetSchemaTable()）
GetSqlBinary	获取指定列的 SqlBinary 形式的值
GetSqlBoolean	获取指定列的 SqlBoolean 形式的值

续表

名 称	说 明
GetSqlByte	获取指定列的 SqlByte 形式的值
GetSqlBytes	获取指定列的 SqlBytes 形式的值
GetSqlChars	获取指定列的 SqlChars 形式的值
GetSqlDateTime	获取指定列的 SqlDateTime 形式的值
GetSqlDecimal	获取指定列的 SqlDecimal 形式的值
GetSqlDouble	获取指定列的 SqlDouble 形式的值
GetSqlGuid	获取指定列的 SqlGuid 形式的值
GetSqlInt16	获取指定列的 SqlInt16 形式的值
GetSqlInt32	获取指定列的 SqlInt32 形式的值
GetSqlInt64	获取指定列的 SqlInt64 形式的值
GetSqlMoney	获取指定列的 SqlMoney 形式的值
GetSqlSingle	获取指定列的 SqlSingle 形式的值
GetSqlString	获取指定列的 SqlString 形式的值
GetSqlValue	返回指定列中 SQL Server 类型的数据值
GetSqlValues	填充包含记录中所有列的值的 Object 数组，这些值表示为 SQL Server 类型
GetSqlXml	获取指定列的 XML 值形式的值
GetStream	检索作为 Stream 的二进制、图像、varbinary、UDT 和变量数据类型（重写 DbDataReader.GetStream(Int32)）
GetString	获取指定列的字符串形式的值（重写 DbDataReader.GetString(Int32)）
GetTextReader	检索作为 TextReader 的 Char、NChar、NText、NVarChar、text varChar 和 Variant data types（重写 DbDataReader.GetTextReader(Int32)）
GetTimeSpan	检索指定列的 TimeSpan 对象形式的值
GetValue	获取以本机格式表示的指定列的值（重写 DbDataReader.GetValue(Int32)）
GetValues	使用当前行的列值来填充对象数组（重写 DbDataReader.GetValues(Object[])）
GetXmlReader	检索作为 XmlReader 的类型 XML 数据
IsDBNull	获取一个值，该值指示列中是否包含不存在的或缺少的值（重写 DbDataReader.IsDBNull(Int32)）
IsDBNullAsync(Int32, CancellationToken)	IsDBNull 的异步版本，其获取一个值，这个值指示此列是否包含不存在或缺失的值。取消标记可用于在命令超时超过前请求放弃操作。通过返回的任务对象将报告异常（重写 DbDataReader.IsDBNullAsync(Int32, CancellationToken)）
NextResult	当读取批处理 Transact-SQL 语句的结果时，使数据读取器前进到下一个结果（重写 DbDataReader.NextResult()）
NextResultAsync(CancellationToken)	NextResult 的异步版本，读取批处理 Transact-SQL 语句的结果时，将数据读取器推进到下一个结果。取消标记可用于在命令超时超过前请求放弃操作。通过返回的任务对象将报告异常（重写 DbDataReader.NextResultAsync (Cancellation Token)）
Read	使 SqlDataReader 前进到下一条记录（重写 DbData Reader.Read()）

续表

名 称	说 明
ReadAsync(CancellationToken)	Read 的异步版本,将 SqlDataReader 前移到下一条记录。取消标记可用于在命令超时超过前请求放弃操作。通过返回的任务对象将报告异常(重写 DbDataReader.ReadAsync (CancellationToken))

14.5.3 SqlDataReader 类的使用

本小节以一个小实例来演示 SqlDataReader 类的使用。

例 14-3:SqlDataReader 类的使用(WinFormsSqlDataReader)

```
using System;
using System.Collections.Generic;
using System.ComponentModel;
using System.Data;
using System.Data.SqlClient;
using System.Drawing;
using System.IO;
using System.Linq;
using System.Text;
using System.Threading.Tasks;
using System.Windows.Forms;

namespace WinFormsSqlDataReader
{
    public partial class Form1 : Form
    {
        public Form1()
        {
            InitializeComponent();
        }

        SqlDataReader dr;

        private void btnRead_Click(object sender, EventArgs e)
        {
            try
            {
                string connStr = "server=.;Initial Catalog=testdb;uid=sa;pwd=sa";

                SqlConnection conn = new SqlConnection(connStr);
                if (conn.State != ConnectionState.Open)
                    conn.Open();

                if (conn != null && conn.State == ConnectionState.Open)
                {
                    string sql = @"SELECT [name]
                        ,[age]
```

```csharp
                ,[address]
            FROM [testdb].[dbo].[test]";

            SqlCommand cmd = new SqlCommand(sql, conn);

            dr = cmd.ExecuteReader();

            MessageBox.Show("数据准备完毕!");
        }

    }
    catch (Exception ex)
    {
        MessageBox.Show(ex.Message);
    }
}

private void btnWrite_Click(object sender, EventArgs e)
{

    if (dr != null)
    {
        if (dr.HasRows)
        {
            FileStream fs = new FileStream("test.txt", FileMode.Append);
            StreamWriter sw = new StreamWriter(fs);

            while (dr.Read())
            {
                sw.Write(string.Format(DateTime.Now.ToString("yyyy-MM-dd HH:mm:ss") + "  姓名:{0} 年龄:{1} 地址:{2}\r\n\r\n", dr[0].ToString(), dr[1].ToString(), dr[2].ToString()));
                sw.Write("------------------------------\r\n");
            }
            dr = null;
            sw.Flush();
            sw.Close();
            fs.Close();
            MessageBox.Show("数据写入成功!");
        }
        else
        {
            MessageBox.Show("请先读取数据!");
        }
    }
}
```

运行效果如图 14-8 所示。

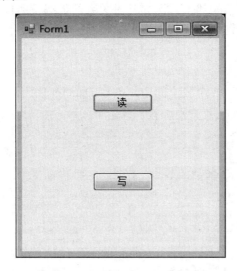

图 14-8　SqlDataReader 类的使用

单击"读"按钮后，提示"数据准备完毕"，单击"写"按钮后，提示"数据写入成功"，并生成一个名为 test.txt 的文本文件，其内容如图 14-9 所示。

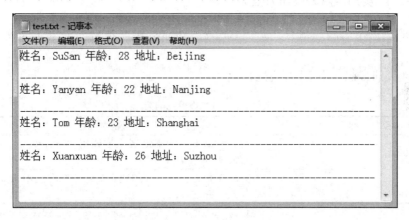

图 14-9　依次单击"读"、"写"按钮后生成的 test.txt 文件内容

14.6　DataSet 对象和 DataAdapter 对象

本节将学习 DataSet 数据集对象和 DataAdapter 数据适配器对象。

14.6.1　DataSet 对象

DataSet 就像是存在于内存中的数据库，DataSet 是不依赖于数据库的独立数据集合。所谓独立，就是说，即使断开数据链路或者关闭数据库，DataSet 依然是可用的。DataSet

在内部是用 XML 来描述数据的，由于 XML 是一种与平台无关、与语言无关的数据描述语言，而且可以描述复杂关系的数据，比如父子关系的数据，所以 DataSet 实际上可以容纳具有复杂关系的数据，而且不再依赖于数据库链路。

1．创建 DataSet

DataSet 位于 System.Data 命名空间中，创建 DataSet 的语法格式如下：

```
DataSet 数据库名称=new DataSet();
```

或

```
DataSet ds=new DataSet("DataSet 数据集的名称字符串");
```

如：

```
DataSet ds=new DataSet();
```

或

```
DataSet ds=new DataSet("MyDataSet ");
```

若使用不带参数的构造函数，则创建的数据集的名称就是默认的 NewDataSet。

2．DataSet 类的常用属性与方法

DataSet 类的常用属性只有一个：Tables。Tables 属性表示包含在 DataSet 中的表的集合。

DataSet 类的方法如表 14-12 所示。

表 14-12　DataSet 类的方法

名　称	说　明
AcceptChanges	提交自加载此 DataSet 或上次调用 AcceptChanges 以来对其进行的所有更改
BeginInit	开始初始化在窗体上使用或由另一个组件使用的 DataSet。初始化发生在运行时
Clear	通过移除所有表中的所有行来清除任何数据的 DataSet
Clone	复制 DataSet 的结构，包括所有 DataTable 架构、关系和约束不要复制任何数据
Copy	复制该 DataSet 的结构和数据
CreateDataReader()	为每个 DataTable 返回带有一个结果集的 DataTableReader，顺序与 Tables 集合中表的显示顺序相同
CreateDataReader(DataTable[])	为每个 DataTable 返回带有一个结果集的 DataTableReader
EndInit	结束在窗体上使用或由另一个组件使用的 DataSet 的初始化初始化发生在运行时
GetChanges()	获取 DataSet 的副本，该副本包含自加载以来或自上次调用 AcceptChanges 以来对该数据集进行的所有更改
GetChanges(DataRowState)	获取由 DataRowState 筛选的 DataSet 的副本，该副本包含上次加载以来或调用 AcceptChanges 以来对该数据集进行的所有更改

续表

名 称	说 明
GetDataSetSchema	基础结构。获取数据集的 XmlSchemaSet 的副本
GetObjectData	用序列化 DataSet 所需的数据填充序列化信息对象
GetXml	返回存储在 DataSet 中的数据的 XML 表示形式
GetXmlSchema	返回存储在 DataSet 中的数据的 XML 表示形式的 XML 架构
HasChanges()	获取一个值,该值指示 DataSet 是否有更改,包括新增行、已删除的行或已修改的行
HasChanges(DataRowState)	获取一个值,该值指示 DataSet 是否有 DataRowState 被筛选的更改,包括新增行、已删除的行或已修改的行
InferXmlSchema(Stream, String[])	将指定 Stream 中的 XML 架构应用于 DataSet
InferXmlSchema(String, String[])	将指定文件中的 XML 架构应用于 DataSet
InferXmlSchema(TextReader, String[])	将指定 TextReader 中的 XML 架构应用于 DataSet
InferXmlSchema(XmlReader, String[])	将指定 XmlReader 中的 XML 架构应用于 DataSet
Load(IDataReader,LoadOption,DataTable[])	使用提供的 IDataReader 以数据源的值填充 DataSet,同时使用 DataTable 实例的数组提供架构和命名空间信息
Load(IDataReader,LoadOption,String[])	使用所提供 IDataReader,并使用字符串数组为 DataSet 中的表提供名称,从而用来自数据源的值填充 DataSet
Load(IDataReader,LoadOption,FillErrorEventHandler, DataTable[])	使用提供的 IDataReader 以数据源的值填充 DataSet,同时使用 DataTable 实例的数组提供架构和命名空间信息
Merge(DataRow[])	将 DataRow 对象数组合并到当前的 DataSet 中
Merge(DataSet)	将指定的 DataSet 及其架构合并到当前 DataSet 中
Merge(DataTable)	将指定的 DataTable 及其架构合并到当前 DataSet 中
Merge(DataSet, Boolean)	将指定的 DataSet 及其架构合并到当前 DataSet 中,在此过程中,将根据给定的参数保留或放弃在此 DataSet 中进行的任何更改
Merge(DataRow[], Boolean, Missing Schema Action)	将 DataRow 对象数组合并到当前的 DataSet 中,在此过程中,将根据给定的参数保留或放弃在 DataSet 中进行的更改并处理不兼容的架构
Merge(DataSet, Boolean,MissingSchema Action)	将指定的 DataSet 及其架构与当前的 DataSet 合并,在此过程中,将根据给定的参数保留或放弃在当前 DataSet 中的更改并处理不兼容的架构
Merge(DataTable, Boolean, Missing Schema Action)	将指定的 DataTable 及其架构合并到当前的 DataSet 中,在此过程中,将根据给定的参数保留或放弃在 DataSet 中进行的更改并处理不兼容的架构
ReadXml(Stream)	使用指定的 System.IO.Stream 将 XML 架构和数据读入 DataSet
ReadXml(String)	使用指定的文件将 XML 架构和数据读入 DataSet
ReadXml(TextReader)	使用指定的 System.IO.TextReader 将 XML 架构和数据读入 DataSet
ReadXml(XmlReader)	使用指定的 System.Xml.XmlReader 将 XML 架构和数据读入 DataSet
ReadXml(Stream, XmlReadMode)	使用指定的 System.IO.Stream 和 XmlReadMode 将 XML 架构和数据读入 DataSet
ReadXml(String, XmlReadMode)	使用指定的文件和 XmlReadMode 将 XML 架构和数据读入 DataSet

续表

名 称	说 明
ReadXml(TextReader, XmlReadMode)	使用指定的 System.IO.TextReader 和 XmlReadMode 将 XML 架构和数据读入 DataSet
ReadXml(XmlReader, XmlReadMode)	使用指定的 System.Xml.XmlReader 和 XmlReadMode 将 XML 架构和数据读入 DataSet
ReadXmlSchema(Stream)	从指定的 Stream 中将 XML 架构读入 DataSet
ReadXmlSchema(String)	从指定的文件中将 XML 架构读入 DataSet
ReadXmlSchema(TextReader)	从指定的 TextReader 中将 XML 架构读入 DataSet
ReadXmlSchema(XmlReader)	从指定的 XmlReader 中将 XML 架构读入 DataSet
RejectChanges	回滚自创建 DataSet 以来或上次调用 DataSet.AcceptChanges 以来对其进行的所有更改
Reset	清除所有表并从 DataSet 中删除所有关系、外部约束和表。子类应重写 Reset 以便将 DataSet 还原到其原始状态
WriteXml(Stream)	使用指定的 System.IO.Stream 为 DataSet 写当前数据
WriteXml(String)	将 DataSet 的当前数据写入指定的文件
WriteXml(TextWriter)	使用指定的 TextWriter 写入 DataSet 的当前数据
WriteXml(XmlWriter)	将 DataSet 的当前数据写入指定的 XmlWriter
WriteXml(Stream, XmlWriteMode)	使用指定的 System.IO.Stream 和 XmlWriteMode 为 DataSet 写当前数据，还可以选择写架构。若要写架构，请将 mode 参数的值设置为 WriteSchema
WriteXml(String, XmlWriteMode)	使用指定的 XmlWriteMode 将 DataSet 的当前数据写入指定的文件，还可以选择将架构写入指定的文件。若要写架构，请将 mode 参数的值设置为 WriteSchema
WriteXml(TextWriter, XmlWriteMode)	使用指定的 TextWriter 和 XmlWriteMode 写入 DataSet 的当前数据，还可以选择写入架构。若要写架构，请将 mode 参数的值设置为 WriteSchema
WriteXml(XmlWriter, XmlWriteMode)	使用指定的 XmlWriter 和 XmlWriteMode 写入 DataSet 的当前数据，还可以选择写入架构。若要写架构，请将 mode 参数的值设置为 WriteSchema
WriteXmlSchema(Stream)	将 DataSet 结构作为一个 XML 架构写入指定的 System.IO.Stream 对象
WriteXmlSchema(String)	将 XML 架构形式的 DataSet 结构写入文件
WriteXmlSchema(TextWriter)	将 DataSet 结构作为一个 XML 架构写入指定的 TextWriter 对象
WriteXmlSchema(XmlWriter)	将 XML 架构形式的 DataSet 结构写入 XmlWriter 对象
WriteXmlSchema(Stream, Converter<Type, String>)	将 DataSet 结构作为一个 XML 架构写入指定的 System.IO.Stream 对象
WriteXmlSchema(String, Converter<Type, String>)	将 XML 架构形式的 DataSet 结构写入文件
WriteXmlSchema(TextWriter, Converter<Type, String>)	将 DataSet 结构作为一个 XML 架构写入指定的 extWriter
WriteXmlSchema(XmlWriter, Converter<Type, String>)	将 DataSet 结构作为一个 XML 架构写入指定的 XmlWriter

14.6.2　DataAdapter 对象

DataAdapter 数据适配器对象也有 4 种数据提供程序：SqlDataAdapter、OleDbDataAdapter、OdbcDataAdapter、OracleDataAdapter。在此也只针对 SQL 的数据提供程序 SqlDataAdapter 加以介绍。

SqlDataAdapter 是 DataSet 和 SQL Server 之间的桥接器。SqlDataAdapter 通过对数据源使用适当的 Transact-SQL 语句映射 Fill（它可填充 DataSet 中的数据以匹配数据源中的数据）和 Update（它可更改数据源中的数据以匹配 DataSet 中的数据）来提供这一桥接。

SqlDataAdapter 类的构造函数如表 14-13 所示。

表 14-13　SqlDataAdapter类的构造函数

名　称	说　明
SqlDataAdapter()	初始化 SqlDataAdapter 类的新实例
SqlDataAdapter(SqlCommand)	初始化 SqlDataAdapter 类的新实例，用指定的 SqlCommand 作为 SelectCommand 的属性
SqlDataAdapter(String, SqlConnection)	使用 SelectCommand 和 SqlConnection 对象初始化 SqlDataAdapter 类的一个新实例
SqlDataAdapter(String, String)	用 SelectCommand 和一个连接字符串初始化 SqlDataAdapter 类的一个新实例

SqlDataAdapter 类的属性如表 14-14 所示。

表 14-14　SqlDataAdapter类的属性

名　称	说　明
DeleteCommand	获取或设置一个 Transact-SQL 语句或存储过程，以从数据集删除记录
InsertCommand	获取或设置一个 Transact-SQL 语句或存储过程，以在数据源中插入新记录
SelectCommand	获取或设置一个 Transact-SQL 语句或存储过程，用于在数据源中选择记录
UpdateBatchSize	获取或设置每次到服务器的往返过程中处理的行数（重写 DbDataAdapter.UpdateBatchSize）
UpdateCommand	获取或设置一个 Transact-SQL 语句或存储过程，用于更新数据源中的记录

SqlDataAdapter 是通过 Command 命令从数据库中读取数据的，在此使用的属性为 SelectCommand。SqlDataAdapter 类的方法如表 14-15 所示。

表 14-15　SqlDataAdapter类的方法

名　称	说　明
CreateObjRef	创建一个对象，该对象包含生成用于与远程对象进行通信的代理所需的全部相关信息（继承自 MarshalByRefObject）
Dispose()	释放由 Component 使用的所有资源（继承自 Component）
Equals(Object)	确定指定的对象是否等于当前对象（继承自 Object）
Fill(DataSet)	在 DataSet 中添加或刷新行（继承自 DbDataAdapter）

续表

名 称	说 明
Fill(DataTable)	在 DataSet 的指定范围中添加或刷新行,以与使用 DataTable 名称的数据源中的行匹配(继承自 DbDataAdapter)
Fill(DataSet, String)	在 DataSet 中添加或刷新行以匹配使用 DataSet 和 DataTable 名称的数据源中的行(继承自 DbDataAdapter)
Fill(Int32, Int32, DataTable[])	在 DataTable 中添加或刷新行,以与从指定的记录开始一直检索到指定的最大数目的记录的数据源中的行匹配(继承自 DbDataAdapter)
Fill(DataSet, Int32, Int32, String)	在 DataSet 的指定范围中添加或刷新行以匹配使用 DataSet 和 DataTable 名称的数据源中的行(继承自 DbDataAdapter)
FillSchema(DataSet, SchemaType)	将名为"Table"的 DataTable 添加到指定的 DataSet 中,并根据指定的 SchemaType 配置架构以匹配数据源中的架构(继承自 DbDataAdapter)
FillSchema(DataTable, SchemaType)	根据指定的 SchemaType 配置指定 DataTable 的架构(继承自 DbDataAdapter)
FillSchema(DataSet, SchemaType, String)	将 DataTable 添加到指定的 DataSet 中,并根据指定的 SchemaType 和 DataTable 配置架构以匹配数据源中的架构(继承自 DbDataAdapter)
GetFillParameters	获取当执行 SQL SELECT 语句时由用户设置的参数(继承自 DbDataAdapter)
GetHashCode	作为默认哈希函数(继承自 Object)
GetLifetimeService	检索控制此实例的生存期策略的当前生存期服务对象(继承自 MarshalByRefObject)
GetType	获取当前实例的 Type(继承自 Object)
InitializeLifetimeService	获取控制此实例的生存期策略的生存期服务对象(继承自 MarshalByRefObject)
ResetFillLoadOption	将 FillLoadOption 重置为默认状态,并使 DataAdapter.Fill 接受 AcceptChangesDuringFill(继承自 DataAdapter)
ShouldSerializeAcceptChangesDuringFill	确定是否应保持 AcceptChangesDuringFill 属性(继承自 DataAdapter)
ShouldSerializeFillLoadOption	确定是否应保持 FillLoadOption 属性(继承自 DataAdapter)
ToString	返回包含 Component 的名称的 String(如果有)不应重写此方法(继承自 Component)
Update(DataRow[])	通过为 DataSet 中的指定数组中的每个已插入、已更新或已删除的行执行相应的 INSERT、UPDATE 或 DELETE 语句来更新数据库中的值(继承自 DbDataAdapter)
Update(DataSet)	通过为指定的 DataSet 中的每个已插入、已更新或已删除的行执行相应的 INSERT、UPDATE 或 DELETE 语句来更新数据库中的值(继承自 DbDataAdapter)
Update(DataTable)	通过为指定的 DataTable 中的每个已插入、已更新或已删除的行执行相应的 INSERT、UPDATE 或 DELETE 语句来更新数据库中的值(继承自 DbDataAdapter)
Update(DataSet, String)	通过为具有指定名称 DataTable 的 DataSet 中的每个已插入、已更新或已删除的行执行相应的 INSERT、UPDATE 或 DELETE 语句来更新数据库中的值(继承自 DbDataAdapter)

把数据存入 DataSet 中是使用 SqlDataAdapter 的 Fill 方法实现。反过来要把 DataSet 中修改过的数据保存到数据库中，则需要使用 SqlDataAdapter 的 Update 方法。

14.6.3 DataSet 和 SqlDataAdapter 的应用

本节以一个小实例来讲解下 DataSet 和 SqlDataAdapter 的应用。

例 14-4：DataSet 和 SqlDataAdapter 的应用（WinFormsDataSetAndSqlDataAdapter）

```csharp
using System;
using System.Collections.Generic;
using System.ComponentModel;
using System.Data;
using System.Data.SqlClient;
using System.Drawing;
using System.IO;
using System.Linq;
using System.Text;
using System.Threading.Tasks;
using System.Windows.Forms;

namespace WinFormsDataSetAndSqlDataAdapter
{
    public partial class Form1 : Form
    {
        public Form1()
        {
            InitializeComponent();
        }

        DataSet ds;

        private void Form1_Load(object sender, EventArgs e)
        {
            string connStr = "server=.;Initial Catalog=testdb;uid=sa; pwd=sa";
            using (SqlConnection conn = new SqlConnection(connStr))
            {
                SqlDataAdapter sda = new SqlDataAdapter();

                string sql = @"SELECT [name]
                            ,[age]
                            ,[address]
                        FROM [testdb].[dbo].[test]";

                ds = new DataSet();
                sda.SelectCommand = new SqlCommand(sql, conn);
                sda.Fill(ds);
            }
        }

        private void btnWrite_Click(object sender, EventArgs e)
        {
            FileStream fs = new FileStream("test.txt", FileMode.Append);
```

```
            StreamWriter sw = new StreamWriter(fs);
DataTable dt = ds.Tables[0];
            for(int i=0;i< dt.Rows.Count;i++)
            {
                sw.Write(string.Format("姓名：{0} 年龄：{1} 地址：{2}\r\n\r\n",
                dt.Rows[i][0].ToString(), dt.Rows[i][1].ToString(), dt.Rows
                [i][2].ToString()));
                sw.Write("---------------------------------------\r\n");
            }
            sw.Flush();
            sw.Close();
            fs.Close();
            MessageBox.Show("写入成功");
        }


    }
}
```

单击"写入"按钮，提示"写入成功"，写入后的文件内容如图 14-10 所示。

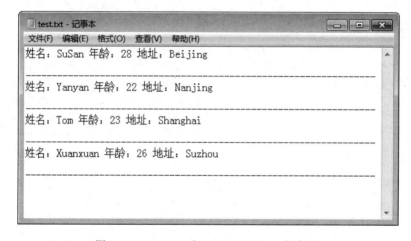

图 14-10　DataSet 和 SqlDataAdapter 的应用

此实例中填充 DataSet 后，使用了 DataSet 的 Tables 属性获取了包含在 DataSet 中表的集合，使用索引的形式取得第一个表集合。此表的集合为一个名为 DataTable 的对象。DataTable 表示一个内存中数据表。DataTable 中包含数据行（DataRow）和数据列（DataColumn）。实例中的 dt.Rows[i][1]取到了 DataTable 的第 i 行第 2 列的数据值。

14.7　DataView 对象

DataView 表示用于排序、筛选、搜索、编辑和导航的 DataTable 的可绑定数据的自定义视图。

DataView 的功能类似于数据库的视图，它是数据源 DataTable 的封装对象，可以对数据源进行排序、搜索、过滤等处理功能,不同的是数据库的视图可以跨表建立视图,DataView 则只能对某一个 DataTable 建立视图。DataView 一般通过 DataTable.DefaultView 属性来建立,再通过 RowFilter 属性和 RowStateFilter 属性建立这个 DataTable 的一个子集。一旦 DataView 绑定了数据源 DataTable,对 DataView 的数据的更改将影响 DataTable。对 DataTable 的数据的更改将影响与之关联的所有 DataView。

14.7.1 DataView 类的属性

DataView 类的属性如表 14-16 所示。其中,最常用的属性为 RowFilter 属性。

表 14-16 DataView类的属性

名 称	说 明
AllowDelete	设置或获取一个值,该值指示是否允许删除
AllowEdit	获取或设置一个值,该值指示是否允许编辑
AllowNew	获取或设置一个值,该值指示是否可以使用 AddNew 方法添加新行
ApplyDefaultSort	获取或设置一个值,该值指示是否使用默认排序
Container	获取组件的容器(继承自 MarshalByValueComponent)
Count	在应用 RowFilter 和 RowStateFilter 之后,获取 DataView 中记录的数量
DataViewManager	获取与此视图关联的 DataViewManager
DesignMode	获取指示组件当前是否处于设计模式的值(继承自 MarshalByValueComponent)
Events	受保护的属性由 XNA Framework 提供支持
IsInitialized	获取一个值,该值指示组件是否已初始化
IsOpen	受保护的属性由 XNA Framework 提供支持
Item	从指定的表获取一行数据
RowFilter	获取或设置用于筛选在 DataView 中查看哪些行的表达式
RowStateFilter	获取或设置用于 DataView 中的行状态筛选器
Site	获取或设置组件的位置(继承自 MarshalByValueComponent)
Sort	获取或设置 DataView 的一个或多个排序列以及排序顺序
Table	获取或设置源 DataTable

14.7.2 DataView 类的方法

DataView 类的方法如表 14-17 所示。

表 14-17 DataView类的方法

名 称	说 明
AddNew	将新行添加到 DataView 中
BeginInit	开始初始化在窗体上使用的或由另一个组件使用的 DataView。此初始化在运行时发生

续表

名 称	说 明
Close	关闭 DataView
ColumnCollectionChanged	在成功更改 DataColumnCollection 之后发生
CopyTo	将项目复制到数组中。只适用于 Web 窗体的界面
Delete	删除指定索引位置的行
Dispose()	释放由 MarshalByValueComponent 使用的所有资源（继承自 MarshalByValueComponent）
Dispose(Boolean)	释放 DataView 对象所使用的资源（内存除外）（重写 MarshalByValueComponent.Dispose(Boolean)）
EndInit	结束在窗体上使用或由另一个组件使用的 DataView 的初始化。此初始化在运行时发生
Equals(DataView)	确定指定的 DataView 实例是否被视为相等
Equals(Object)	确定指定的对象是否等于当前对象（继承自 Object）
Finalize	允许对象在"垃圾回收"之前尝试释放资源并执行其他清理操作（继承自 MarshalByValueComponent）
Find(Object)	按指定的排序关键字值在 DataView 中查找行
Find(Object[])	按指定的排序关键字值在 DataView 中查找行
FindRows(Object)	返回 DataRowView 对象的数组，这些对象的列与指定的排序关键字值匹配
FindRows(Object[])	返回 DataRowView 对象的数组，这些对象的列与指定的排序关键字值匹配
GetEnumerator	获取此 DataView 的枚举数
GetHashCode	作为默认哈希函数（继承自 Object）
GetService	获取 IServiceProvider 的实施者（继承自 MarshalByValueComponent）
GetType	获取当前实例的 Type（继承自 Object）
IndexListChanged	在成功更改 DataView 之后发生
MemberwiseClone	创建当前 Object 的浅表副本（继承自 Object）
OnListChanged	引发 ListChanged 事件
Open	打开一个 DataView
Reset	保留供内部使用
ToString	返回包含 Component 的名称的 String（如果有）不应重写此方法（继承自 MarshalByValueComponent）
ToTable()	根据现有 DataView 中的行，创建并返回一个新的 DataTable
ToTable(String)	根据现有 DataView 中的行，创建并返回一个新的 DataTable
ToTable(Boolean, String[])	根据现有 DataView 中的行，创建并返回一个新的 DataTable
ToTable(String, Boolean, String[])	根据现有 DataView 中的行，创建并返回一个新的 DataTable
UpdateIndex()	保留供内部使用
UpdateIndex(Boolean)	保留供内部使用

14.7.3 DataView 类的使用

本节以一个小实例来讲解下 DataView 类的使用。

例 14-5：DataView 类的使用（WinFormsDataView）

```csharp
using System;
using System.Collections.Generic;
using System.ComponentModel;
using System.Data;
using System.Data.SqlClient;
using System.Drawing;
using System.Linq;
using System.Text;
using System.Threading.Tasks;
using System.Windows.Forms;

namespace WinFormsDataView
{
    public partial class Form1 : Form
    {
        public Form1()
        {
            InitializeComponent();
        }

        DataSet ds;

        private void btnGet_Click(object sender, EventArgs e)
        {
            string connStr = "server=.;Initial Catalog=testdb;uid=sa; pwd=sa";
            using (SqlConnection conn = new SqlConnection(connStr))
            {
                SqlDataAdapter sda = new SqlDataAdapter();

                string sql = @"SELECT [name]
                            ,[age]
                            ,[address]
                        FROM [testdb].[dbo].[test]";

                ds = new DataSet();
                sda.SelectCommand = new SqlCommand(sql, conn);
                sda.Fill(ds);

                MessageBox.Show("成功获取了"+ds.Tables[0].Rows.Count+"条数据!");
            }
        }

        private void btnFilter_Click(object sender, EventArgs e)
        {
            DataView dv = ds.Tables[0].DefaultView;

            dv.RowFilter = "address in ('Shanghai','Suzhou') and age<28";

            dv.Sort = "age desc";

            StringBuilder sb = new StringBuilder();
            foreach (DataRowView drv in dv)
            {
                for (int i = 0; i < dv.Table.Columns.Count; i++)
                {
                    sb.Append(drv[i].ToString()+"\r\n");
```

```
            }
            sb.Append("------------------------------------\r\n");
        }
        MessageBox.Show("符合筛选条件的数据有"+dv.Count+"条：\r\n"+sb.ToString());
    }
}
```

使用到的数据库表数据如图 14-11 所示。

ID	name	age	address
1	SuSan	28	Beijing
2	Yanyan	22	Nanjing
3	Tom	23	Shanghai
4	Xuanxuan	26	Suzhou
5	Jim	28	Suzhou

图 14-11　数据库表数据

运行效果如图 14-12 所示。

图 14-12　DataView 类的使用

单击"获取"按钮后，提示获取到的数据的条数，效果如图 14-13 所示。

图 14-13　单击"获取"按钮

单击"筛选"按钮，效果如图 14-14 所示。

图 14-14　单击"筛选"按钮

14.8　DataGridView 控件显示和操作数据

使用 DataGridView 控件，可以显示和编辑来自多种不同类型的数据源的表格数据。DataGridView 控件支持标准 Windows 窗体数据绑定模型，因此该控件将绑定到如下所述的类的实例。

（1）任何实现 IList 接口的类，包括一维数组。
（2）任何实现 IListSource 接口的类，例如 DataTable 和 DataSet 类。
（3）任何实现 IBindingList 接口的类，例如 BindingList(Of T) 类。
（4）任何实现 IBindingListView 接口的类，例如 BindingSource 类。

DataGridView 控件支持对这些接口所返回对象的公共属性的数据绑定，如果在返回的对象上实现 ICustomTypeDescriptor 接口，则还支持对该接口所返回的属性集合的数据绑定。

DataGridView 通常绑定到 BindingSource 组件，并将 BindingSource 组件绑定到其他数据源或使用业务对象填充该组件。BindingSource 组件为首选数据源，因为该组件可以绑定到各种数据源，并可以自动解决许多数据绑定问题。

DataGridView 控件具有极高的可配置性和可扩展性，它提供有大量的属性、方法和事件，可以用来对该控件的外观和行为进行自定义。当需要在 Windows 窗体应用程序中显示表格数据时，应首先考虑使用 DataGridView 控件。若要以小型网格显示只读值，或者若要使用户能够编辑具有数百万条记录的表，DataGridView 控件将提供可以方便地进行编程以及有效地利用内存的解决方案。

14.8.1 DataGridView 类的属性

DataGridView 类的属性比较多，其中比较常用的属性如表 14-18 所示。

表 14-18 DataGridView类的常用属性

名 称	说 明
Columns	获取包含在控件中所有列的集合
DataBindings	为该控件获取数据绑定（继承自 Control）
DataMember	获取或设置列表或表的名称。DataGridView 显示数据的数据源
DataSource	获取或设置数据源 DataGridView 显示数据
ReadOnly	获取或设置指示用户是否可以编辑 DataGridView 控件的单元格
Rows	获取在 DataGridView 控件中包含所有行的集合

其中，通过 Columns 属性还可以设置 DataGridView 中每一列的属性，包括列头文字、列宽、是否只读等。DataGridViewColumn 表示 DataGridView 中的列。其属性如表 14-19 所示。

表 14-19 DataGridViewColumn类的属性

名 称	说 明
AutoSizeMode	获取或设置模式，通过此模式列可以自动调整其宽度
CellTemplate	获取或设置用于创建新单元格的模板
CellType	获取单元格模板的运行时类型
ContextMenuStrip	获取或设置列的快捷菜单（重写 DataGridViewBand.ContextMenuStrip）
DataGridView	获取与此元素关联的 DataGridView 控件（继承自 DataGridViewElement）
DataPropertyName	获取或设置数据源属性的名称或与 DataGridViewColumn 绑定的数据库列的名称
DefaultCellStyle	获取或设置列的默认单元格样式（重写 DataGridViewBand.Default CellStyle）
DefaultHeaderCellType	获取或设置默认标题单元格的运行时类型（继承自 DataGridViewBand）
Displayed	获取一个值，该值指示带区当前是否显示在屏幕上（继承自 DataGridViewBand）
DisplayIndex	相对于当前所显示各列，获取或设置列的显示顺序
DividerWidth	获取或设置列分隔符的宽度（以像素为单位）
FillWeight	获取或设置一个值，表示当该列处于填充模式时，相对于控件中处于填充模式的其他列的宽度
Frozen	获取或设置一个值，指示当用户水平滚动 DataGridView 控件时，列是否移动（重写 DataGridViewBand.Frozen）
HasDefaultCellStyle	获取一个值，该值指示是否已设置 DefaultCellStyle 属性（继承自 DataGrid ViewBand）
HeaderCell	获取或设置表示列标题的 DataGridViewColumnHeaderCell
HeaderCellCore	获取或设置 DataGridViewBand 的标题单元格（继承自 DataGridViewBand）
HeaderText	获取或设置列标题单元格的标题文本
Index	获取带区在 DataGridView 控件中的相对位置（继承自 DataGridViewBand）
InheritedAutoSizeMode	获取对该列有效的缩放模式
InheritedStyle	获取当前应用于该列的单元格样式（重写 DataGridViewBand. InheritedStyle）
IsDataBound	获取一个值，指示该列是否绑定到某个数据源

第 14 章 ADO.NET 操作数据库

续表

名 称	说 明
IsRow	获取一个值，该值指示带区是否表示一个行（继承自 DataGridViewBand）
MinimumWidth	获取或设置列的最小宽度（以像素为单位）
Name	获取或设置列名称
ReadOnly	获取或设置一个值，指示用户是否可以编辑列的单元格（重写 DataGridViewBand.ReadOnly）
Resizable	获取或设置一个值，指示该列的大小是否可调（重写 DataGridViewBand.Resizable）
Selected	获取或设置一个值，该值指示带区是否为被选定（继承自 DataGridViewBand）
Site	基础结构。获取或设置列的站点
SortMode	获取或设置列的排序模式
State	获取元素的用户界面（UI）状态（继承自 DataGridViewElement）
Tag	获取或设置包含与带区关联的数据的对象（继承自 DataGridViewBand）
ToolTipText	获取或设置用于工具提示的文本
ValueType	获取或设置列单元格中值的数据类型
Visible	获取或设置一个值，指示该列是否可见（重写 DataGridViewBand.Visible）
Width	获取或设置列的当前宽度

将数据绑定到 DataGridView 控件非常简单和直观，在大多数情况下，只需设置 DataSource 属性即可。在绑定到包含多个列表或表的数据源时，只需将 DataMember 属性设置为指定要绑定的列表或表的字符串即可。

14.8.2 DataGridview 控件的案例教学

本节将结合一个实例介绍如何使用 DataGridview 控件操作数据库中的数据。

首先，在设计界面中拖曳一个 DataGridView 控件，并设置其属性以及各列的属性。在 DataGridView 的 Columns 编辑器中可以设置列的属性，如图 14-15 所示。

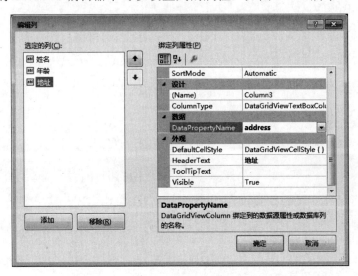

图 14-15　Columns 编辑器中设置各列的属性

每一列的 DataPropertyName 属性都设置为与数据库中字段名相同,如地址对应数据库字段为 address。如想不显示某字段,只需设置其 Visible 属性为 False 即可。

接着使用 DataGridView 的 DataSource 属性为 DataGridView 设置绑定的数据源。然后分别在 CellBeginEdit 和 CellEndEdit 事件中编写代码,使其具有修改数据的功能。具体代码见例 14-6。

例 14-6:DataGridView 控件的使用(WindowsFormsDataGridView)

```csharp
using System;
using System.Collections.Generic;
using System.ComponentModel;
using System.Data;
using System.Data.SqlClient;
using System.Drawing;
using System.Linq;
using System.Text;
using System.Threading.Tasks;
using System.Windows.Forms;

namespace WindowsFormsDataGridView
{
    public partial class Form1 : Form
    {
        public Form1()
        {
            InitializeComponent();
        }

        private void Form1_Load(object sender, EventArgs e)
        {
            this.dgvShow.DataSource = GetDataTable("");

            this.cbCondition.SelectedIndex = 0;
        }

        DataSet ds;
        SqlDataAdapter sda;
        object oldValue;
        string connStr = "server=.;Initial Catalog=testdb;uid=sa; pwd=sa";

        private DataTable GetDataTable(string sqlStr)
        {
            using (SqlConnection conn = new SqlConnection(connStr))
            {
                sda = new SqlDataAdapter();

                string sql = @"SELECT [id],[name]
                            ,[age]
                            ,[address]
                        FROM [testdb].[dbo].[test] where 1=1 ";

                ds = new DataSet();
                sda.SelectCommand = new SqlCommand(sql+sqlStr, conn);
                sda.Fill(ds);
            }
            return ds.Tables[0];
        }
```

```csharp
private void btnSelect_Click(object sender, EventArgs e)
{
    string condition = this.txtCondition.Text.Trim();

    string sql = string.Empty;
    int index=this.cbCondition.SelectedIndex;

    switch (index)
    {
        case 0:
            sql = string.Format("and name like '%{0}%'",condition);
            break;
        case 1:
            sql = string.Format("and age={0}", condition);
            break;
        case 2:
            sql = string.Format("and address like '%{0}%'", condition);
            break;
        default:
            sql = string.Format("and name like '%{0}%'", condition);
            break;
    }

    this.dgvShow.DataSource = GetDataTable(sql);
}


private void dgvShow_CellBeginEdit(object sender, Data Grid View CellCancelEventArgs e)
{
    oldValue=this.dgvShow.Rows[e.RowIndex].Cells[e.ColumnIndex].Value;
}

private void dgvShow_CellEndEdit(object sender, DataGridView Cell EventArgs e)
{
    string condition = this.dgvShow.CurrentRow.Cells[e.ColumnIndex].Value.ToString();

    if (oldValue.ToString() == condition)
        return;

    DialogResult result= MessageBox.Show("确定要保存对数据的修改吗?",
    "提示",MessageBoxButtons.OKCancel, MessageBoxIcon.Question);
    if (result == DialogResult.OK)
    {
        SqlConnection conn = new SqlConnection(connStr);

        sda.UpdateCommand = conn.CreateCommand();

        string sql = string.Empty;

        switch (e.ColumnIndex)
        {
            case 1:
                sql = string.Format("name='{0}'", condition);
                break;
            case 2:
```

```
            sql = string.Format("age={0}", condition);
            break;
        case 3:
            sql = string.Format("address='{0}'", condition);
            break;
        default:
            break;
    }
    string id=this.dgvShow.CurrentRow.Cells[0].Value.ToString();
    sql=string.Format("update test set {0} where id={1}", sql, id);

    sda.UpdateCommand.CommandText = sql;
    SqlCommandBuilder builder = new SqlCommandBuilder(sda);
    sda.Update(ds,ds.Tables[0].TableName);
    MessageBox.Show("修改成功! ");
}
else
{
    this.dgvShow.Rows[e.RowIndex].Cells[e.ColumnIndex].Value = oldValue;
}
    }

}
}
```

运行效果如图 14-16 所示。

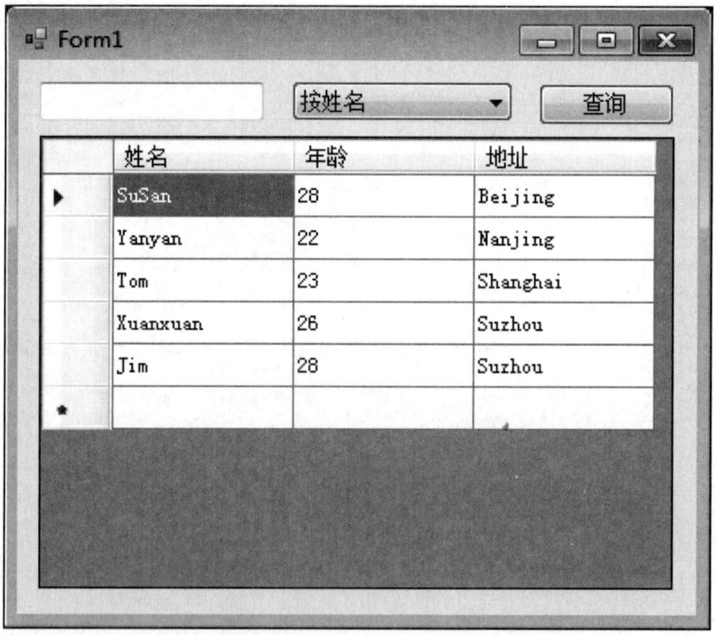

图 14-16 DataGridView 控件的使用

此实例除根据不同数据库字段实现基本的模糊查询外,还实现了直接在 DataGridView 上修改单元格值的功能。当单击或双击某单元格时,即可修改当前单元格的值。当单元格值改变且焦点离开此单元格时则会提示如图 14-17 所示的提示。

图 14-17　修改提示

此时，若单击"确定"按钮，则把数据更新到数据库，提示修改成功。若单击"取消"按钮，则恢复原始值。模糊查询等功能读者可自行运行代码进行学习测试。

小结

本章主要学习了 ADO.NET 操作数据库的相关知识。其中主要讲解了使用 ADO.NET 操作 SQL Server 数据库。读者应掌握 Connection、Command、Transaction、DataReader、DataSet、DataAdapter 以及 DataView 等对象的应用。此外，还介绍了使用 DataGridView 控件显示和操作数据。

第 15 章 网络编程技术

随着社会的发展，人们生活水平的不断提高，互联网越来越成为人们学习生活中必不可少的一部分。C#作为一种编程语言，提供了对网络编程的全面支持。本章将介绍网络编程的相关知识。

本章主要内容：
- HTTP 网络编程
- 套接字网络编程

15.1 HTTP 网络编程

本节将学习 HTTP 编程的相关知识。其中将重点介绍 System.Net 命名空间和其常用类等相关知识点。

15.1.1 System.Net 命名空间

System.Net 命名空间包含具有以下功能的类型：提供适用于许多网络协议的简单编程接口、以编程方式访问和更新 System.Net 命名空间的配置设置、定义 Web 资源的缓存策略、撰写和发送电子邮件、代表多用途 Internet 邮件交换（MIME）标头、访问网络流量数据和网络地址信息，以及访问对等网络功能。此外，其他子命名空间还能以受控方式实现 Windows 套接字（Winsock）接口，使得我们访问网络流以实现主机之间的安全通信。

System.Net 命名空间的主要类组成及其说明如表 15-1 所示。

表 15-1 System.Net命名空间的主要类组成及其说明

名　　称	说　　明
AuthenticationManager	管理客户端身份验证过程中调用的身份验证模块
Authorization	包含 Internet 服务器的身份验证消息
Cookie	提供一组用于管理 Cookie 的属性和方法。此类不能被继承
CookieCollection	为 Cookie 类的实例提供集合容器
CookieContainer	为 CookieCollection 对象的集合提供容器
CookieException	向 CookieContainer 添加 Cookie 出错时引发的异常
CredentialCache	为多个凭据提供存储
Dns	提供简单的域名解析功能
DnsEndPoint	将网络终结点表示为主机名或 IP 地址和端口号的字符串表示形式
DnsPermission	控制对网络上域名系统（DNS）服务器的访问权限

续表

名 称	说 明
DnsPermissionAttribute	指定从域名服务器中请求信息的权限
DownloadDataCompletedEventArgs	为 DownloadDataCompleted 事件提供数据
DownloadProgressChangedEventArgs	为 WebClient 的 DownloadProgressChanged 事件提供数据
DownloadStringCompletedEventArgs	为 DownloadStringCompleted 事件提供数据
EndPoint	标识网络地址。这是一个 abstract 类
EndpointPermission	定义由 SocketPermission 实例授权的终结点
FileWebRequest	提供 WebRequest 类的文件系统实现
FileWebResponse	提供 WebResponse 类的文件系统实现
FtpWebRequest	实现文件传输协议（FTP）客户端
FtpWebResponse	封装文件传输协议（FTP）服务器对请求的响应
GlobalProxySelection	已过时。包含所有 HTTP 请求的全局默认代理实例
HttpListener	提供一个简单的、可通过编程方式控制的 HTTP 侦听器。此类不能被继承
HttpListenerBasicIdentity	包含来自基本身份验证请求的用户名和密码
HttpListenerContext	提供对 HttpListener 类使用的请求和响应对象的访问。此类不能被继承
HttpListenerException	处理 HTTP 请求发生错误时引发的异常
HttpListenerPrefixCollection	表示用于存储 HttpListener 对象的统一资源标识符（URI）前缀的集合
HttpListenerRequest	描述传入 HttpListener 对象的 HTTP 请求。此类不能被继承
HttpListenerResponse	表示对 HttpListener 对象正在处理的请求的响应
HttpListenerTimeoutManager	要用于 HttpListener 对象的超时管理器
HttpVersion	定义 HttpWebRequest 和 HttpWebResponse 类支持的 HTTP 版本号
HttpWebRequest	提供 WebRequest 类的 HTTP 特定的实现
HttpWebResponse	提供 WebResponse 类的 HTTP 特定的实现
IPAddress	提供网际协议（IP）地址
IPEndPoint	将网络端点表示为 IP 地址和端口号
IPEndPointCollection	表示一个集合，该集合用于将网络终结点存储为 IPEndPoint 对象
IPHostEntry	为 Internet 主机地址信息提供容器类
NetworkCredential	为基于密码的身份验证方案（如基本、简要、NTLM 和 Kerberos 身份验证）提供凭据
NetworkProgressChangedEventArgs	已过时。提供网络进度已更改事件的数据
OpenReadCompletedEventArgs	为 OpenReadCompleted 事件提供数据
OpenWriteCompletedEventArgs	为 OpenWriteCompleted 事件提供数据
ProtocolViolationException	使用网络协议期间出错时引发的异常
ServicePoint	提供 HTTP 连接的连接管理
ServicePointManager	管理 ServicePoint 对象集合
SocketAddress	存储 EndPoint 派生类的序列化信息
SocketPermission	控制在传输地址上建立或接受连接的权利
SocketPermissionAttribute	指定安全操作以控制 Socket 连接。此类不能被继承
TransportContext	TransportContext 类提供有关基础传输层的附加上下文

续表

名 称	说 明
UiSynchronizationContext	已过时。为同步模型中使用的托管 UI 提供同步上下文
UploadDataCompletedEventArgs	为 UploadDataCompleted 事件提供数据
UploadFileCompletedEventArgs	为 UploadFileCompleted 事件提供数据
UploadProgressChangedEventArgs	为 WebClient 的 UploadProgressChanged 事件提供数据
UploadStringCompletedEventArgs	为 UploadStringCompleted 事件提供数据
UploadValuesCompletedEventArgs	为 UploadValuesCompleted 事件提供数据
WebClient	提供用于将数据发送到由 URI 标识的资源及从这样的资源接收数据的常用方法
WebException	通过可插接协议访问网络期间出错时引发的异常
WebHeaderCollection	包含与请求或响应关联的协议标头
WebPermission	控制访问 HTTP Internet 资源的权限
WebPermissionAttribute	指定权限以访问 Internet 资源。此类不能被继承
WebProxy	包含 WebRequest 类的 HTTP 代理设置
WebRequest	对统一资源标识符（URI）发出请求。这是一个 abstract 类
WebRequestMethods	WebRequestMethods.Ftp、WebRequestMethods.File 和 WebRequestMethods.Http 类的容器类。无法继承此类
WebRequestMethods.File	表示可用于 FILE 请求的文件协议方法的类型。此类不能被继承
WebRequestMethods.Ftp	表示可与 FTP 请求一起使用的 FTP 协议方法的类型。此类不能被继承
WebRequestMethods.Http	表示可与 HTTP 请求一起使用的 HTTP 协议方法的类型
WebResponse	提供来自统一资源标识符（URI）的响应。这是一个 abstract 类
WebUtility	提供用于在处理 Web 请求时编码和解码 URL 的方法
WriteStreamClosedEventArgs	为 WriteStreamClosed 事件提供数据

15.1.2 WebClient 类

WebClient 类提供用于将数据发送到由 URI 标识的资源及从这样的资源接收数据的常用方法。也就是说可以通过这个类去访问并获取网络上的资源文件。WebClient 类提供向 URI（支持以 http:、https:、ftp: 和 file: 方案标识符开头的 URI）标识的任何本地、Intranet 或 Internet 资源发送数据以及从这些资源接收数据的公共方法。

1．WebClient类的属性

WebClient 类的属性如表 15-2 所示。

表 15-2 WebClient类的属性

名 称	说 明
AllowReadStreamBuffering	已过时。获取或设置一个值，该值指示是否对从某一 WebClient 实例的 Internet 资源读取的数据进行缓冲处理
AllowWriteStreamBuffering	已过时。获取或设置一个值，该值指示是否对写入到 WebClient 实例的 Internet 资源的数据进行缓冲处理

续表

名 称	说 明
BaseAddress	获取或设置 WebClient 发出请求的基 URI
CachePolicy	对于此 WebClient 实例使用 WebRequest 对象获得的任何资源,获取或设置应用程序的缓存策略
CanRaiseEvents	获取一个指示组件是否可以引发事件的值
Credentials	获取或设置发送到主机并用于对请求进行身份验证的网络凭据
DesignMode	获取一个值,用以指示 Component 当前是否处于设计模式
Encoding	获取和设置用于上载和下载字符串的 Encoding
Events	获取附加到此 Component 的事件处理程序的列表
Headers	获取或设置与请求关联的标头名称/值对集合
IsBusy	了解是否存在进行中的 Web 请求
Proxy	获取或设置此 WebClient 对象使用的代理
QueryString	获取或设置与请求关联的查询名称/值对集合
ResponseHeaders	获取与响应关联的标头名称/值对集合
Site	获取或设置 Component 的 ISite(继承自 Component)
UseDefaultCredentials	获取或设置 Boolean 值,该值控制 DefaultCredentials 是否随请求一起发送

2. WebClient类的方法

WebClient 类的方法如表 15-3 所示。

表 15-3 WebClient类的方法

名 称	说 明
CancelAsync	取消一个挂起的异步操作
CreateObjRef	创建一个对象,该对象包含生成用于与远程对象进行通信的代理所需的全部相关信息(继承自 MarshalByRefObject)
Dispose()	释放由 Component 使用的所有资源(继承自 Component)
Dispose(Boolean)	释放由 Component 占用的非托管资源,还可以另外再释放托管资源(继承自 Component)
DownloadData(String)	从指定 URI 下载资源作为 Byte 数组
DownloadData(Uri)	从指定 URI 下载资源作为 Byte 数组
DownloadDataAsync(Uri)	从指定 URI 中将资源作为 Byte 数组下载以作为异步操作
DownloadDataAsync(Uri, Object)	从指定 URI 中将资源作为 Byte 数组下载以作为异步操作
DownloadDataTaskAsync(String)	使用任务对象从指定 URI 中将资源作为 Byte 数组下载以作为异步操作
DownloadDataTaskAsync(Uri)	使用任务对象从指定 URI 中将资源作为 Byte 数组下载以作为异步操作
DownloadFile(String, String)	将具有指定 URI 的资源下载到本地文件
DownloadFile(Uri, String)	将具有指定 URI 的资源下载到本地文件
DownloadFileAsync(Uri, String)	将具有指定 URI 的资源下载到本地文件。此方法不会阻止调用线程
DownloadFileAsync(Uri, String, Object)	将具有指定 URI 的资源下载到本地文件。此方法不会阻止调用线程
DownloadFileTaskAsync(String, String)	使用任务对象将指定资源下载到本地文件以作为异步操作
DownloadFileTaskAsync(Uri, String)	使用任务对象将指定资源下载到本地文件以作为异步操作

续表

名 称	说 明
DownloadString(String)	以 String 形式下载请求的资源。以包含 URI 的 String 的形式指定要下载的资源
DownloadString(Uri)	以 String 形式下载请求的资源。以 Uri 形式指定要下载的资源
DownloadStringAsync(Uri)	下载以 Uri 形式指定的资源。此方法不会阻止调用线程
DownloadStringAsync(Uri, Object)	将指定的字符串下载到指定的资源。此方法不会阻止调用线程
DownloadStringTaskAsync(String)	使用任务对象从指定 URI 中将资源作为 String 下载以作为异步操作
DownloadStringTaskAsync(Uri)	使用任务对象从指定 URI 中将资源作为 String 下载以作为异步操作
Equals(Object)	确定指定的对象是否等于当前对象（继承自 Object）
Finalize	在通过垃圾回收将 Component 回收之前，释放非托管资源并执行其他清理操作（继承自 Component）
GetHashCode	作为默认哈希函数（继承自 Object）
GetLifetimeService	检索控制此实例的生存期策略的当前生存期服务对象（继承自 MarshalByRefObject）
GetService	返回一个对象，该对象表示由 Component 或它的 Container 提供的服务（继承自 Component）
GetType	获取当前实例的 Type（继承自 Object）
GetWebRequest	为指定资源返回一个 WebRequest 对象
GetWebResponse(WebRequest)	返回指定 WebRequest 的 WebResponse
GetWebResponse(WebRequest, IAsyncResult)	使用指定的 IAsyncResult 获取对指定 WebRequest 的 WebResponse
InitializeLifetimeService	获取控制此实例的生存期策略的生存期服务对象（继承自 MarshalByRefObject）
MemberwiseClone()	创建当前 Object 的浅表副本（继承自 Object）
MemberwiseClone(Boolean)	创建当前 MarshalByRefObject 对象的浅表副本（继承自 MarshalByRefObject）
OnDownloadDataCompleted	引发 DownloadDataCompleted 事件
OnDownloadFileCompleted	引发 DownloadFileCompleted 事件
OnDownloadProgressChanged	引发 DownloadProgressChanged 事件
OnDownloadStringCompleted	引发 DownloadStringCompleted 事件
OnOpenReadCompleted	引发 OpenReadCompleted 事件
OnOpenWriteCompleted	引发 OpenWriteCompleted 事件
OnUploadDataCompleted	引发 UploadDataCompleted 事件
OnUploadFileCompleted	引发 UploadFileCompleted 事件
OnUploadProgressChanged	引发 UploadProgressChanged 事件
OnUploadStringCompleted	引发 UploadStringCompleted 事件
OnUploadValuesCompleted	引发 UploadValuesCompleted 事件
OnWriteStreamClosed	已过时。引发 WriteStreamClosed 事件
OpenRead(String)	为从具有 String 指定的 URI 的资源下载的数据打开一个可读的流
OpenRead(Uri)	为从具有 Uri 指定的 URI 的资源下载的数据打开一个可读的流

续表

名 称	说 明
OpenReadAsync(Uri)	打开包含指定资源的可读流。此方法不会阻止调用线程
OpenReadAsync(Uri, Object)	打开包含指定资源的可读流。此方法不会阻止调用线程
OpenReadTaskAsync(String)	使用任务对象打开包含指定资源的可读流以作为异步操作
OpenReadTaskAsync(Uri)	使用任务对象打开包含指定资源的可读流以作为异步操作
OpenWrite(String)	打开一个流以将数据写入指定的资源
OpenWrite(Uri)	打开一个流以将数据写入指定的资源
OpenWrite(String, String)	打开一个流以使用指定的方法向指定的资源写入数据
OpenWrite(Uri, String)	打开一个流以使用指定的方法将数据写入指定的资源
OpenWriteAsync(Uri)	打开一个流以将数据写入指定的资源。此方法不会阻止调用线程
OpenWriteAsync(Uri, String)	打开一个流以将数据写入指定的资源。此方法不会阻止调用线程
OpenWriteAsync(Uri, String, Object)	打开一个流以使用指定的方法向指定的资源写入数据。此方法不会阻止调用线程
OpenWriteTaskAsync(String)	使用任务对象打开用于将数据写入指定资源的流以作为异步操作
OpenWriteTaskAsync(Uri)	使用任务对象打开用于将数据写入指定资源的流以作为异步操作
OpenWriteTaskAsync(String, String)	使用任务对象打开用于将数据写入指定资源的流以作为异步操作
OpenWriteTaskAsync(Uri, String)	使用任务对象打开用于将数据写入指定资源的流以作为异步操作
ToString	返回包含 Component 的名称的 String（如果有）。不应重写此方法（继承自 Component）
UploadData(String, Byte[])	将数据缓冲区上载到由 URI 标识的资源
UploadData(Uri, Byte[])	将数据缓冲区上载到由 URI 标识的资源
UploadData(String, String, Byte[])	使用指定的方法将数据缓冲区上载到指定资源
UploadData(Uri, String, Byte[])	使用指定的方法将数据缓冲区上载到指定资源
UploadDataAsync(Uri, Byte[])	使用 POST 方法将数据缓冲区上载到由 URI 标识的资源。此方法不会阻止调用线程
UploadDataAsync(Uri, String, Byte[])	使用指定的方法将数据缓冲区上载到由 URI 标识的资源。此方法不会阻止调用线程
UploadDataAsync(Uri, String, Byte[], Object)	使用指定的方法和标识标记将数据缓冲区上载到由 URI 标识的资源
UploadDataTaskAsync(String, Byte[])	使用任务对象将包含 Byte 数组的数据缓冲区上载到指定 URI 以作为异步操作
UploadDataTaskAsync(Uri, Byte[])	使用任务对象将包含 Byte 数组的数据缓冲区上载到指定 URI 以作为异步操作
UploadDataTaskAsync(String, String, Byte[])	使用任务对象将包含 Byte 数组的数据缓冲区上载到指定 URI 以作为异步操作
UploadDataTaskAsync(Uri, String, Byte[])	使用任务对象将包含 Byte 数组的数据缓冲区上载到指定 URI 以作为异步操作
UploadFile(String, String)	将指定的本地文件上载到具有指定 URI 的资源
UploadFile(Uri, String)	将指定的本地文件上载到具有指定 URI 的资源

续表

名 称	说 明
UploadFile(String, String, String)	使用指定的方法将指定的本地文件上载到指定的资源
UploadFile(Uri, String, String)	使用指定的方法将指定的本地文件上载到指定的资源
UploadFileAsync(Uri, String)	使用 POST 方法将指定的本地文件上载到指定的资源。此方法不会阻止调用线程
UploadFileAsync(Uri, String, String)	使用 POST 方法将指定的本地文件上载到指定的资源。此方法不会阻止调用线程
UploadFileAsync(Uri, String, String, Object)	使用 POST 方法将指定的本地文件上载到指定的资源。此方法不会阻止调用线程
UploadFileTaskAsync(String, String)	使用任务对象将指定本地文件上载到资源以作为异步操作
UploadFileTaskAsync(Uri, String)	使用任务对象将指定本地文件上载到资源以作为异步操作
UploadFileTaskAsync(String, String, String)	使用任务对象将指定本地文件上载到资源以作为异步操作
UploadFileTaskAsync(Uri, String, String)	使用任务对象将指定本地文件上载到资源以作为异步操作
UploadString(String, String)	使用 POST 方法将指定的字符串上载到指定的资源
UploadString(Uri, String)	使用 POST 方法将指定的字符串上载到指定的资源
UploadString(String, String, String)	使用指定的方法将指定的字符串上载到指定的资源
UploadString(Uri, String, String)	使用指定的方法将指定的字符串上载到指定的资源
UploadStringAsync(Uri, String)	将指定的字符串上载到指定的资源。此方法不会阻止调用线程
UploadStringAsync(Uri, String, String)	将指定的字符串上载到指定的资源。此方法不会阻止调用线程
UploadStringAsync(Uri, String, String, Object)	将指定的字符串上载到指定的资源。此方法不会阻止调用线程
UploadStringTaskAsync(String, String)	使用任务对象将指定字符串上载到指定资源以作为异步操作
UploadStringTaskAsync(Uri, String)	使用任务对象将指定字符串上载到指定资源以作为异步操作
UploadStringTaskAsync(String, String, String)	使用任务对象将指定字符串上载到指定资源以作为异步操作
UploadStringTaskAsync(Uri, String, String)	使用任务对象将指定字符串上载到指定资源以作为异步操作
UploadValues(String, NameValueCollection)	将指定的名称/值集合上载到指定的 URI 所标识的资源
UploadValues(Uri, NameValueCollection)	将指定的名称/值集合上载到指定的 URI 所标识的资源
UploadValues(String, String, NameValueCollection)	使用指定的方法将指定的名称/值集合上载到指定的 URI 所标识的资源
UploadValues(Uri, String, NameValueCollection)	使用指定的方法将指定的名称/值集合上载到指定的 URI 所标识的资源
UploadValuesAsync(Uri, NameValueCollection)	将指定的名称/值集合中的数据上载到由指定的 URI 标识的资源。此方法不会阻止调用线程
UploadValuesAsync(Uri, String, NameValueCollection)	使用指定的方法将指定的名称/值集合中的数据上载到由指定的 URI 标识的资源。此方法不会阻止调用线程
UploadValuesAsync(Uri, String, NameValueCollection, Object)	使用指定的方法将指定的名称/值集合中的数据上载到由指定的 URI 标识的资源。此方法不会阻止调用线程，并允许调用方将对象传递给操作完成时所调用的方法

续表

名 称	说 明
UploadValuesTaskAsync(String, NameValueCollection)	使用任务对象将指定的名称/值集合上载到由指定 URI 标识的资源以作为异步操作
UploadValuesTaskAsync(Uri, NameValueCollection)	使用任务对象将指定的名称/值集合上载到由指定 URI 标识的资源以作为异步操作
UploadValuesTaskAsync(String, String, NameValueCollection)	使用任务对象将指定的名称/值集合上载到由指定 URI 标识的资源以作为异步操作
UploadValuesTaskAsync(Uri, String, NameValueCollection)	使用任务对象将指定的名称/值集合上载到由指定 URI 标识的资源以作为异步操作

其中，最常用的方法有：WebClient 提供的 4 种将数据上载到资源的方法 OpenWrite、UploadData、UploadFile、UploadValues；以及三种从资源下载数据的方法 DownloadData、DownloadFile、OpenRead。

3．WebClient类的使用

本节以一个小实例来演示下 WebClient 类的使用。

例 15-1：WebClient 类的使用（WinFormsWebClient）

```csharp
using System;
using System.Collections.Generic;
using System.ComponentModel;
using System.Data;
using System.Drawing;
using System.IO;
using System.Linq;
using System.Net;
using System.Text;
using System.Threading.Tasks;
using System.Windows.Forms;

namespace WinFormsWebClient
{
    public partial class Form1 : Form
    {
        public Form1()
        {
            InitializeComponent();
        }

        private void btnGet_Click(object sender, EventArgs e)
        {
            string url = this.txtUrl.Text.Trim();
            if (string.IsNullOrEmpty(url))
                MessageBox.Show("要获取的URL地址不能为空！");
            else
            {
                if (!url.ToLower().StartsWith("http://") && !url.ToLower().StartsWith("https://"))
                    url = "http://" + url;

                WebClient wc = new WebClient();
                Uri uri = new Uri(url);
```

```
            Stream data = wc.OpenRead(uri);
            StreamReader sr;
            if (rb1.Checked)
                sr = new StreamReader(data, Encoding.UTF8);
            else
                sr = new StreamReader(data, Encoding.Default);
            this.txtContent.Text = sr.ReadToEnd();
        }
    }
}
```

运行效果如图 15-1 所示。

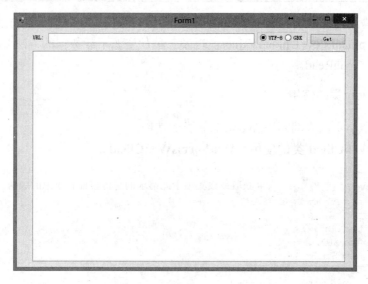

图 15-1　WebClient 类的使用

输入要获取的 URL 地址并选择合适的编码，单击 Get 按钮后，效果如图 15-2 所示。

图 15-2　WebClient 类的使用

15.1.3　WebRequest 类和 WebResponse 类

WebRequest 类是.NET Framework 中"请求/响应"模型的抽象基类，用于访问因特网上的数据。使用该类请求/响应模型的应用程序可以用协议不可知的方式从因特网上请求数据。在这种方式下，应用程序处理 WebRequest 类的实例，而协议特定的子类则执行请求的具体细节。其请求从应用程序发送到某个特定的 URI，如服务器上的网页等。URI 从一个为应用程序注册的 WebRequest 子类列表中确定要创建的适当子类。注册 WebRequest 子类通常是为了处理某个特定的协议（如 HTTP 或 FTP 等），但是也可以注册它以处理对特定服务器或服务器上的路径的请求。

WebResponse 类也是抽象基类，协议特定的响应类从该抽象基类派生。应用程序可以使用 WebResponse 类的实例以协议不可知的方式参与请求和响应事务，而从 WebResponse 类派生的协议特定的类携带请求的相关信息。

1．WebRequest类的属性

WebRequest 类的属性如表 15-4 所示。

表 15-4　WebRequest类的属性

名　　称	说　　明
AuthenticationLevel	获取或设置用于此请求的身份验证和模拟的级别
CachePolicy	获取或设置此请求的缓存策略
ConnectionGroupName	当在子类中重写时，获取或设置请求的连接组的名称
ContentLength	当在子类中被重写时，获取或设置所发送的请求数据的内容长度
ContentType	当在子类中被重写时，获取或设置所发送的请求数据的内容类型
CreatorInstance	已过时。当在子类中重写时，获取从 IWebRequestCreate 类派生的工厂对象，该类用于创建为生成对指定 URI 的请求而实例化的 WebRequest
Credentials	当在子类中被重写时，获取或设置用于对 Internet 资源请求进行身份验证的网络凭据
DefaultCachePolicy	获取或设置此请求的默认缓存策略
DefaultWebProxy	获取或设置全局 HTTP 代理
Headers	当在子类中被重写时，获取或设置与请求关联的标头名称/值对的集合
ImpersonationLevel	获取或设置当前请求的模拟级别
Method	当在子类中被重写时，获取或设置要在此请求中使用的协议方法
PreAuthenticate	当在子类中被重写时，指示是否对请求进行预身份验证
Proxy	当在子类中被重写时，获取或设置用于访问此 Internet 资源的网络代理
RequestUri	当在子类中被重写时，获取与请求关联的 Internet 资源的 URI
Timeout	获取或设置请求超时之前的时间长度（以毫秒为单位）
UseDefaultCredentials	当在子类中重写时，获取或设置一个 Boolean 值，该值控制 DefaultCredentials 是否随请求一起发送

2．WebRequest类的方法

WebRequest 类的方法如表 15-5 所示。

表 15-5 WebRequest类的方法

名 称	说 明
Abort	中止请求
BeginGetRequestStream	当在子类中重写时，提供 GetRequestStream 方法的异步版本
BeginGetResponse	当在子类中被重写时，开始对 Internet 资源的异步请求
Create(String)	为指定的 URI 方案初始化新的 WebRequest 实例
Create(Uri)	为指定的 URI 方案初始化新的 WebRequest 实例
CreateDefault	为指定的 URI 方案初始化新的 WebRequest 实例
CreateHttp(String)	为指定的 URI 字符串初始化新的 HttpWebRequest 实例
CreateHttp(Uri)	为指定的 URI 初始化新的 HttpWebRequest 实例
CreateObjRef	创建一个对象，该对象包含生成用于与远程对象进行通信的代理所需的全部相关信息（继承自 MarshalByRefObject）
EndGetRequestStream	当在子类中重写时，返回用于将数据写入 Internet 资源的 Stream
EndGetResponse	当在子类中重写时，返回 WebResponse
Equals(Object)	确定指定的对象是否等于当前对象（继承自 Object）
Finalize	允许对象在"垃圾回收"回收之前尝试释放资源并执行其他清理操作（继承自 Object）
GetHashCode	作为默认哈希函数（继承自 Object）
GetLifetimeService	检索控制此实例的生存期策略的当前生存期服务对象（继承自 MarshalByRefObject）
GetObjectData	基础结构。使用将目标对象序列化所需的数据填充 SerializationInfo
GetRequestStream	当在子类中重写时，返回用于将数据写入 Internet 资源的 Stream
GetRequestStreamAsync	当在子类中被重写时，将用于写入数据的 Stream 作为异步操作返回到 Internet 资源
GetResponse	当在子类中被重写时，返回对 Internet 请求的响应
GetResponseAsync	当在子类中被重写时，将作为异步操作返回对 Internet 请求的响应
GetSystemWebProxy	返回当前模拟用户的 Internet Explorer 设置中配置的代理
GetType	获取当前实例的 Type（继承自 Object）
InitializeLifetimeService	获取控制此实例的生存期策略的生存期服务对象（继承自 MarshalByRefObject）
MemberwiseClone()	创建当前 Object 的浅表副本（继承自 Object）
MemberwiseClone(Boolean)	创建当前 MarshalByRefObject 对象的浅表副本（继承自 MarshalByRefObject）
RegisterPortableWebRequestCreator	已过时。注册 IWebRequestCreate 对象
RegisterPrefix	为指定的 URI 注册 WebRequest 子代
ToString	返回表示当前对象的字符串（继承自 Object）

其中，最常用的是 Create 方法。

3. WebResponse类的属性

WebResponse 类的属性如表 15-6 所示。

第 15 章 网络编程技术

表 15-6 WebResponse类的属性

名 称	说 明
ContentLength	当在子类中重写时，获取或设置接收的数据的内容长度
ContentType	当在派生类中重写时，获取或设置接收的数据的内容类型
Headers	当在派生类中重写时，获取与此请求关联的标头名称/值对的集合
IsFromCache	获取一个 Boolean 值，该值指示此响应是否为从缓存中获取的
IsMutuallyAuthenticated	获取一个 Boolean 值，该值指示是否发生了相互身份验证
ResponseUri	当在派生类中重写时，获取实际响应此请求的 Internet 资源的 URI
SupportsHeaders	获取指示是否支持标题的值

4．WebResponse类的方法

WebResponse 类的属性如表 15-7 所示。

表 15-7 WebResponse类的方法

名 称	说 明
Close	当由子类重写时，将关闭响应流
CreateObjRef	创建一个对象，该对象包含生成用于与远程对象进行通信的代理所需的全部相关信息（继承自 MarshalByRefObject）
Dispose()	释放 WebResponse 对象使用的非托管资源
Dispose(Boolean)	释放由 WebResponse 对象使用的非托管资源，并可根据需要释放托管资源
Equals(Object)	确定指定的对象是否等于当前对象（继承自 Object）
Finalize	允许对象在"垃圾回收"回收之前尝试释放资源并执行其他清理操作（继承自 Object）
GetHashCode	作为默认哈希函数（继承自 Object）
GetLifetimeService	检索控制此实例的生存期策略的当前生存期服务对象（继承自 MarshalByRefObject）
GetObjectData	基础结构。使用序列化目标对象所需的数据填充 SerializationInfo
GetResponseStream	当在子类中重写时，从 Internet 资源返回数据流
GetType	获取当前实例的 Type（继承自 Object）
InitializeLifetimeService	获取控制此实例的生存期策略的生存期服务对象（继承自 MarshalByRefObject）
MemberwiseClone()	创建当前 Objec 的浅表副本（继承自 Object）
MemberwiseClone(Boolean)	创建当前 MarshalByRefObject 对象的浅表副本（继承自 MarshalByRefObject）
ToString	返回表示当前对象的字符串（继承自 Object）

客户端应用程序不能直接创建 WebResponse 对象，只能通过对 WebRequest 实例调用 GetResponse 方法来进行创建。

5．WebRequest类和WebResponse类的使用

本节以一个小实例来演示下 WebRequest 类和 WebResponse 类的使用。

例 15-2：WebRequest 类和 WebResponse 类的使用（WinFormsWebRequestAnd Web Response）

```csharp
using System;
using System.Collections.Generic;
using System.ComponentModel;
using System.Data;
using System.Drawing;
using System.IO;
using System.Linq;
using System.Net;
using System.Text;
using System.Threading.Tasks;
using System.Windows.Forms;

namespace WinFormsWebRequestAndWebResponse
{
    public partial class Form1 : Form
    {
        public Form1()
        {
            InitializeComponent();
        }

        private void btnRequest_Click(object sender, EventArgs e)
        {
            if (string.IsNullOrEmpty(this.txtUrl.Text.Trim()))
            {
                MessageBox.Show("请输入要请求的URL的地址");
                return;
            }
            WebRequest wr = WebRequest.Create(this.txtUrl.Text.Trim());

            WebResponse response = wr.GetResponse();

            Stream stream = response.GetResponseStream();

            StreamReader sr = new StreamReader(stream);

            string responseText = sr.ReadToEnd();

            this.txtShow.Text = responseText;

            sr.Close();
            stream.Close();
            response.Close();
        }
    }
}
```

程序运行后输入要请求的网址 URL，运行效果如图 15-3 所示。

图 15-3　WebRequest 类和 WebResponse 类的使用

15.1.4　WebBrowser 浏览器控件

本节将介绍 WebBrowser 控件，WebBrowser 控件使用户可以在窗体内导航网页。

1．WebBrowser控件的属性

WebBrowser 控件的属性如表 15-8 所示。

表 15-8　WebBrowser控件的属性

名　　称	说　　明
AllowNavigation	获取或设置一个值，该值指示控件在加载其初始页之后是否可以导航到其他页
AllowWebBrowserDrop	获取或设置一个值，该值指示 WebBrowser 控件是否导航到拖放到它上面的文档
CanEnableIme	获取一个用以指示是否可以将 ImeMode 属性设置为活动值的值，以启用 IME 支持（继承自 Control）
CanGoBack	获取一个值，该值指示导航历史记录中的上一页是否可用，如果可用，GoBack 方法才能成功
CanGoForward	获取一个值，该值指示导航历史记录中的下一页是否可用，如果可用，GoForward 方法才能成功
CanRaiseEvents	确定是否可以在控件上引发事件（继承自 Control）
CreateParams	获取创建控件句柄时所需要的创建参数（继承自 Control）
DefaultCursor	获取或设置控件的默认光标（继承自 Control）
DefaultImeMode	获取控件支持的输入法编辑器（IME）模式（继承自 Control）
DefaultMargin	获取控件之间默认指定的间距（以像素为单位）（继承自 Control）
DefaultMaximumSize	获取以像素为单位的长度和高度，此长度和高度被指定为控件的默认最大大小（继承自 Control）

续表

名　称	说　明
DefaultMinimumSize	获取以像素为单位的长度和高度，此长度和高度被指定为控件的默认最小大小（继承自 Control）
DefaultPadding	获取控件内容的内部间距（以像素为单位）（继承自 Control）
DefaultSize	获取控件的默认大小（重写 WebBrowserBase.DefaultSize）
DesignMode	获取一个值，用以指示 Component 当前是否处于设计模式（继承自 Component）
Document	获取一个 HtmlDocument，它表示当前显示在 WebBrowser 控件中的网页
DocumentStream	获取或设置一个流，该流包含显示在 WebBrowser 控件中的网页的内容
DocumentText	获取或设置显示在 WebBrowser 控件中的页的 HTML 内容
DocumentTitle	获取当前显示在 WebBrowser 控件中的文档的标题
DocumentType	获取当前显示在 WebBrowser 控件中的文档的类型
DoubleBuffered	获取或设置一个值，该值指示此控件是否应使用辅助缓冲区重绘其图面，以减少或避免闪烁（继承自 Control）
EncryptionLevel	获取一个值，该值指示当前显示在 WebBrowser 控件中的文档所使用的加密方法
Events	获取附加到此 Component 的事件处理程序的列表（继承自 Component）
Focused	获取一个值，该值指示控件或其任一子窗口是否具有输入焦点（重写 Control.Focused）
FontHeight	获取或设置控件的字体的高度（继承自 Control）
ImeModeBase	获取或设置控件的 IME 模式（继承自 Control）
IsBusy	获取一个值，该值指示 WebBrowser 控件当前是否正在加载新文档
IsOffline	获取一个值，该值指示 WebBrowser 控件是否处于脱机模式
IsWebBrowserContextMenuEnabled	获取或设置一个值，该值指示 WebBrowser 控件是否启用了快捷菜单
ObjectForScripting	获取或设置一个对象，该对象可由显示在 WebBrowser 控件中的网页所包含的脚本代码访问
Padding	基础结构。此属性对于此控件无意义
ReadyState	获取一个值，该值指示 WebBrowser 控件的当前状态
RenderRightToLeft	已过时。此属性现已过时（继承自 Control）
ResizeRedraw	获取或设置一个值，该值指示控件在调整大小时是否重绘自己（继承自 Control）
ScaleChildren	获取一个值，该值确定子控件的缩放（继承自 Control）
ScriptErrorsSuppressed	获取或设置一个值，该值指示 WebBrowser 是否显示对话框，如脚本错误消息
ScrollBarsEnabled	获取或设置一个值，该值指示是否在 WebBrowser 控件中显示滚动条
ShowFocusCues	获取一个值，该值指示控件是否应显示聚焦框（继承自 Control）
ShowKeyboardCues	获取一个值，该值指示用户界面是否处于适当的状态以显示或隐藏键盘快捷键（继承自 Control）
StatusText	获取 WebBrowser 控件的状态文本

续表

名 称	说 明
Url	获取或设置当前文档的 URL
Version	获取所安装的 Internet Explorer 的版本
WebBrowserShortcutsEnabled	获取或设置一个值，该值指示 WebBrowser 控件中是否启用了键盘快捷键

其中，最为常用的属性如 Document、DocumentTitle、StatusText、Url、ReadyState 等。

2．WebBrowser控件的方法

WebBrowser 控件的方法如表 15-9 所示。

表 15-9　WebBrowser控件的方法

名 称	说 明
AccessibilityNotifyClients(AccessibleEvents, Int32)	就指定的子控件的指定 AccessibleEvents 通知辅助功能客户端应用程序（继承自 Control）
AccessibilityNotifyClients(AccessibleEvents, Int32, Int32)	就指定的子控件的指定 AccessibleEvents 通知辅助功能客户端应用程序（继承自 Control）
AttachInterfaces	基础结构。创建基础 ActiveX 控件时由该控件调用（重写 WebBrowserBase.AttachInterfaces(Object)）
CreateAccessibilityInstance	为该控件创建一个新的辅助功能对象（继承自 Control）
CreateControlsInstance	为控件创建控件集合的新实例（继承自 Control）
CreateHandle	为该控件创建句柄（继承自 Control）
CreateSink	使基础 ActiveX 控件与可以处理控件事件的客户端相关联（重写 WebBrowserBase.CreateSink()）
CreateWebBrowserSiteBase	返回对非托管 WebBrowser ActiveX 控件站点的引用，扩展该站点可以对托管 WebBrowser 控件进行自定义（重写 WebBrowserBase.CreateWebBrowserSiteBase()）
DefWndProc	向默认窗口过程发送指定消息（继承自 Control）
DestroyHandle	毁坏与该控件关联的句柄（继承自 Control）
DetachInterfaces	基础结构。放弃基础 ActiveX 控件时由该控件调用（重写 WebBrowserBase.DetachInterfaces()）
DetachSink	从基础 ActiveX 控件中释放附加在 CreateSink 方法中的事件处理客户端（重写 WebBrowserBase.DetachSink()）
Dispose(Boolean)	释放由 WebBrowser 占用的非托管资源，还可以另外再释放托管资源（重写 WebBrowserBase.Dispose(Boolean)）
Finalize	在通过垃圾回收将 Component 回收之前，释放非托管资源并执行其他清理操作（继承自 Component）
GetAccessibilityObjectById	检索指定的 AccessibleObject（继承自 Control）
GetAutoSizeMode	检索一个值，该值指示当启用控件的 AutoSize 属性时控件的行为方式（继承自 Control）
GetScaledBounds	检索缩放控件时的边界（继承自 Control）
GetService	返回一个对象，该对象表示由 Component 或它的 Container 提供的服务（继承自 Component）
GetStyle	为控件检索指定控件样式位的值（继承自 Control）
GetTopLevel	确定控件是否是顶级控件（继承自 Control）

续表

名 称	说 明
GoBack	如果导航历史记录中的上一页可用,则将 WebBrowser 控件导航到该页
GoForward	如果导航历史记录中的下一页可用,则将 WebBrowser 控件导航到该页
GoHome	将 WebBrowser 控件导航到当前用户的主页
GoSearch	将 WebBrowser 控件导航到当前用户的默认搜索页
InitLayout	在将控件添加到另一个容器之后调用(继承自 Control)
InvokeGotFocus	为指定的控件引发 GotFocus 事件(继承自 Control)
InvokeLostFocus	为指定的控件引发 LostFocus 事件(继承自 Control)
InvokeOnClick	为指定的控件引发 Click 事件(继承自 Control)
InvokePaint	为指定的控件引发 Paint 事件(继承自 Control)
InvokePaintBackground	为指定的控件引发 PaintBackground 事件(继承自 Control)
IsInputChar	确定一个字符是否是控件可识别的输入字符(继承自 WebBrowserBase)
IsInputKey	确定指定的键是常规输入键还是需要预处理的特殊键(继承自 Control)
MemberwiseClone()	创建当前 Object 的浅表副本(继承自 Object)
MemberwiseClone(Boolean)	创建当前 MarshalByRefObject 对象的浅表副本(继承自 MarshalByRefObject)
Navigate(String)	将指定的统一资源定位符(URL)处的文档加载到 WebBrowser 控件中,替换上一个文档
Navigate(Uri)	将指定的 Uri 所指示的位置上的文档加载到 WebBrowser 控件中,替换上一个文档
Navigate(String, Boolean)	将指定的统一资源定位符(URL)处的文档加载到浏览器新窗口或 WebBrowser 控件中
Navigate(String, String)	将指定的统一资源定位符(URL)处的文档加载到 WebBrowser 控件中,替换具有指定名称的网页框架的内容
Navigate(Uri, Boolean)	将指定的 Uri 所指示的位置上的文档加载到浏览器新窗口或 WebBrowser 控件中
Navigate(Uri, String)	将指定的 Uri 所指示的位置上的文档加载到 WebBrowser 控件中,替换具有指定名称的网页框架的内容
Navigate(String, String, Byte[], String)	将指定的统一资源定位符(URL)处的文档加载到 WebBrowser 控件中,使用指定 HTTP 数据请求该文档并替换具有指定名称的网页框架的内容
Navigate(Uri, String, Byte[], String)	将指定的 Uri 所指示的位置上的文档加载到 WebBrowser 控件中,使用指定 HTTP 数据请求该文档并替换具有指定名称的网页框架的内容
NotifyInvalidate	基础结构。引发 Invalidated 事件,其中带有要使之无效的控件的指定区域(继承自 Control)
OnAutoSizeChanged	引发 AutoSizeChanged 事件(继承自 Control)
OnBackColorChanged	引发 BackColorChanged 事件(继承自 WebBrowserBase)
OnBackgroundImageChanged	引发 BackgroundImageChanged 事件(继承自 Control)
OnBackgroundImageLayoutChanged	引发 BackgroundImageLayoutChanged 事件(继承自 Control)

续表

名 称	说 明
OnBindingContextChanged	引发 BindingContextChanged 事件（继承自 Control）
OnCanGoBackChanged	引发 CanGoBackChanged 事件
OnCanGoForwardChanged	引发 CanGoForwardChanged 事件
OnCausesValidationChanged	引发 CausesValidationChanged 事件（继承自 Control）
OnChangeUICues	引发 ChangeUICues 事件（继承自 Control）
OnClick	引发 Click 事件（继承自 Control）
OnClientSizeChanged	引发 ClientSizeChanged 事件（继承自 Control）
OnContextMenuChanged	引发 ContextMenuChanged 事件（继承自 Control）
OnContextMenuStripChanged	引发 ContextMenuStripChanged 事件（继承自 Control）
OnControlAdded	引发 ControlAdded 事件（继承自 Control）
OnControlRemoved	引发 ControlRemoved 事件（继承自 Control）
OnCreateControl	引发 CreateControl 方法（继承自 Control）
OnCursorChanged	引发 CursorChanged 事件（继承自 Control）
OnDockChanged	引发 DockChanged 事件（继承自 Control）
OnDocumentCompleted	引发 DocumentCompleted 事件
OnDocumentTitleChanged	引发 DocumentTitleChanged 事件
OnDoubleClick	引发 DoubleClick 事件（继承自 Control）
OnDragDrop	引发 DragDrop 事件（继承自 Control）
OnDragEnter	引发 DragEnter 事件（继承自 Control）
OnDragLeave	引发 DragLeave 事件（继承自 Control）
OnDragOver	引发 DragOver 事件（继承自 Control）
OnEnabledChanged	引发 EnabledChanged 事件（继承自 Control）
OnEncryptionLevelChanged	引发 EncryptionLevelChanged 事件
OnEnter	引发 Enter 事件（继承自 Control）
OnFileDownload	引发 FileDownload 事件
OnFontChanged	引发 FontChanged 事件（继承自 WebBrowserBase）
OnForeColorChanged	引发 ForeColorChanged 事件（继承自 WebBrowserBase）
OnGiveFeedback	引发 GiveFeedback 事件（继承自 Control）
OnGotFocus	引发 GotFocus 事件（继承自 WebBrowserBase）
OnHandleCreated	引发 HandleCreated 事件（继承自 WebBrowserBase）
OnHandleDestroyed	引发 HandleDestroyed 事件（继承自 Control）
OnHelpRequested	引发 HelpRequested 事件（继承自 Control）
OnImeModeChanged	引发 ImeModeChanged 事件（继承自 Control）
OnInvalidated	引发 Invalidated 事件（继承自 Control）
OnKeyDown	引发 KeyDown 事件（继承自 Control）
OnKeyPress	引发 KeyPress 事件（继承自 Control）
OnKeyUp	引发 KeyUp 事件（继承自 Control）
OnLayout	引发 Layout 事件（继承自 Control）
OnLeave	引发 Leave 事件（继承自 Control）
OnLocationChanged	引发 LocationChanged 事件（继承自 Control）
OnLostFocus	引发 LostFocus 事件（继承自 WebBrowserBase）
OnMarginChanged	引发 MarginChanged 事件（继承自 Control）
OnMouseCaptureChanged	引发 MouseCaptureChanged 事件（继承自 Control）

续表

名　　称	说　　明
OnMouseClick	引发 MouseClick 事件（继承自 Control）
OnMouseDoubleClick	引发 MouseDoubleClick 事件（继承自 Control）
OnMouseDown	引发 MouseDown 事件（继承自 Control）
OnMouseEnter	引发 MouseEnter 事件（继承自 Control）
OnMouseHover	引发 MouseHover 事件（继承自 Control）
OnMouseLeave	引发 MouseLeave 事件（继承自 Control）
OnMouseMove	引发 MouseMove 事件（继承自 Control）
OnMouseUp	引发 MouseUp 事件（继承自 Control）
OnMouseWheel	引发 MouseWheel 事件（继承自 Control）
OnMove	引发 Move 事件（继承自 Control）
OnNavigated	引发 Navigated 事件
OnNavigating	引发 Navigating 事件
OnNewWindow	引发 NewWindow 事件
OnNotifyMessage	向控件通知 Windows 消息（继承自 Control）
OnPaddingChanged	引发 PaddingChanged 事件（继承自 Control）
OnPaint	引发 Paint 事件（继承自 Control）
OnPaintBackground	绘制控件的背景（继承自 Control）
OnParentBackColorChanged	当控件容器的 BackColor 属性值更改时，将引发 BackColorChanged 事件（继承自 Control）
OnParentBackgroundImageChanged	当控件容器的 BackgroundImage 属性值更改时，将引发 BackgroundImageChanged 事件（继承自 Control）
OnParentBindingContextChanged	当控件容器的 BindingContext 属性值更改时，将引发 BindingContextChanged 事件（继承自 Control）
OnParentChanged	此成员重写 Control.OnParentChanged（继承自 WebBrowserBase）
OnParentCursorChanged	引发 CursorChanged 事件（继承自 Control）
OnParentEnabledChanged	当控件容器的 Enabled 属性值更改时，将引发 EnabledChanged 事件（继承自 Control）
OnParentFontChanged	当控件容器的 Font 属性值更改时，将引发 FontChanged 事件（继承自 Control）
OnParentForeColorChanged	当控件容器的 ForeColor 属性值更改时，将引发 ForeColorChanged 事件（继承自 Control）
OnParentRightToLeftChanged	当控件容器的 RightToLeft 属性值更改时，将引发 RightToLeftChanged 事件（继承自 Control）
OnParentVisibleChanged	当控件容器的 Visible 属性值更改时，将引发 VisibleChanged 事件（继承自 Control）
OnPreviewKeyDown	引发 PreviewKeyDown 事件（继承自 Control）
OnPrint	引发 Paint 事件（继承自 Control）
OnProgressChanged	引发 ProgressChanged 事件
OnQueryContinueDrag	引发 QueryContinueDrag 事件（继承自 Control）
OnRegionChanged	引发 RegionChanged 事件（继承自 Control）
OnResize	引发 Resize 事件（继承自 Control）
OnRightToLeftChanged	基础结构。此方法对于此控件无意义（继承自 WebBrowserBase）

续表

名 称	说 明
OnSizeChanged	引发 SizeChanged 事件（继承自 Control）
OnStatusTextChanged	引发 StatusTextChanged 事件
OnStyleChanged	引发 StyleChanged 事件（继承自 Control）
OnSystemColorsChanged	引发 SystemColorsChanged 事件（继承自 Control）
OnTabIndexChanged	引发 TabIndexChanged 事件（继承自 Control）
OnTabStopChanged	引发 TabStopChanged 事件（继承自 Control）
OnTextChanged	引发 TextChanged 事件（继承自 Control）
OnValidated	引发 Validated 事件（继承自 Control）
OnValidating	引发 Validating 事件（继承自 Control）
OnVisibleChanged	此成员重写 Control.OnVisibleChanged（继承自 WebBrowserBase）
Print	使用当前打印和页面设置打印当前显示在 WebBrowser 控件中的文档
ProcessCmdKey	处理命令键（继承自 Control）
ProcessDialogChar	处理对话框字符（继承自 Control）
ProcessDialogKey	当 WebBrowser ActiveX 控件不处理对话框键时处理该键（继承自 WebBrowserBase）
ProcessKeyEventArgs	处理键消息并生成适当的控件事件（继承自 Control）
ProcessKeyMessage	处理键盘消息（继承自 Control）
ProcessKeyPreview	预览键盘消息（继承自 Control）
ProcessMnemonic	处理助记键字符（继承自 WebBrowserBase）
RaiseDragEvent	基础结构。引发适当的拖动事件（继承自 Control）
RaiseKeyEvent	基础结构。引发适当的键事件（继承自 Control）
RaiseMouseEvent	基础结构。引发适当的鼠标事件（继承自 Control）
RaisePaintEvent	基础结构。引发适当的绘画事件（继承自 Control）
RecreateHandle	强制为控件重新创建句柄（继承自 Control）
Refresh()	通过检查服务器获取更新版本，重新加载当前显示在 WebBrowser 控件中的文档（重写 Control.Refresh()）
Refresh(WebBrowserRefreshOption)	使用指定的刷新选项重新加载当前显示在 WebBrowser 控件中的文档
ResetMouseEventArgs	基础结构。重置控件以处理 MouseLeave 事件（继承自 Control）
RtlTranslateAlignment(ContentAlignment)	将指定的 ContentAlignment 转换为相应的 ContentAlignment 以支持从右向左的文本（继承自 Control）
RtlTranslateAlignment(HorizontalAlignment)	将指定的 HorizontalAlignment 转换为相应的 HorizontalAlignment 以支持从右向左的文本（继承自 Control）
RtlTranslateAlignment(LeftRightAlignment)	将指定的 LeftRightAlignment 转换为相应的 LeftRightAlignment 以支持从右向左的文本（继承自 Control）
RtlTranslateContent	将指定的 ContentAlignment 转换为相应的 ContentAlignment 以支持从右向左的文本（继承自 Control）
RtlTranslateHorizontal	将指定的 HorizontalAlignment 转换为相应的 HorizontalAlignment 以支持从右向左的文本（继承自 Control）

续表

名 称	说 明
RtlTranslateLeftRight	将指定的 LeftRightAlignment 转换为相应的 LeftRightAlignment 以支持从右向左的文本（继承自 Control）
ScaleControl	缩放控件的位置、大小、空白和边距（继承自 Control）
ScaleCore	基础结构。此方法与此类无关（继承自 Control）
Select(Boolean, Boolean)	激活子控件。还可以指定从中选择控件的 Tab 键顺序的方向（继承自 Control）
SetAutoSizeMode	设置一个值，该值指示当启用控件的 AutoSize 属性时控件的行为方式（继承自 Control）
SetBoundsCore	执行设置该控件的指定边界的工作（继承自 Control）
SetClientSizeCore	设置控件的工作区的大小（继承自 Control）
SetStyle	将指定的 ControlStyles 标志设置为 true 或 false（继承自 Control）
SetTopLevel	将控件设置为顶级控件（继承自 Control）
SetVisibleCore	将控件设置为指定的可见状态（继承自 Control）
ShowPageSetupDialog	打开 Internet Explorer "页面设置"对话框
ShowPrintDialog	打开 Internet Explorer 的"打印"对话框，但不设置页眉或页脚值
ShowPrintPreviewDialog	打开 Internet Explorer 的"打印预览"对话框
ShowPropertiesDialog	打开当前文档的 Internet Explorer "属性"对话框
ShowSaveAsDialog	打开 Internet Explorer 的"保存网页"对话框，如果承载的文档不是 HTML 页，则打开其"保存"对话框
SizeFromClientSize	确定整个控件（从控件工作区的高度和宽度起计算）的大小（继承自 Control）
Stop	取消所有挂起的导航并停止所有动态页元素（如背景声音和动画）
UpdateBounds()	用当前大小和位置更新控件的边界（继承自 Control）
UpdateBounds(Int32, Int32, Int32, Int32)	用指定大小和位置更新控件的边界（继承自 Control）
UpdateBounds(Int32, Int32, Int32, Int32, Int32, Int32)	用指定大小、位置和工作区的大小更新控件的边界（继承自 Control）
UpdateStyles	强制将分配的样式重新应用到控件（继承自 Control）
UpdateZOrder	按控件的父级的 Z 顺序更新控件（继承自 Control）
WndProc	此成员重写 WndProc（重写 WebBrowserBase.WndProc (Message)）

其中，最为常用的方法如 Navigate、Refresh、GoBack、GoForward、Stop、GoHome 等。

3．WebBrowser控件的使用

本节将以一个小例子来介绍下 WebBrowser 控件的使用。

例 15-3：WebBrowser 控件的使用（WinFormsWebBrowser）

```
using System;
using System.Collections.Generic;
using System.ComponentModel;
using System.Data;
```

```csharp
using System.Drawing;
using System.Linq;
using System.Text;
using System.Threading.Tasks;
using System.Windows.Forms;

namespace WinFormsWebBrowser
{
    public partial class Form1 : Form
    {
        public Form1()
        {
            InitializeComponent();
        }

        private void btnLoad_Click(object sender, EventArgs e)
        {
            if (string.IsNullOrEmpty(this.txtUrl.Text))
                MessageBox.Show("请先输入要加载的网址 URL.");
            else
            {
                wbShow.Navigate(this.txtUrl.Text.Trim());
            }
        }
    }
}
```

程序运行后输入要加载的网址 URL，运行效果如图 15-4 所示。

图 15-4 WebBrowser 控件的使用

此例子只是简单地使用了 WebBrowser 控件加载网页实现浏览页面的功能，加载后还可根据需要对加载页面进行操作，如后退、前进、单击按钮、提交表单等。

在此要注意的是，WebBrowser 控件会占用大量资源。使用完该控件后一定要调用 Dispose 方法，以便确保及时释放所有资源。必须在附加事件的同一线程上调用 Dispose 方法，该线程应始终是消息或用户界面（UI）线程。

15.2 套接字网络编程

套接字（Sockets）是一种网络 API（应用程序编程接口），可以使用它开发网络程序。套接字接口提供一种进程间通信的方法，使得在相同或者不同的主机上的进程能以相同的规范进行双向信息传送。进程通过调用套接字接口来实现相互之间的通信，而套接字接口又利用下层的网络通信协议功能和系统调用实现实际的通信工作。

本节将学习套接字网络编程的相关知识。其包含在 System.Net.Sockets 命名空间下。System.Net.Sockets 命名空间提供了 Windows Sockets (Winsock) 接口的托管实现。其主要包括 Socket、TcpClient、TcpListener、UdpClient 类。

15.2.1 TcpClient 类和 TcpListener 类

TcpClient 类提供了一些简单的方法，用于在同步阻止模式下通过网络来连接、发送和接收流数据。而 TcpListener 类则用于在阻止同步模式下侦听和接受传入连接请求。

1. TcpClient类

TCPClient 类使用 TCP 从因特网上请求数据。TCP 建立与远程终结点的连接，然后使用此连接发送和接收数据包。

TcpClient 类的属性如表 15-10 所示。

表 15-10　TcpClient类的属性

名　称	说　明
Active	获取或设置一个值，该值指示是否已建立连接
Available	获取已经从网络接收且可供读取的数据量
Client	获取或设置基础 Socket
Connected	获取一个值，该值指示 TcpClient 的基础 Socket 是否已连接到远程主机
ExclusiveAddressUse	获取或设置 Boolean 值，该值指定 TcpClient 是否只允许一个客户端使用端口
LingerState	获取或设置有关关联的套接字的延迟状态的信息
NoDelay	获取或设置一个值，该值在发送或接收缓冲区未满时禁用延迟
ReceiveBufferSize	获取或设置接收缓冲区的大小
ReceiveTimeout	获取或设置在初始化一个读取操作以后 TcpClient 等待接收数据的时间量
SendBufferSize	获取或设置发送缓冲区的大小
SendTimeout	获取或设置 TcpClient 等待发送操作成功完成的时间量

TcpClient 类的方法如表 15-11 所示。

表 15-11 TcpClient类的方法

名 称	说 明
BeginConnect(IPAddress,Int32,AsyncCallback, Object)	开始一个对远程主机连接的异步请求。远程主机由 IPAddress 和端口号（Int32）指定
BeginConnect(IPAddress[],Int32,AsyncCallback,Object)	开始一个对远程主机连接的异步请求。远程主机由 IPAddress 数组和端口号（Int32）指定
BeginConnect(String, Int32, AsyncCallback, Object)	开始一个对远程主机连接的异步请求。远程主机由主机名（String）和端口号（Int32）指定
Close	释放此 TcpClient 实例，并请求关闭基础 TCP 连接
Connect(IPEndPoint)	使用指定的远程网络终结点将客户端连接到远程 TCP 主机
Connect(IPAddress, Int32)	使用指定的 IP 地址和端口号将客户端连接到 TCP 主机
Connect(IPAddress[], Int32)	使用指定的 IP 地址和端口号将客户端连接到远程 TCP 主机
Connect(String, Int32)	将客户端连接到指定主机上的指定端口
ConnectAsync(IPAddress, Int32)	使用指定的 IP 地址和端口号将客户端连接到远程 TCP 主机以作为异步操作
ConnectAsync(IPAddress[], Int32)	使用指定的 IP 地址和端口号将客户端连接到远程 TCP 主机以作为异步操作
ConnectAsync(String, Int32)	将客户端连接到指定主机上的指定 TCP 端口以作为异步操作。
Dispose	释放由 TcpClient 占用的非托管资源，还可以另外再释放托管资源
EndConnect	结束挂起的异步连接尝试
Equals(Object)	确定指定的对象是否等于当前对象（继承自 Object）
Finalize	释放 TcpClient 类使用的资源（重写 Object.Finalize()）
GetHashCode	作为默认哈希函数（继承自 Object）
GetStream	返回用于发送和接收数据的 NetworkStream
GetType	获取当前实例的 Type（继承自 Object）
MemberwiseClone	创建当前 Object 的浅表副本（继承自 Object）
ToString	返回表示当前对象的字符串（继承自 Object）

2．TcpListener类

TcpListener 类用来侦听来自 TCP 网络客户端的连接。可使用 TcpClient 或 Socket 来连接 TcpListener。可使用 IPEndPoint、本地 IP 地址及端口号或者仅使用端口号，来创建 TcpListener。

TcpListener 类的属性如表 15-12 所示。

表 15-12 TcpListener类的属性

名 称	说 明
Active	获取一个值，该值指示 TcpListener 是否正主动侦听客户端连接
ExclusiveAddressUse	获取或设置一个 Boolean 值，该值指定 TcpListener 是否只允许一个基础套接字来侦听特定端口

续表

名 称	说 明
LocalEndpoint	获取当前 TcpListener 的基础 EndPoint
Server	获取基础网络 Socket

TcpListener 类的方法如表 15-13 所示。

表 15-13　TcpListener类的方法

名 称	说 明
AcceptSocket	接受挂起的连接请求
AcceptSocketAsync	接受挂起的连接请求以作为异步操作
AcceptTcpClient	接受挂起的连接请求
AcceptTcpClientAsync	以异步操作方式接受挂起的连接请求
AllowNatTraversal	启用或禁用针对 TcpListener 实例的网络地址转换（NAT）遍历
BeginAcceptSocket	开始一个异步操作来接受一个传入的连接尝试
BeginAcceptTcpClient	开始一个异步操作来接受一个传入的连接尝试
Create	创建一个新的侦听指定端口的 TcpListener 实例
EndAcceptSocket	异步接受传入的连接尝试，并创建新的 Socket 来处理远程主机通信
EndAcceptTcpClient	异步接受传入的连接尝试，并创建新的 TcpClient 来处理远程主机通信
Equals(Object)	确定指定的对象是否等于当前对象（继承自 Object）
Finalize	允许对象在"垃圾回收"回收之前尝试释放资源并执行其他清理操作（继承自 Object）
GetHashCode	作为默认哈希函数（继承自 Object）
GetType	获取当前实例的 Type（继承自 Object）
MemberwiseClone	创建当前 Object 的浅表副本（继承自 Object）
Pending	确定是否有挂起的连接请求
Start()	开始侦听传入的连接请求
Start(Int32)	启动对具有最大挂起连接数的传入连接请求的侦听
Stop	关闭侦听器
ToString	返回表示当前对象的字符串（继承自 Object）

3. TcpClient和TcpListener 类的使用

本节将以一个小例子来介绍下 TcpClient 和 TcpListener 类的使用。

例 15-4：**TcpClient 和 TcpListener 类的使用**（**WinFormsTcpClientAndTcpListener**）
以下代码为客户端（发送端）代码。

```
using System;
using System.Collections.Generic;
using System.ComponentModel;
using System.Data;
using System.Drawing;
using System.Linq;
using System.Net.Sockets;
using System.Text;
using System.Threading.Tasks;
using System.Windows.Forms;
```

```csharp
namespace WinFormsTcpClientAndTcpListener
{
    public partial class Form1 : Form
    {
        public Form1()
        {
            InitializeComponent();
        }

        private void btnSend_Click(object sender, EventArgs e)
        {
            string ip = this.txtIP.Text.Trim();
            string port = this.txtPort.Text.Trim();
            string message = this.txtMessage.Text.Trim();

            if (string.IsNullOrEmpty(ip) || string.IsNullOrEmpty(port) ||
            string.IsNullOrEmpty(message))
            {
                MessageBox.Show("不能为空！");
                return;
            }

            try
            {
                TcpClient tcpClient = new TcpClient(ip, int.Parse(port));
                NetworkStream stream = tcpClient.GetStream();
                Byte[] data = Encoding.UTF8.GetBytes(message);
                stream.Write(data, 0, data.Length);
                stream.Close();
                tcpClient.Close();
            }
            catch (Exception ex)
            {
                MessageBox.Show(ex.Message);
            }
        }
    }
}
```

以下代码为服务器端（监听端）代码。

```csharp
using System;
using System.Collections.Generic;
using System.ComponentModel;
using System.Data;
using System.Drawing;
using System.IO;
using System.Linq;
using System.Net;
using System.Net.Sockets;
using System.Text;
```

```csharp
using System.Threading;
using System.Threading.Tasks;
using System.Windows.Forms;

namespace WinFormsTcpClientAndTcpListener
{
    public partial class frmReceive : Form
    {
        public frmReceive()
        {
            InitializeComponent();
        }

        private void frmReceive_Load(object sender, EventArgs e)
        {
            Thread thread = new Thread(new ThreadStart(MyListen));

            thread.Start();

        }

        protected delegate void ShowContentDelegate(string content);

        private void MyListen()
        {
            IPAddress ipAddress = IPAddress.Parse("127.0.0.1");
            TcpListener tcpListener = new TcpListener(ipAddress, 19521);
            tcpListener.Start();

            while (true)
            {
                TcpClient tcpClient = tcpListener.AcceptTcpClient();

                NetworkStream stream = tcpClient.GetStream();

                StreamReader sr = new StreamReader(stream);

                string result = sr.ReadToEnd();

                Invoke(newShowContentDelegate(ShowContent),newobject[]{result});
                tcpClient.Close();
            }
        }

        public void ShowContent(string content)
        {
            this.txtReceive.Text += content+"\r\n";
        }


    }
}
```

此程序实现文字的发送与接收，其中，Form1 用来发送数据、frmReceive 用来接收数据。当接收端运行后，在发送端输入要发送的数据，单击 Send 按钮，数据将被接收端所接收。运行效果如图 15-5 及图 15-6 所示。

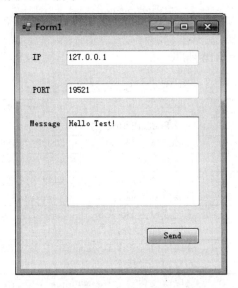

图 15-5　TcpClient 和 TcpListener 类的使用（发送端）

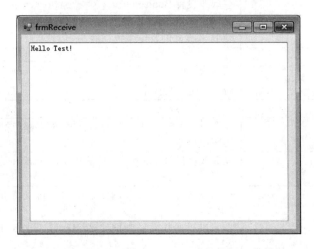

图 15-6　TcpClient 和 TcpListener 类的使用（接收端）

使用 TCP ProtocolType 创建的 TcpListener 或 Socket 必须侦听是否有传入的连接请求。可以使用下面两种方法之一连接到该 Listener。

（1）创建一个 TcpClient，并调用三个可用的 Connect 方法之一。

（2）使用远程主机的主机名和端口号创建 TcpClient。此构造函数将自动尝试一个连接。

15.2.2　Socket 类

Socket 类为网络通信提供了丰富的方法和属性。Socket 类允许使用 ProtocolType 枚举中被列出的任何通信协议来完成同步数据传送和异步数据传送。Socket 还遵循了.NET Framework 的异步方法命名模式；例如，同步的 Receive 方法就对应于异步的 BeginReceive

和 EndReceive 方法。

1. Socket类的属性

Socket 类的属性如表 15-14 所示。

表 15-14 Socket类的属性

名 称	说 明
AddressFamily	获取 Socket 的地址族
Available	获取已经从网络接收且可供读取的数据量
Blocking	获取或设置一个值，该值指示 Socket 是否处于阻止模式
Connected	获取一个值，该值指示 Socket 在上次 Send 或者 Receive 操作时是否连接到远程主机
DontFragment	获取或设置 Boolean 值，该值指定 Socket 是否允许将 Internet 协议（IP）数据报分段
DualMode	获取或设置一个 Boolean 值，它指定 Socket 是否是用于 IPv4 和 IPv6 的双模式套接字
EnableBroadcast	获取或设置一个 Boolean 值，该值指定 Socket 是否可以发送或接收广播数据包
ExclusiveAddressUse	获取或设置 Boolean 值，该值指定 Socket 是否仅允许一个进程绑定到端口
Handle	获取 Socket 的操作系统句柄
IsBound	获取一个值，该值指示 Socket 是否绑定到特定本地端口
LingerState	获取或设置一个值，该值指定 Socket 在尝试发送所有挂起数据时是否延迟关闭套接字
LocalEndPoint	获取本地终结点
MulticastLoopback	获取或设置一个值，该值指定传出的多路广播数据包是否传递到发送应用程序
NoDelay	获取或设置 Boolean 值，该值指定流 Socket 是否正在使用 Nagle 算法
OSSupportsIPv4	指示基础操作系统和网络适配器是否支持 Internet 协议第 4 版（IPv4）
OSSupportsIPv6	指示基础操作系统和网络适配器是否支持 Internet 协议第 6 版（IPv6）
ProtocolType	获取 Socket 的协议类型
ReceiveBufferSize	获取或设置一个值，它指定 Socket 接收缓冲区的大小
ReceiveTimeout	获取或设置一个值，该值指定之后同步 Receive 调用将超时的时间长度
RemoteEndPoint	获取远程终结点
SendBufferSize	获取或设置一个值，该值指定 Socket 发送缓冲区的大小
SendTimeout	获取或设置一个值，该值指定之后同步 Send 调用将超时的时间长度
SocketType	获取 Socket 的类型
SupportsIPv4	已过时。获取一个值，该值指示在当前主机上 IPv4 支持是否可用并且已启用
SupportsIPv6	已过时。获取一个值，该值指示 Framework 对某些已过时的 Dns 成员是否支持 IPv6

续表

名 称	说 明
Ttl	获取或设置一个值，指定 Socket 发送的 Internet 协议（IP）数据包的生存时间（TTL）值
UseOnlyOverlappedIO	指定套接字是否应仅使用重叠 I/O 模式

2. Socket类的方法

Socket 类的方法如表 15-15 所示。

表 15-15　Socket类的方法

名 称	说 明
Accept	为新建连接创建新的 Socket
BeginAccept(AsyncCallback, Object)	开始一个异步操作来接受一个传入的连接尝试
BeginAccept(Int32, AsyncCallback, Object)	开始异步操作以接受传入的连接尝试并接收客户端应用程序发送的第一个数据块
BeginAccept(Socket, Int32, AsyncCallback, Object)	开始异步操作以接受从指定套接字传入的连接尝试并接收客户端应用程序发送的第一个数据块
BeginConnect(EndPoint, AsyncCallback, Object)	开始一个对远程主机连接的异步请求
BeginConnect(IPAddress, Int32, AsyncCallback, Object)	开始一个对远程主机连接的异步请求。主机由 IPAddress 和端口号指定
BeginConnect(IPAddress[], Int32, AsyncCallback, Object)	开始一个对远程主机连接的异步请求。主机由 IPAddress 数组和端口号指定
BeginConnect(String, Int32, AsyncCallback, Object)	开始一个对远程主机连接的异步请求。主机由主机名和端口号指定
BeginDisconnect	开始异步请求从远程终结点断开连接
BeginReceive(IList<ArraySegment<Byte>>, SocketFlags, AsyncCallback, Object)	开始从连接的 Socket 中异步接收数据
BeginReceive(IList<ArraySegment<Byte>>, SocketFlags, SocketError, AsyncCallback, Object)	开始从连接的 Socket 中异步接收数据
BeginReceive(Byte[], Int32, Int32, SocketFlags, AsyncCallback, Object)	开始从连接的 Socket 中异步接收数据
BeginReceive(Byte[], Int32, Int32, SocketFlags, SocketError, AsyncCallback, Object)	开始从连接的 Socket 中异步接收数据
BeginReceiveFrom	开始从指定网络设备中异步接收数据
BeginReceiveMessageFrom	开始使用指定的 SocketFlags 将指定字节数的数据异步接收到数据缓冲区的指定位置，然后存储终结点和数据包信息
BeginSend(IList<ArraySegment<Byte>>, SocketFlags, AsyncCallback, Object)	将数据异步发送到连接的 Socket
BeginSend(IList<ArraySegment<Byte>>, SocketFlags, SocketError, AsyncCallback, Object)	将数据异步发送到连接的 Socket
BeginSend(Byte[], Int32, Int32, SocketFlags, AsyncCallback, Object)	将数据异步发送到连接的 Socket
BeginSend(Byte[], Int32, Int32, SocketFlags, SocketError, AsyncCallback, Object)	将数据异步发送到连接的 Socket
BeginSendFile(String, AsyncCallback, Object)	使用 UseDefaultWorkerThread 标志，将文件 fileName 发送到连接的 Socket 对象

续表

名　称	说　明
BeginSendFile(String, Byte[], Byte[], TransmitFileOptions, AsyncCallback, Object)	将文件和数据缓冲区异步发送到连接的 Socket 对象
BeginSendTo	向特定远程主机异步发送数据
Close()	关闭 Socket 连接并释放所有关联的资源
Close(Int32)	关闭 Socket 连接并释放与指定超时关联的所有资源以允许发送排队数据
Connect(EndPoint)	建立与远程主机的连接
Connect(IPAddress, Int32)	建立与远程主机的连接。主机由 IP 地址和端口号指定
Connect(IPAddress[], Int32)	建立与远程主机的连接。主机由 IP 地址的数组和端口号指定
Connect(String, Int32)	建立与远程主机的连接。主机由主机名和端口号指定
Disconnect	关闭套接字连接并允许重用套接字
EndAccept(IAsyncResult)	异步接受传入的连接尝试，并创建新的 Socket 来处理远程主机通信
EndAccept(Byte[], IAsyncResult)	异步接受传入的连接尝试，并创建新的 Socket 对象来处理远程主机通信。此方法返回包含所传输的初始数据的缓冲区
EndAccept(Byte[], Int32, IAsyncResult)	异步接受传入的连接尝试，并创建新的 Socket 对象来处理远程主机通信。此方法返回一个缓冲区，其中包含初始数据和传输的字节数
EndConnect	结束挂起的异步连接请求
EndDisconnect	结束挂起的异步断开连接请求
EndReceive(IAsyncResult)	结束挂起的异步读取
EndReceive(IAsyncResult, SocketError)	结束挂起的异步读取
EndReceiveFrom	结束挂起的、从特定终结点进行异步读取
EndReceiveMessageFrom	结束挂起的、从特定终结点进行异步读取。此方法还显示有关数据包而不是 EndReceiveFrom 的更多信息
EndSend(IAsyncResult)	结束挂起的异步发送
EndSend(IAsyncResult, SocketError)	结束挂起的异步发送
EndSendFile	结束文件的挂起异步发送
Listen	将 Socket 置于侦听状态
Receive(IList<ArraySegment<Byte>>)	从绑定的 Socket 接收数据，将数据存入接收缓冲区列表中
Receive(Byte[])	从绑定的 Socket 套接字接收数据，将数据存入接收缓冲区
Receive(IList<ArraySegment<Byte>>, SocketFlags)	使用指定的 SocketFlags，从绑定的 Socket 接收数据，将数据存入接收缓冲区列表中
Receive(Byte[], SocketFlags)	使用指定的 SocketFlags，从绑定的 Socket 接收数据，将数据存入接收缓冲区
Receive(IList<ArraySegment<Byte>>, SocketFlags, SocketError)	使用指定的 SocketFlags，从绑定的 Socket 接收数据，将数据存入接收缓冲区列表中
Receive(Byte[], Int32, SocketFlags)	使用指定的 SocketFlags，从绑定的 Socket 接收指定字节数的数据，并将数据存入接收缓冲区

第 15 章 网络编程技术

续表

名 称	说 明
Receive(Byte[], Int32, Int32, SocketFlags)	使用指定的 SocketFlags，从绑定的 Socket 接收指定的字节数，存入接收缓冲区的指定偏移量位置
Receive(Byte[], Int32, Int32, SocketFlags, SocketError)	使用指定的 SocketFlags，从绑定的 Socket 接收数据，将数据存入接收缓冲区
ReceiveAsync	开始一个异步请求以便从连接的 Socket 对象中接收数据
ReceiveFrom(Byte[], EndPoint)	将数据报接收到数据缓冲区并存储终结点
ReceiveFrom(Byte[], SocketFlags, EndPoint)	使用指定的 SocketFlags 将数据报接收到数据缓冲区并存储终结点
ReceiveFrom(Byte[], Int32, SocketFlags, EndPoint)	使用指定的 SocketFlags 将指定的字节数接收到数据缓冲区并存储终结点
ReceiveFrom(Byte[], Int32, Int32, SocketFlags, EndPoint)	使用指定的 SocketFlags 将指定字节数的数据接收到数据缓冲区的指定位置并存储终结点
ReceiveFromAsync	开始从指定网络设备中异步接收数据
ReceiveMessageFrom	使用指定的 SocketFlags 将指定字节数的数据接收到数据缓冲区的指定位置，然后存储终结点和数据包信息
ReceiveMessageFromAsync	开始使用指定的 SocketAsyncEventArgs.SocketFlags 将指定字节数的数据异步接收到数据缓冲区的指定位置，并存储终结点和数据包信息
Send(IList<ArraySegment<Byte>>)	将列表中的一组缓冲区发送到连接的 Socket
Send(Byte[])	将数据发送到连接的 Socket
Send(IList<ArraySegment<Byte>>, SocketFlags)	使用指定的 SocketFlags 将列表中的一组缓冲区发送到连接的 Socket
Send(Byte[], SocketFlags)	使用指定的 SocketFlags 将数据发送到连接的 Socket
Send(IList<ArraySegment<Byte>>, SocketFlags, SocketError)	使用指定的 SocketFlags 将列表中的一组缓冲区发送到连接的 Socket
Send(Byte[], Int32, SocketFlags)	使用指定的 SocketFlags 将指定字节数的数据发送到已连接的 Socket
Send(Byte[], Int32, Int32, SocketFlags)	使用指定的 SocketFlags 将指定字节数的数据发送到已连接的 Socket（从指定的偏移量开始）
Send(Byte[], Int32, Int32, SocketFlags, SocketError)	从指定的偏移量开始使用指定的 SocketFlags 将指定字节数的数据发送到连接的 Socket
SendFile(String)	使用 UseDefaultWorkerThread 传输标志，将文件 fileName 发送到连接的 Socket 对象
SendFile(String, Byte[], Byte[], TransmitFileOptions)	使用指定的 TransmitFileOptions 值，将文件 fileName 和数据缓冲区发送到连接的 Socket 对象
SendTo(Byte[], EndPoint)	将数据发送到指定的终结点
SendTo(Byte[], SocketFlags, EndPoint)	使用指定的 SocketFlags 将数据发送到特定的终结点
SendTo(Byte[], Int32, SocketFlags, EndPoint)	使用指定的 SocketFlags 将指定字节数的数据发送到指定的终结点
SendTo(Byte[], Int32, Int32, SocketFlags, EndPoint)	使用指定的 SocketFlags 将指定字节数的数据发送到指定终结点（从缓冲区中的指定位置开始）
Shutdown	禁用某 Socket 上的发送和接收

3. Socket类的使用

本节将以一个小例子来介绍下 Socket 类的使用。

例 15-5：Socket 类的使用（WinFormsSocket）

以下代码为客户端（发送端）代码。

```csharp
using System;
using System.Collections.Generic;
using System.ComponentModel;
using System.Data;
using System.Drawing;
using System.Linq;
using System.Net;
using System.Net.Sockets;
using System.Text;
using System.Threading.Tasks;
using System.Windows.Forms;

namespace WinFormsSocket
{
    public partial class Form1 : Form
    {
        public Form1()
        {
            InitializeComponent();
        }

        private void btnSend_Click(object sender, EventArgs e)
        {
            string ip = this.txtIP.Text.Trim();
            string port = this.txtPort.Text.Trim();
            string message = this.txtMessage.Text.Trim();

            if (string.IsNullOrEmpty(ip) || string.IsNullOrEmpty(port) ||
            string.IsNullOrEmpty(message))
            {
                MessageBox.Show("不能为空！");
                return;
            }
            Socket socket = new Socket(AddressFamily.InterNetwork, Socket
            Type.Stream, ProtocolType.Tcp);
            try
            {
                IPAddress iPAddress = IPAddress.Parse(ip);
                socket.Connect(new IPEndPoint(iPAddress, int.Parse(port)));

                string sendMessage = this.txtMessage.Text.Trim();
                socket.Send(Encoding.ASCII.GetBytes(sendMessage));
            }
            catch (Exception ex)
            {
                MessageBox.Show(ex.Message);
                socket.Close();
            }

        }
    }
```

}

以下代码为服务器端（监听端）代码。

```csharp
using System;
using System.Collections.Generic;
using System.ComponentModel;
using System.Data;
using System.Drawing;
using System.IO;
using System.Linq;
using System.Net;
using System.Net.Sockets;
using System.Text;
using System.Threading;
using System.Threading.Tasks;
using System.Windows.Forms;

namespace WinFormsSocket
{
    public partial class frmReceive : Form
    {
        public frmReceive()
        {
            InitializeComponent();
        }

        private void frmReceive_Load(object sender, EventArgs e)
        {
            Thread thread = new Thread(Listen);
            thread.Start();
        }

        protected delegate void ShowContentDelegate(string content);

        public void ShowContent(string content)
        {
            this.txtReceive.Text += content + "\r\n";
        }

        public void Listen()
        {
            Socket serverSocket = new Socket(AddressFamily.InterNetwork,
            SocketType.Stream, ProtocolType.Tcp);

            serverSocket.Bind(new IPEndPoint(IPAddress.Parse("127.0.0.1"),
            19521));

            while (true)
            {
                serverSocket.Listen(0);

                Socket socket = serverSocket.Accept();

                byte[] data = new byte[1024];
                int bytes = socket.Receive(data, data.Length, 0);

                Invoke(new ShowContentDelegate(ShowContent), new object[]
                {Encoding.ASCII.GetString(data, 0, bytes) });
```

                }
            }

        }
    }
```

运行效果如图 15-7 及图 15-8 所示。

图 15-7　Socket 类的使用（发送端）

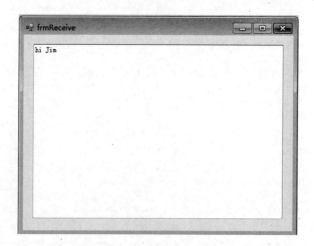

图 15-8　Socket 类的使用（接收端）

### 15.2.3　UDPClient 类

　　UDP 和 TCP 都是构建在 IP 层之上传输层的协议，但 UDP 是一种简单、面向数据报的无连接协议，提供的是不一定可靠的传输服务。

　　但其具有以下三个优点。
```

（1）UDP 速度比 TCP 快。

由于 UDP 不需要先与对方建立连接，也不需要传输确认，因此其数据的传输速度比 TCP 快很多。对于一些注重传输性能而不是传输完整性的应用（网络音频播放、视频点播和网络会议等），使用 UDP 更加适合，因为它传输速度快，使通过网络播放的视频音质好、画面清晰。

（2）UDP 有消息边界。

通过 UDP 进行传输的发送方对应用程序交下来的报文,在添加首部后就向下直接交付给 IP 层。既不拆分也不合并，而是保留这些报文的边界，所以使用 UDP 不需要像 TCP 那样考虑消息边界的问题，这样就使得 UDP 编程相对于 TCP 在接收到的数据处理方面要简单得多。

（3）UDP 可以一对多传输。

由于传输数据不建立连接，也就不需要维护连接状态，因此一台服务器可以同时向多个客户端发送相同的信息。

1．UDPClient类的属性

UDPClient 类的属性如表 15-16 所示。

表 15-16 UDPClient类的属性

名　　称	说　　明
Active	获取或设置一个值，该值指示是否已建立默认远程主机
Available	获取从网络接收的可读取的数据量
Client	获取或设置基础网络 Socket
DontFragment	获取或设置 Boolean 值，指定 UdpClient 是否允许对 Internet 协议（IP）数据报进行分段
EnableBroadcast	获取或设置 Boolean 值，指定 UdpClient 是否可以发送或接收广播数据包
ExclusiveAddressUse	获取或设置 Boolean 值，指定 UdpClient 是否只允许一个客户端使用端口
MulticastLoopback	获取或设置 Boolean 值，指定是否将输出多路广播数据包传递给发送应用程序
Ttl	获取或设置一个值，指定由 UdpClient 发送的 Internet 协议（IP）数据包的生存时间（TTL）

2．UDPClient类的方法

UDPClient 类的方法如表 15-17 所示。

表 15-17 UDPClient类的方法

名　　称	说　　明
AllowNatTraversal	启用或禁用针对 UdpClient 实例的网络地址转换（NAT）遍历
BeginReceive	从远程主机异步接收数据报
BeginSend(Byte[], Int32, AsyncCallback, Object)	将数据报异步发送到远程主机。先前已通过调用 Connect 指定目标
BeginSend(Byte[], Int32, IPEndPoint, AsyncCallback, Object)	将数据报异步发送到目标。目标由 EndPoint 指定
BeginSend(Byte[], Int32, String, Int32, AsyncCallback, Object)	将数据报异步发送到目标。目标由主机名和端口号指定

续表

名 称	说 明
Close	关闭 UDP 连接
Connect(IPEndPoint)	使用指定的网络终结点建立默认远程主机
Connect(IPAddress, Int32)	使用指定的 IP 地址和端口号建立默认远程主机
Connect(String, Int32)	使用指定的主机名和端口号建立默认远程主机
Dispose	释放由 UdpClient 占用的非托管资源，还可以另外再释放托管资源
DropMulticastGroup(IPAddress)	退出多路广播组
DropMulticastGroup(IPAddress, Int32)	退出多路广播组
EndReceive	结束挂起的异步接收
EndSend	结束挂起的异步发送
Finalize	允许对象在"垃圾回收"回收之前尝试释放资源并执行其他清理操作（继承自 Object）
JoinMulticastGroup(IPAddress)	将 UdpClient 添加到多路广播组
JoinMulticastGroup(Int32, IPAddress)	将 UdpClient 添加到多路广播组
JoinMulticastGroup(IPAddress, Int32)	将指定的生存时间（TTL）与 UdpClient 一起添加到多路广播组
JoinMulticastGroup(IPAddress, IPAddress)	将 UdpClient 添加到多路广播组
MemberwiseClone	创建当前 Object 的浅表副本（继承自 Object）
Receive	返回已由远程主机发送的 UDP 数据报
ReceiveAsync	异步返回已由远程主机发送的 UDP 数据报
Send(Byte[], Int32)	将 UDP 数据报发送到远程主机
Send(Byte[], Int32, IPEndPoint)	将 UDP 数据报发送到位于指定远程终结点的主机
Send(Byte[], Int32, String, Int32)	将 UDP 数据报发送到指定的远程主机上的指定端口
SendAsync(Byte[], Int32)	将 UDP 数据报异步发送到远程主机
SendAsync(Byte[], Int32, IPEndPoint)	将 UDP 数据报异步发送到远程主机
SendAsync(Byte[], Int32, String, Int32)	将 UDP 数据报异步发送到远程主机

3. UDPClient类的使用

本节将以一个小例子来介绍下 UDPClient 类的使用。

例 15-6：UDPClient 类的使用（WinFormsUDPClient）

以下代码为客户端（发送端）代码。

```csharp
using System;
using System.Collections.Generic;
using System.ComponentModel;
using System.Data;
using System.Drawing;
using System.Linq;
using System.Net;
using System.Net.Sockets;
using System.Text;
using System.Threading;
using System.Threading.Tasks;
using System.Windows.Forms;
```

```
namespace WinFormsUDPClient
{
    public partial class Form1 : Form
    {
        public Form1()
        {
            InitializeComponent();
        }

        private void btnSend_Click(object sender, EventArgs e)
        {
            UdpClient client = new UdpClient();
            string ip = "127.0.0.1";
            string msg = this.txtSend.Text;
            byte[] data = Encoding.Unicode.GetBytes(msg);
            IPEndPoint ips = new IPEndPoint(IPAddress.Parse(ip), 19521);
            client.Send(data, data.Length, ips);
            client.Close();
        }


    }
}
```

以下代码为服务器端（监听端）代码。

```
using System;
using System.Collections.Generic;
using System.ComponentModel;
using System.Data;
using System.Drawing;
using System.Linq;
using System.Net;
using System.Net.Sockets;
using System.Text;
using System.Threading;
using System.Threading.Tasks;
using System.Windows.Forms;

namespace WinFormsUDPClient
{
    public partial class frmReceive : Form
    {
        public frmReceive()
        {
            InitializeComponent();
        }
        UdpClient udpServer;

        private void frmReceive_Load(object sender, EventArgs e)
        {
            udpServer = new UdpClient(19521);
            Thread t = new Thread(new ThreadStart(ReceiveMsg));
            t.IsBackground = true;
            t.Start();
        }
        public void ReceiveMsg()
        {
            IPEndPoint iPEndPoint = new IPEndPoint(IPAddress.Any, 19521);
            while (true)
```

```csharp
            {
                byte[] data = udpServer.Receive(ref iPEndPoint);
                string msg = Encoding.Unicode.GetString(data);
                ShowContent(msg);
            }

        }
        protected delegate void ShowContentDelegate(string content);


        public void ShowContent(string text)
        {
            if (text != "")
            {
                if (this.txtShow.InvokeRequired)
                {
                    ShowContentDelegate st = new ShowContentDelegate(Show
                    Content);
                    this.Invoke(st, new object[] { text });
                }
                else
                {
                    txtShow.Text += text + "\r\n";
                }
            }
            else
            {

                if (txtShow.InvokeRequired)
                {
                    ShowContentDelegate st = new ShowContentDelegate(Show
                    Content);
                    this.Invoke(st, new object[] { text });
                }
                else
                {
                    txtShow.Text += text + "\r\n";
                }

            }
        }
    }
}
```

运行效果如图 15-9 及图 15-10 所示。

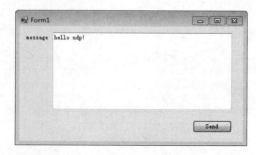

图 15-9　UDPClient 类的使用（发送端）

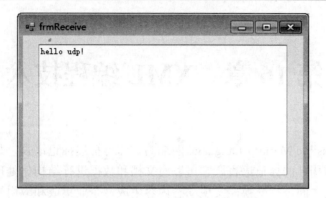

图 15-10　UDPClient 类的使用（接收端）

小结

本章主要讲解网络编程的相关知识。其中主要包括 HTTP 网络编程以及套接字网络编程。学习完本章，相信读者一定对网络编程的知识有了更深一步的了解。

第 16 章 XML 编程技术

XML 是 Extensible Markup Language 的缩写，即可扩展标记语言，是一种用于标记电子文件使其具有结构性的标记语言。它可以对文档和数据进行结构化处理，从而能够在部门、客户和供应商之间进行交换，实现动态内容生成，企业集成和应用开发；可以使我们能够更准确地搜索，更方便地传送软件组件，更好地描述一些事物，例如电子商务交易等。本章就来学习 XML 的相关技术。

本章主要内容：
- XML 基础
- XML 语法
- 操作 XML 文档

16.1 XML 基础

XML 在以前的 Framework 版本中已经有了非常广泛的应用，在当前的这个版本中更是占据了非常重要的地位。在以后的编程过程中也将起到非常重要的作用。这里先介绍 XML 基础，为以后的学习和工作奠定一个良好的基础。

在 C#或者 ASP.NET 中都会广泛地应用 XML 技术，因此在 Framework 中单独为 XML 开发了一整套的操作能够使用的方法，放入到一个命名空间中。下面来看一下几个和 XML 操作有关的知识。在本章中还将对这些接口和类的使用加以详细的说明。

1．XML相关的类

System.Xml 命名空间为处理 XML 提供基于标准的支持。下面来看一下 XML 都包括哪些操作，如表 16-1 所示。

表 16-1 操作XML的相关内容

名　　称	介　　绍
XmlComment	表示 XML 注释的内容
XmlConvert	对 XML 名称进行编码和解码并提供方法在公共语言类型库类型和 XML 架构定义语言（XSD）类型之间进行转换。当转换数据类型时，返回的值是独立于区域设置的
XmlDataDocument	允许通过相关的 DataSet 存储、检索和操作结构化数据
XmlDocument	表示 XML 文档的基础类
XmlElement	表示一个元素
XmlNode	表示 XML 文档中的单个节点
XmlNodeList	表示排序的节点集合

第 16 章　XML 编程技术

续表

名　称	介　绍
XmlText	表示元素或属性的文本内容
XmlWriter	表示一个编写器，该编写器提供一种快速、非缓存和只进的方式来生成包含 XML 数据的流或文件

2．XML 接口

在 XML 中实现了很多的接口，下面来看一下其中几个比较重要的接口，它们使得 XML 能够完成更多的功能，如表 16-2 所示。

表 16-2　XML 实现的接口

名　称	介　绍
IXmlSerializable	提供面向 XML 序列化和反序列化的自定义格式
IXmlLineInfo	提供一个接口，使类可以返回行和位置信息
IHasXmlNode	使类可以从当前上下文或位置返回 XmlNode

这里只是列举了 XML 的部分接口。XML 还继承了更多的接口，希望读者在今后的学习和工作中慢慢掌握，更加深入地理解和运用。

16.2　XML 语法

XML 作为一个可扩展标记语言具有它独特的语法结构。这样才能使 XML 更加健壮，具有可读性，方便快速地阅读和搜索。当然，XML 的语法规则很简单，且很有逻辑，这些规则很容易学习，也很容易使用。XML 文档包括标记，元素属性。

16.2.1　XML 标记、元素和属性

在使用 XML 文档时要按照 XML 文档的规定使用和书写。下面来看下 XML 文档的一些书写原则。首先 XML 文档最主要的结构包括标记，元素和属性。

（1）XML 标记。标记分为开始标记和结束标记，如<a>就是一个开始标记，</a>就是一个结束标记。开始标记与结束标记之间的内容称为 XML 元素的内容。如果一个 XML 元素没有内容，称其为空元素。如<a></a>。

（2）XML 元素。XML 元素是从一个开始标记到它结束标记的一段内容。比如"<a>这是 XML 的内容</a>"就是一个元素。

（3）XML 属性。一个元素可以带有很多的属性，属性写在开始标记中，写在元素名称的后面。比如<students ID="001">，其中，ID ="001"就是 students 元素的一个属性。ID 是属性的名称，001 是属性值。一个 XML 元素不能有相同的 XML 属性名。图 16-1 展示了一个完整的 XML 文档的结构。

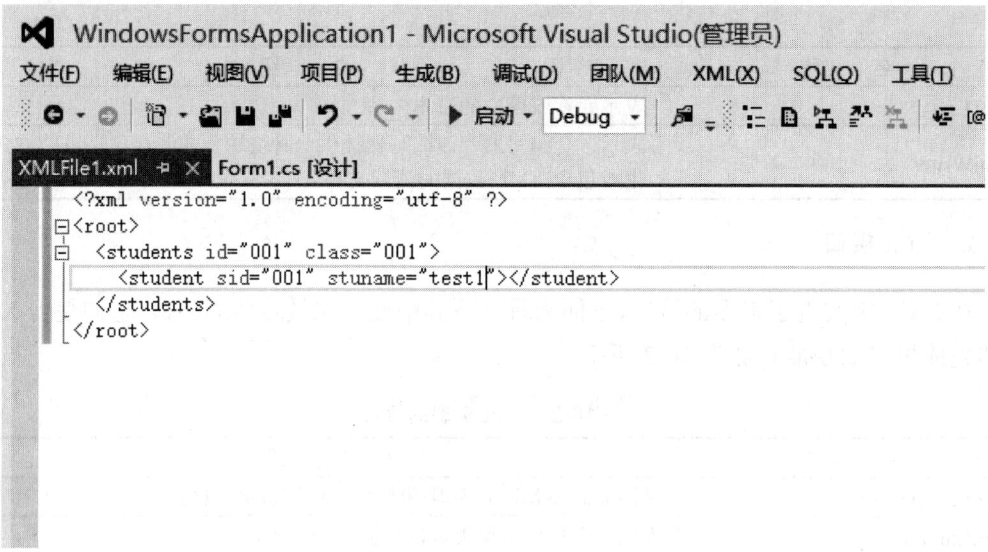

图 16-1　XML 文档的结构

16.2.2　XML 的语法规则

要书写 XML 文档就必须按照 XML 的语法规则。这些规则其实并不复杂,可以说非常简单。XML 语法具有以下几个特点。

1．XML元素都须有关闭标签

在 XML 文档中所有元素必须要有关闭标签,这同 HTML 中的文档是不同的。例如,在 HTML 中,经常会看到没有关闭标签的元素:

```
<p>This is a student
<p>This is a teacher
```

在 HTML 文档中这样写是没有问题的,但是在 XML 文档中则不行,例如:

```
<p>This is a student </p>
<p>This is a teacher </p>
```

在 XML 文档中必须要这样的格式才正确。

当然,在 XML 声明处没有关闭标签,这不是错误。声明不属于 XML 本身的组成部分,它不是 XML 元素,也不需要关闭标签。

2．XML标签对大小写敏感

在定义 XML 元素的时候必须大小写区分开来。在 XML 中,标签<Letter>与标签<letter>是不同的。必须使用相同的大小写来编写打开标签和关闭标签。例如:

```
<Msg>这是错误的。</msg>
< Msg >这是正确的。</ Msg >
```

在书写的时候打开标签和关闭标签通常被称为开始标签和结束标签。不论读者喜欢哪种术语，它们的概念都是相同的。

3．XML必须正确地嵌套

在 HTML 文档中可能会出现嵌套交错的时候，但是在 XML 文档中这样是会被视为错误的写法。例如，在 HTML 中：

```
<b><i>This text is bold and italic</b></i>
```

这样的写法是可以的。但是在 XML 中这样是错误的，正确的写法如下：

```
<b><i>This text is bold and italic</i></b>
```

在 XML 文档中必须正确地嵌套。

4．XML文档必须有根元素

在 XML 文档中必须有一个元素是所有其他元素的父元素，该元素称为根元素。根元素是不能有并列的，例如：

```
<root>
  <stu>
    <stu1 id="001">stu_test</ stu1>
  </ stu >
</root>
```

5．XML的属性值须加引号

XML 与 HTML 类似，XML 也可拥有属性（名称/值对）。在 XML 中，XML 的属性值须加引号。下面两个例子中，上面的例子是错误的。

```
<note date=08/08/2008>
<to>George</to>
<from>John</from>
</note>
```

正确的写法如下：

```
<note date="08/08/2008">
<to>George</to>
<from>John</from>
</note>
```

所有的 XML 文档中的属性必须要交由引号处理。

6．XML的实体引用

在 XML 中也是可以使用一些特殊字符的，比如标记所使用到的尖括号等特殊字符。在 XML 中要使用转换后的字符。例如，如果把字符"<"放在 XML 元素中，会发生错误，这是因为解析器会把它当作新元素的开始。这样会产生 XML 错误：

```
<message>if salary < 1000 then</message>
```

上面的例子必须使用转义字符表示。例如：

```
<message>if salary &lt; 1000 then</message>
```

转义字符如表 16-3 所示。

表 16-3　XML 文档中使用到的转义字符

转　义　字　符	普　通　字　符	名　　　称
&lt;	<	小于
&gt;	>	大于
&amp;	&	与
&apos;	'	单引号
&quot;	"	引号

7．XML 中的注释

在 XML 中编写注释的语法与 HTML 的注释语法中的一种是一样的，注释代码如下：

```
<!-- This is a comment -->
```

8．XML 中空格会被保留

在 HTML 中会把多个连续的空格字符裁减（合并）为一个，代码如下：

```
Hello         my name is David.
```

在浏览器中输出结果为：

```
Hello my name is David.
```

在 XML 文档中所有的空格将全部被保留下来。代码如下：

```
Hello         my name is David.
```

在浏览器中输出结果为：

```
Hello         my name is David.
```

9．XML 以 LF 存储换行

在 Windows 应用程序中，换行通常以一对字符来存储：回车符（CR）和换行符（LF）。这对字符与打字机设置新行的动作有相似之处。在 UNIX 应用程序中，新行以 LF 字符存储。而 Macintosh 应用程序使用 CR 来存储新行。

16.2.3　XML 名称命名规则

XML 的节点和元素的命名是有一定规则的。XML 节点元素不可以以数字和特殊符号，如"."开头，否则用 XMLDOMDocument 写入将会出现 Bug。即使强制写入之后，用 IE 6.0 也是无法显示这个文件的。XML 命名规则具有以下几点要求。

（1）元素的名字可以包含字母、数字和其他字符。

（2）元素的名字不能以 xml（XML、Xml、xML 等）开头。
（3）元素的名字不能以数字或者标点符号开头。
（4）元素的名字不能包含空格。
（5）XML 文档除了 XML 以外，没有其他所谓的保留字，任何名字都可以使用，但是应该尽量使元素名字具有可读性，名字使用下划线是个不错的选择。
（6）尽量避免使用"-"和"."，因为可能引起混乱。
（7）在 XML 元素命名中不要使用":"，因为 XML 命名空间需要用到这个十分特殊的字符。

16.3 操作 XML 文档

前面讲了 XML 文档的一些特性和规则，下面来看一下关于 XML 文档在程序中的一些应用和操作方法。这里首先来熟悉一下关于 XML 文档操作的一些概念，然后再熟悉一下 XML 文档在程序中的操作。

16.3.1 XML 文档对象模型概述

文档对象模型（Document Object Model，DOM）是 W3C 组织推荐的处理可扩展置标语言的标准编程接口。它是一种与平台和语言无关的应用程序接口，它可以动态地访问程序和脚本，更新其内容、结构和 WWW 文档的风格（目前，HTMl 和 XML 文档是通过说明部分定义的）。文档可以进一步被处理，处理的结果可以加入到当前的页面。DOM 是一种基于树的 API 文档，它要求在处理过程中整个文档都表示在存储器中。另外一种简单的 API 是基于事件的 SAX，它可以用于处理很大的 XML 文档，由于大，所以不适合全部放在存储器中处理。

16.3.2 XML 文档的 DOM 实现

Document Object Model 的历史可以追溯至 20 世纪 90 年代后期微软与 Netscape 的"浏览器大战"，双方为了 JavaScript 与 JScript 一决生死，于是大规模地赋予浏览器强大的功能。微软在网页技术上加入了不少专属事物，如 VBScript、ActiveX 以及微软自家的 DHTML 格式等，使不少网页使用非微软平台及浏览器无法正常显示。DOM 即是当时酝酿出来的杰作。

DOM 分为 HTML DOM 和 XML DOM 两种。它们分别定义了访问和操作 HTML/XML 文档的标准方法，并将对应的文档呈现为带有元素、属性和文本的树结构（节点树），如图 16-2 所示。

（1）DOM 树定义了 HTML/XML 文档的逻辑结构，给出了一种应用程序访问和处理 XML 文档的方法。

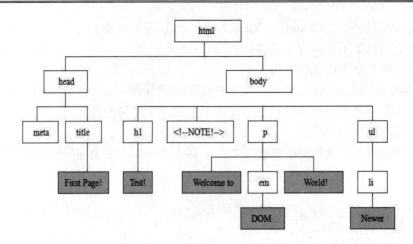

图 16-2　DOM 结构

（2）在 DOM 树中，有一个根节点，所有其他的节点都是根节点的后代。

（3）在应用过程中，基于 DOM 的 HTML/XML 分析器将一个 HTML/XML 文档转换成一棵 DOM 树，应用程序通过对 DOM 树的操作，来实现对 HTML/XML 文档数据的操作。

16.3.3　XML 文档的应用实例

XML 文档应用是十分广泛的，在编程的各个领域都可以看到 XML 文档的身影。下面列举两个 XML 文档的应用。

（1）XML 文档应用在数据库方面。由于 XML 文档特殊的结构方式，XML 文档完全可以按照面向对象的方式存储数据信息，以 XML 格式存储面向对象的数据结构。如图书信息，可以将图书的信息作为图书整体的属性存在。而这些属性在 XML 文档中同样作为节点的属性存在。XML 文档采用的树状结构也完全符合面向对象的机制。

（2）XML 文档在接口方面的应用。在微软提出的 WebService 接口中。最初的结构就是必须要继承三个关于 XML 结构的接口才能实现通信。实现了这三个接口就必须以 XML 格式的数据进行数据结构的组合。也就是说,在开始的 WebService 中数据结构都是以 XML 结构为基础的。

XML 还有很多方面的应用，例如，层叠样式表，XML 结合 JavaScript 等，这里不再一一赘述。

16.3.4　装载 XML 文档

装载 XML 文档，是指将一个完整的 XML 文档以编程的方式加载到内存中。在 C#中装载 XML 文档也有好几种方式。先来看下最简单的 XML 文档的装载方式，实例如下。

```
//创建 XmlDocument 对象
XmlDocument xmlDoc = new XmlDocument();
//载入 xml 文件名
xmlDoc.Load(filename);
```

```csharp
//如果是 xml 字符串，则用以下形式
xmlDoc.LoadXml(xmldata);
//读取根节点的所有子节点，放到 xn0 中
XmlNodeList xn0 = xmlDoc.SelectSingleNode("Document").ChildNodes;
//查找二级节点的内容或属性
foreach (XmlNode node in xn0)
{
    if (node.Name == 匹配的二级节点名)
    {
        string innertext = node.InnerText.Trim();  //匹配二级节点的内容

        string attr = node.Attributes[0].ToString();  //属性
    }
}
```

上面的实例使用了 C#中关于 XML 的操作的函数。首先为 XML 文档对象分配了一个存储空间。然后将一个 XML 文档装载进入这个空间中。然后使用 XML 文档的节点列表对象获得了 XML 文档中指定的节点。最后循环所有获得到的节点进行其他操作。

16.3.5 遍历 XML 文档

在使用 C#遍历 XML 文档的时候通常通过两种方式来实现。一种是采用固定循环的方式，另一种是采用递归循环的方式。一般程序人员都比较喜欢递归循环的方式来遍历 XML 文档中的内容。下面来看下具体的操作。代码如下。

```csharp
//初始化一个 xml 实例
XmlDocument myXmlDoc = new XmlDocument();
//加载 xml 文件（参数为 xml 文件的路径）
myXmlDoc.Load(xmlFilePath);
//获得第一个姓名匹配的节点（SelectSingleNode）：此 xml 文件的根节点
XmlNode rootNode = myXmlDoc.SelectSingleNode("Computers");
//分别获得该节点的 InnerXml 和 OuterXml 信息
string innerXmlInfo = rootNode.InnerXml.ToString();
string outerXmlInfo = rootNode.OuterXml.ToString();
//获得该节点的子节点（即：该节点的第一层子节点）
XmlNodeList firstLevelNodeList = rootNode.ChildNodes;
foreach (XmlNode node in firstLevelNodeList)
{
//获得该节点的属性集合
XmlAttributeCollection attributeCol = node.Attributes;
foreach (XmlAttribute attri in attributeCol)
{
//获取属性名称与属性值
string name = attri.Name;
string value = attri.Value;
Console.WriteLine("{0} = {1}", name, value);
}
//判断此节点是否还有子节点
if (node.HasChildNodes)
{
//获取该节点的第一个子节点
XmlNode secondLevelNode1 = node.FirstChild;
//获取该节点的名字
```

```
            string name = secondLevelNode1.Name;
            //获取该节点的值（即：InnerText）
            string innerText = secondLevelNode1.InnerText;
            Console.WriteLine("{0} = {1}", name, innerText);

            //获取该节点的第二个子节点（用数组下标获取）
            XmlNode secondLevelNode2 = node.ChildNodes[1];
            name = secondLevelNode2.Name;
            innerText = secondLevelNode2.InnerText;
            Console.WriteLine("{0} = {1}", name, innerText);
        }
    }
```

在上述代码中使用递归循环的方式遍历了一个 XML 文档中的所有节点，并且获得了它们的属性的值和内容的值。

16.3.6　查询特殊元素和节点

通常在操作 XML 文档时其实使用最多的操作是查询操作，就是在指定的 XML 文档中查询需要的信息。这样就需要用到循环所有 XML 文档的节点和查询特殊元素和节点的操作。下面来看下具体的操作。代码如下。

```
//初始化一个 xml 实例
            XmlDocument myXmlDoc = new XmlDocument();
            //加载 xml 文件（参数为 xml 文件的路径）
            myXmlDoc.Load(xmlFilePath);
            //获得第一个姓名匹配的节点（SelectSingleNode）：此 xml 文件的根节点
            XmlNode rootNode = myXmlDoc.SelectSingleNode("Computers");
            //分别获得该节点的 InnerXml 和 OuterXml 信息
            string innerXmlInfo = rootNode.InnerXml.ToString();
            string outerXmlInfo = rootNode.OuterXml.ToString();
            //获得该节点的子节点（即：该节点的第一层子节点）
            XmlNodeList firstLevelNodeList = rootNode.ChildNodes;
            foreach (XmlNode node in firstLevelNodeList)
            {
                //获得该节点的属性集合
                XmlAttributeCollection attributeCol = node.Attributes;
                foreach (XmlAttribute attri in attributeCol)
                {
                    //获取属性名称与属性值
                    string name = attri.Name;
                    string value = attri.Value;
                    Console.WriteLine("{0} = {1}", name, value);
                }

                //判断此节点是否还有子节点
                if (node.HasChildNodes)
                {
                    //获取该节点的第一个子节点
                    XmlNode secondLevelNode1 = node.FirstChild;
                    //获取该节点的名字
                    string name = secondLevelNode1.Name;
                    //获取该节点的值（即：InnerText）
                    string innerText = secondLevelNode1.InnerText;
```

```csharp
        Console.WriteLine("{0} = {1}", name, innerText);

        //获取该节点的第二个子节点（用数组下标获取）
        XmlNode secondLevelNode2 = node.ChildNodes[1];
        name = secondLevelNode2.Name;
        innerText = secondLevelNode2.InnerText;
        Console.WriteLine("{0} = {1}", name, innerText);
    }
}
```

在上面代码中查询了所有节点中的两个子节点，并且输出了它们的名称和价格。

16.3.7 修改 XML 文档

16.3.6 节中对 XML 文档进行了加载、查询等操作。下面来看一下对 XML 文档的修改。XML 文档的修改代码如下。

```csharp
XmlDocument myXmlDoc = new XmlDocument();
myXmlDoc.Load(xmlFilePath);
XmlNode rootNode = myXmlDoc.FirstChild;
XmlNodeList firstLevelNodeList = rootNode.ChildNodes;
foreach (XmlNode node in firstLevelNodeList)
{
    //修改此节点的属性值
    if(node.Attributes["Description"].Value.Equals("MadeinUSA"))
    {
        node.Attributes["Description"].Value = "Made in Hong
            Kong";
    }
}
//要想使对 xml 文件所做的修改生效，必须执行以下 Save 方法
myXmlDoc.Save(xmlFilePath);
```

上面是对 XML 文档的修改代码,代码中将原来的值修改为当前的"Made in HongKong"的值。修改完成后对文档进行保存操作。

16.3.8 Save 方法

在修改完成后对 XML 文档的所有操作都必须要保存。保存的方法为 save 方法。调用 save 方法的代码如下。

```csharp
XmlDocument myXmlDoc = new XmlDocument();
myXmlDoc.Load(xmlFilePath);
foreach (XmlNode node in myXmlDoc.FirstChild.ChildNodes)
{
    //记录该节点下的最后一个子节点（简称：最后子节点）
    XmlNode lastNode = node.LastChild;
    //删除最后子节点下的左右子节点
    lastNode.RemoveAll();
    //删除最后子节点
    node.RemoveChild(lastNode);
}
```

```
            //保存对 xml 文件所做的修改
            myXmlDoc.Save(xmlFilePath);
```

上面代码中,首先装载了一个 XML 文档,然后使用递归的方式循环所有 XML 文档中的节点。将 XML 下的子节点删除。最后保存这个 XML 文档。这里就是调用了 save 方法保存的文档。调用该方法保存文档时需要一个参数,为 XML 文档的全部路径。

16.4 综合实例

使用代码创建一个 XML 文档,加载这个文档,查询 XML 文档的所有节点;修改 XML 文档的节点属性;删除文档的子节点;保存到文档中。

实例如下:

```
//创建 XML
    private void button1_Click(object sender, EventArgs e)
    {
        //xml 文件存储路径
        stringmyXMLFilePath=Application.StartupPath+"\\MyComputers.xml";
        //生成 xml 文件
        GenerateXMLFile(myXMLFilePath);
    }

    private static void GenerateXMLFile(string xmlFilePath)
    {
        try
        {
            //初始化一个 xml 实例
            XmlDocument myXmlDoc = new XmlDocument();
            //创建 xml 的根节点
            XmlElement rootElement = myXmlDoc.CreateElement ("Computers");
            //将根节点加入到 xml 文件中(AppendChild)
            myXmlDoc.AppendChild(rootElement);

            //初始化第一层的第一个子节点
            XmlElement firstLevelElement1 = myXmlDoc.CreateElement
("Computer");
            //填充第一层的第一个子节点的属性值(SetAttribute)
            firstLevelElement1.SetAttribute("ID", "11111111");
            firstLevelElement1.SetAttribute("Description", "Made in China");
            //将第一层的第一个子节点加入到根节点下
            rootElement.AppendChild(firstLevelElement1);
            //初始化第二层的第一个子节点
            XmlElement secondLevelElement11 = myXmlDoc.CreateElement
("name");
            //填充第二层的第一个子节点的值(InnerText)
            secondLevelElement11.InnerText = "Lenovo";
            firstLevelElement1.AppendChild(secondLevelElement11);
            XmlElement secondLevelElement12 = myXmlDoc.CreateElement
("price");
            secondLevelElement12.InnerText = "5000";
            firstLevelElement1.AppendChild(secondLevelElement12);
```

```csharp
            XmlElement firstLevelElement2 = myXmlDoc.CreateElement
                ("Computer");
            firstLevelElement2.SetAttribute("ID", "2222222");
            firstLevelElement2.SetAttribute("Description", "Made in USA");
            rootElement.AppendChild(firstLevelElement2);
            XmlElement secondLevelElement21 = myXmlDoc.CreateElement
                ("name");
            secondLevelElement21.InnerText = "IBM";
            firstLevelElement2.AppendChild(secondLevelElement21);
            XmlElement secondLevelElement22 = myXmlDoc.CreateElement
                ("price");
            secondLevelElement22.InnerText = "10000";
            firstLevelElement2.AppendChild(secondLevelElement22);

            //将 xml 文件保存到指定的路径下
            myXmlDoc.Save(xmlFilePath);
        }
        catch (Exception ex)
        {
            Console.WriteLine(ex.ToString());
        }
    }

    private static void GetXMLInformation(string xmlFilePath)
    {
        try
        {
            //初始化一个 xml 实例
            XmlDocument myXmlDoc = new XmlDocument();
            //加载 xml 文件（参数为 xml 文件的路径）
            myXmlDoc.Load(xmlFilePath);
            //获得第一个姓名匹配的节点（SelectSingleNode）: 此 xml 文件的根节点
            XmlNode rootNode = myXmlDoc.SelectSingleNode("Computers");
            //分别获得该节点的 InnerXml 和 OuterXml 信息
            string innerXmlInfo = rootNode.InnerXml.ToString();
            string outerXmlInfo = rootNode.OuterXml.ToString();
            //获得该节点的子节点（即：该节点的第一层子节点）
            XmlNodeList firstLevelNodeList = rootNode.ChildNodes;
            foreach (XmlNode node in firstLevelNodeList)
            {
                //获得该节点的属性集合
                XmlAttributeCollection attributeCol = node.Attributes;
                foreach (XmlAttribute attri in attributeCol)
                {
                    //获取属性名称与属性值
                    string name = attri.Name;
                    string value = attri.Value;
                    Console.WriteLine("{0} = {1}", name, value);
                }

                //判断此节点是否还有子节点
                if (node.HasChildNodes)
                {
                    //获取该节点的第一个子节点
                    XmlNode secondLevelNode1 = node.FirstChild;
                    //获取该节点的名字
                    string name = secondLevelNode1.Name;
```

```csharp
                //获取该节点的值（即：InnerText)
                string innerText = secondLevelNode1.InnerText;
                Console.WriteLine("{0} = {1}", name, innerText);

                //获取该节点的第二个子节点（用数组下标获取）
                XmlNode secondLevelNode2 = node.ChildNodes[1];
                name = secondLevelNode2.Name;
                innerText = secondLevelNode2.InnerText;
                Console.WriteLine("{0} = {1}", name, innerText);
            }
        }
    }
    catch (Exception ex)
    {
        Console.WriteLine(ex.ToString());
    }
}

private static void ModifyXmlInformation(string xmlFilePath)
{
    try
    {
        XmlDocument myXmlDoc = new XmlDocument();
        myXmlDoc.Load(xmlFilePath);
        XmlNode rootNode = myXmlDoc.FirstChild;
        XmlNodeList firstLevelNodeList = rootNode.ChildNodes;
        foreach (XmlNode node in firstLevelNodeList)
        {
            //修改此节点的属性值
            if(node.Attributes["Description"].Value.Equals("MadeinUSA"))
            {
                node.Attributes["Description"].Value="MadeinHong Kong";
            }
        }
        //要想使对 xml 文件所做的修改生效，必须执行以下 Save 方法
        myXmlDoc.Save(xmlFilePath);
    }
    catch (Exception ex)
    {
        Console.WriteLine(ex.ToString());
    }

}

private static void AddXmlInformation(string xmlFilePath)
{
    try
    {
        XmlDocument myXmlDoc = new XmlDocument();
        myXmlDoc.Load(xmlFilePath);
        //添加一个带有属性的节点信息
        foreach (XmlNode node in myXmlDoc.FirstChild.ChildNodes)
        {
            XmlElement newElement = myXmlDoc.CreateElement("color");
            newElement.InnerText = "black";
            newElement.SetAttribute("IsMixed", "Yes");
            node.AppendChild(newElement);
        }
        //保存更改
```

```csharp
            myXmlDoc.Save(xmlFilePath);
        }
        catch (Exception ex)
        {
            Console.WriteLine(ex.ToString());
        }
    }
    private static void DeleteXmlInformation(string xmlFilePath)
    {
        try
        {
            XmlDocument myXmlDoc = new XmlDocument();
            myXmlDoc.Load(xmlFilePath);
            foreach (XmlNode node in myXmlDoc.FirstChild.ChildNodes)
            {
                //记录该节点下的最后一个子节点（简称：最后子节点）
                XmlNode lastNode = node.LastChild;
                //删除最后子节点下的左右子节点
                lastNode.RemoveAll();
                //删除最后子节点
                node.RemoveChild(lastNode);
            }
            //保存对 xml 文件所做的修改
            myXmlDoc.Save(xmlFilePath);
        }
        catch (Exception ex)
        {
            Console.WriteLine(ex.ToString());
        }
    }
    //读取 XML
    private void button2_Click(object sender, EventArgs e)
    {
        //xml 文件存储路径
        string myXMLFilePath = Application.StartupPath + "\\MyComputers.xml";
        //遍历 xml 文件的信息
        GetXMLInformation(myXMLFilePath);
    }
    //添加 XML
    private void button3_Click(object sender, EventArgs e)
    {
        //xml 文件存储路径
        string myXMLFilePath = Application.StartupPath + "\\MyComputers.xml";
        //向 xml 文件添加节点信息
        AddXmlInformation(myXMLFilePath);
    }
    //删除 XML
    private void button4_Click(object sender, EventArgs e)
    {
        //xml 文件存储路径
        string myXMLFilePath = Application.StartupPath+"\\MyComputers.xml";
        //删除指定节点信息
        DeleteXmlInformation(myXMLFilePath);
    }
    //修改 XML
    private void button5_Click(object sender, EventArgs e)
    {
```

```
            //xml 文件存储路径
            string myXMLFilePath = Application.StartupPath+"\\MyComputers.xml";
            //修改 xml 文件的信息
            ModifyXmlInformation(myXMLFilePath);
        }
```

小结

本章简单介绍了 XML 文档的发起,发展历史和当前的应用,使读者在程序设计的时候能够充分发挥 XML 文档的作用,为程序的灵活性、稳定性和易用性增加帮助。

在最后的部分熟悉了 XML 文档的加载,查询,修改和删除等操作,使读者能够利用程序对 XML 文档进行编程的操作,来完成用户对程序的一些特殊要求。

第 17 章 注册表技术

注册表，是 Windows 系统特有的一个文件，在其他的系统中没有这样类似的文件存在。在 Windows 系统中，注册表的意义是非常重大的，比如可以统一访问接口、提高访问速度、保护版权等。Windows 系统所有系统配置和定制化信息全寄托在注册表的完整基础之上。本章就来学习相关的注册表技术。

主要内容：
- 注册表基础知识
- 操作注册表

17.1 注册表基础知识

注册表在 Windows 系统中由来已久，它是整个系统平台基础的一部分。注册表对于 Windows 系统来讲相当于 DNA 对于人类的意义，没有注册表 Windows 系统也将无法运行。即使是注册表中关键的部分被破坏一点儿也将导致系统的崩溃，这使得注册表的意义重大。注册表中保存着系统中所有的信息，包括动态链接库、文件的打开方式等。

17.1.1 简述注册表

注册表（Registry）是 Windows 中的一个重要的配置信息存储单元，是存储系统和应用程序的设置信息的重要地方。在早期的 Windows 3.0 推出 OLE 技术的时候，注册表就已经出现。随着推出的 Windows NT 的出现，NT 系统是第一个从系统级别广泛使用注册表的操作系统。在后来的从 Microsoft Windows 95 开始，注册表真正成为 Windows 用户经常接触的内容，并在其后的操作系统中继续沿用至今。

注册表是 Windows 操作系统中的一个核心存储单元，其中存放着各种参数，直接控制着 Windows 的启动、硬件驱动程序的装载以及一些 Windows 应用程序的运行，从而在整个系统中起着核心作用。这些作用包括软、硬件的相关配置和状态信息，比如注册表中保存有应用程序和资源管理器外壳的初始条件、首选项和卸载数据等，联网计算机的整个系统的设置和各种许可，文件扩展名与应用程序的关联，硬件部件的描述、状态和属性，性能记录和其他底层的系统状态信息，以及其他数据等。

17.1.2 展示注册表的结构

注册表由键（或称"项"）、子键（子项）和值项构成。一个键就是分支中的一个文件夹,而子键就是这个文件夹中的子文件夹,子键同样是一个键。一个值项则是一个键的当前定义,由名称、数据类型以及分配的值组成。一个键可以有一个或多个值,每个值的名称各不相同,如果一个值的名称为空,则该值为该键的默认值。

在注册表编辑器(Regedit.exe)中,数据结构如图 17-1 所示。其中,System 键是 Description 键的子键,(默认)表示该值是默认值,其数据类型为 REG_SZ,数据值 BCD000000000。

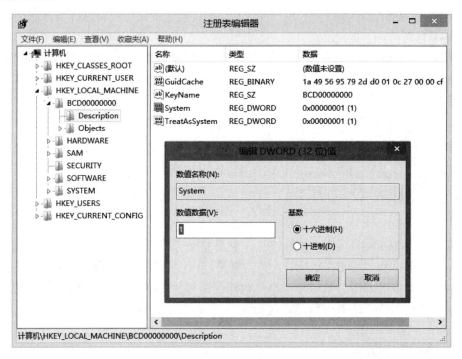

图 17-1 注册表的结构

注册表的数据类型主要有如表 17-1 所示的 4 种。

表 17-1 注册表数据类型

显示类型(在编辑器中)	数 据 类 型	说　　明
REG_SZ	字符串	文本字符串
REG_MULTI_SZ	多字符串	含有多个文本值的字符串
REG_BINARY	二进制数	二进制值,以十六进制显示
REG_DWORD	双字	一个 32 位的二进制值,显示为 8 位的十六进制值

17.2 操作注册表

操作注册表信息,一般分为读取、写入和删除等操作。操作注册表的一个基础是,当前的用户必须具有能够操作注册表的权限。要操作注册表,必须要引入必要的命名空间 Microsoft.Win32。在这个命名空间里面包含许多注册表相关的类。命名空间里面提供了一个类：RegistryKey，利用它可以定位到注册表最开头的分支。要调用 RegistryKey 对象的 Close()关闭对注册表的修改。下面来看下具体操作注册表的方法。

17.2.1 读取注册表中信息

读取注册表信息代码如下。

```
try
{
    string info = "";
    RegistryKey Key;
    Key = Registry.LocalMachine;
    RegistryKey myreg = Key.OpenSubKey("software\\test");
    info = myreg.GetValue("test").ToString();
    myreg.Close();

    MessageBox.Show("读取的值为: " + info);
}
catch (System.Exception es)
{
    MessageBox.Show(es.ToString());
}
```

这里简单介绍一下代码的组成。首先这段代码中，进行了异常的捕获处理，并且对捕获的异常显式处理。这里要事先声明的一点是，在读取注册表的时候，如果被读取的项不存在，将引发异常。这里首先定义了一个字符变量用来存储读取到的信息。然后定义了一个注册表的项，然后通过系统提供的方法 LocalMachine 来获取注册表中指定的一个项。然后从这个指定的项中获取了一个想要获得的值。最后关闭注册表的访问。

这里需要修改的是：要做一个判断处理，如果没有对应的项，就不能获取项中的值，否则会引发异常。

17.2.2 创建和修改注册表信息

17.2.1 节中简单地读取了注册表中的值，下面来为注册表添加需要的值，具体代码如下。

```
try
        {
            RegistryKey addkey = Registry.LocalMachine;
            RegistryKey addsoftware = addkey.CreateSubKey ("software\\
test");
            //在 HKEY_LOCAL_MACHINE\SOFTWARE 下新建名为 test 的注册表项。如果
已经存在则不影响！

            RegistryKey key = Registry.LocalMachine;
            RegistryKey software = key.OpenSubKey("software\\test",
true); //该项必须已存在
            software.SetValue("test", "测试");
            //在 HKEY_LOCAL_MACHINE\SOFTWARE\test 下创建一个名为"test"，值为
```

```
            //"测试"的键值。如果该键值原本已经存在，则会修改替换原来的键值；如果不存在
            //则是创建该键值。
            //注意：SetValue()还有第三个参数，主要是用于设置键值的类型，如字符
            //串，二进制，Dword 等~~默认是字符串。如：
            // software.SetValue("test", "0", RegistryValueKind.DWord);
            //二进制信息
            key.Close();
            MessageBox.Show("写入成功！");
        }
        catch (System.Exception es)
        {
            MessageBox.Show(es.ToString());
        }
```

这里依然是做了异常捕获处理的。下面来解读下上段代码的内容：首先定义了一个获取注册表中需要操作的项的对象。通过这个对象为软件的这个大项添加了一个 text 的子项。通过代码重新获取了这个添加的子项。先为这个子项赋予了一个 bool 类型的值，然后又修改了这个子项的值，修改为字符串的值。最后关闭注册表，并显示写入成功的对话框。结果如图 17-2 所示。

图 17-2 注册表添加后的效果

这里值得注意的是，在为子项添加值的时候，子项必须存在，如果不存在则引发异常。这里需要有一个判断，获取子项必须存在。

17.2.3 删除注册表中信息

前面演示了查询、修改和创建注册表中的项和值，现在来看下删除注册表中的项和相

对应的值。相对于查询、修改和创建来讲，删除就简单多了，代码如下。

```
try
{
    RegistryKey delKey = Registry.LocalMachine.OpenSubKey ("Sof
    tware\\test", true);
    delKey.DeleteValue("test");
    delKey.Close();
    MessageBox.Show("删除成功！");
}
catch (System.Exception es)
{
    MessageBox.Show(es.ToString());
}
```

首先获取了注册表中相对应的项，然后删除对应的项，最后关闭注册表，显示删除成功对话框。具体执行效果如图 17-3 所示。

图 17-3　删除了注册表中的值

这里要特别注意的是，在删除子项的值的时候。首先要判断子项的值是否存在，如果删除不存在的子项或者对应的值，将引发异常。

17.2.4　情景应用：利用注册表设计注册软件

这里为软件设计一个利用注册表来验证的注册软件。这个软件大体分为三个部分。

1．生成注册码

在生成注册码的时候调用了 NewGuid 这个方法。代码如下。

```
textBox1.Text = System.Guid.NewGuid().ToString();
```

这是一个系统自带的方法用于专门生成 GUID 的。这里将产生的 GUID 作为注册码放入一个文本框中，以备使用。

2. 写入注册码

将生成的注册码写入到注册表中。代码如下。

```
try
    {
        if (textBox1.Text.Trim() != "")
        {
            RegistryKey addkey = Registry.LocalMachine;
            RegistryKey addsoftware = addkey.CreateSubKey ("software
            \\test");
            addsoftware.SetValue("test", textBox1.Text.Trim());
            addkey.Close();
            MessageBox.Show("注册成功！");
        }
        else
        {
            MessageBox.Show("请生成注册码！");
        }
    }
catch (System.Exception es)
{
    MessageBox.Show(es.ToString());
}
```

这里要注意的是，要对写入的信息进行判断是否为空或者符合要求，注册成功后要给出明确的提示信息。

3. 读取注册码

在注册完成后就可以读取注册的信息了，这里一般都是在软件打开后直接读取信息判断是否注册过的，我们在按钮中做了这个模拟的动作。代码如下。

```
try
{
    string info = "";
    RegistryKey Key;
    Key = Registry.LocalMachine;
    RegistryKey myreg = Key.OpenSubKey("software\\test");
    info = myreg.GetValue("test").ToString();
    myreg.Close();

    label2.Text = "软件注册码：" + info;
    //MessageBox.Show("读取的注册码为：" + info);
}
catch (System.Exception es)
{
    MessageBox.Show(es.ToString());
}
```

这里要将读取到的注册信息直接显示在窗体的标签中。

17.3 实战练习：添加"用记事本打开"快捷菜单项

将"用记事本打开"的快捷菜单添加到系统中时，需要知道这个打开的快捷菜单项的意义所在，用记事本打开其实是修改了注册表中的关于扩展名部分的注册信息，也就是注册表中的第一个大项。这个大项中存储着所有同文件扩展名有关的信息。要使用快捷菜单中的"用记事本打开的项"首先要针对某一类型的文件才能建立。这里将模拟为所有的项都添加一个"用记事本打开"的快捷菜单项。未修改前的项目如图 17-4 所示。

图 17-4 没有修改前的菜单

修改的代码如下。

```
    try
{
    //获得第一个大项的注册表对象
    RegistryKey addkey = Registry.ClassesRoot;

    RegistryKey addsoftware=addkey.CreateSubKey("*\\shell\\用记事本打开");
    addsoftware.SetValue("command", "notepad %1");
    addkey.Close();
    MessageBox.Show("写入成功！");
}
catch (System.Exception es)
{
    MessageBox.Show(es.ToString());
}
```

这段代码中，首先获取了第一个注册表中的大项，该项管理着系统中所有的同扩展名有关的注册信息。然后为所有扩展名下的 shell 项添加了一个"用记事本打开"的子项。最后为该项添加了一个调用打开记事本的命令并关闭保存注册表。然后提示成功。修改后的快捷菜单项如图 17-5 所示。

图 17-5　修改后的快捷菜单项

现在来看一下如何去掉快捷菜单中的"用记事本打开"项。去掉修改项的代码如下。

```
try
{
    RegistryKey delKey = Registry.ClassesRoot.OpenSubKey("*\\shell",true);
    delKey.DeleteSubKey("用记事本打开", true);
    delKey.Close();
    MessageBox.Show("删除成功！");
}
catch (System.Exception es)
{
    MessageBox.Show(es.ToString());
}
```

这段代码中，直接获得了第一个大项下的全部文件类型下的 shell 项。然后删除了"用记事本打开"的项和该项下包含的所有子项和内容。最后保存并关闭注册表。

小结

在本章中了解了 Windows 系统中最主要也是最底层的信息保存的关键部件——注册表的问题。本章中通过编程的方式来对注册表进行了查询，添加，创建和删除等操作。这些操作在今后的编程工作中将起到重要的作用。

这里要强调一个比较重要的事情，在操作注册表的时候，首先要对注册表进行备份处理，否则一旦注册表出现错误，就会直接导致系统崩溃，这是一个非常严肃认真的问题。

第 18 章　线程的基础知识

Windows 系统就是由很多的进程一同运行来维持的。进程又被细化为线程，一个进程可以包含若干线程（Thread），也就是一个进程下有多个能独立运行的更小的单位。它可以帮助应用程序同时做几件事，在程序被运行后，系统首先要做的就是为该程序进程建立一个默认线程，然后程序可以根据需要自行添加或删除相关的线程。本章就来学习线程的相关知识。

本章主要内容：
- 线程调度
- 线程同步

18.1　线程简述

线程可以被描述为一个微进程，它拥有起点、执行的顺序系列和一个终点。它负责维护自己的堆栈，这些堆栈用于异常处理优先级调度和其他一些系统重新恢复线程执行时需要的信息。从这个概念看来，好像线程与进程没有任何的区别，实际上线程与进程肯定是有区别的：一个完整的进程拥有自己独立的内存空间和数据，但是同一个进程内的线程是共享内存空间和数据的。一个进程对应着一段程序，它是由一些在同一个程序里面独立地同时运行的线程组成的。线程有时也被称为并行运行在程序里的轻量级进程，是因为它的运行依赖于进程提供的上下文环境，并且使用的是进程的资源。

18.1.1　单线程

单线程是相对而言的，相对于 C#的多线程而言。单线程指的是在程序运行时，所有的操作都是按照步骤一直进行下去的，中间没有并行操作。在 C#编程中，如果使用单线程的编程方式，那么开放的程序都是在一个线程中运行的，就是只有一个主线程运行。下面这样的代码就是一个简单的单线程的例子，代码如下。

```
private void button1_Click(object sender, EventArgs e)
{
    for (int i = 0; i < 5; i++)
    {
        MessageBox.Show(i.ToString());
    }
}
```

在这个例子中，循环弹出一个消息框。这样在消息框弹出的时候所有的程序是停止运行的。只有在单击消息框后，程序才能继续运行直到关闭窗口，线程结束。

18.1.2 多线程

多线程也是相对而言的，相对于C#的单线程运行，多线程显得更加灵活，程序完成的功能更加强大。程序中包含多个执行流，即在一个程序中可以同时运行多个不同的线程来执行不同的任务，也就是说，允许单个程序创建多个并行执行的线程来完成各自的任务。

多线程的优点很明显，线程中的处理程序依然是顺序执行，符合普通人的思维习惯，所以编程简单。但是多线程的缺点也同样明显，线程的使用（滥用）会给系统带来上下文切换的额外负担，并且线程间的共享变量可能造成死锁的出现。下面用一段代码来了解下多线程的操作。代码如下。

```csharp
private Thread thread1;                          //定义线程
    delegate void set_Text(string s);            //定义委托
    set_Text Set_Text;                           //定义委托

    public Form1()
    {
        InitializeComponent();
    }

    private void Form1_Load(object sender, EventArgs e)
    {
        label1.Text = "0";

        Set_Text = new set_Text(set_lableText); //实例化
    }

    private void button2_Click(object sender, EventArgs e)
    {
        thread1 = new Thread(new ThreadStart(run));
        thread1.Start();
    }

    private void set_lableText(string s) //主线程调用的函数
    {
        label1.Text = s;
    }

    private void run()
    {
        for (int i = 0; i < 10; i++)
        {
            label1.Invoke(Set_Text, new object[] { i.ToString() });
                                    //通过调用委托，来改变lable1的值
            Thread.Sleep(1000);     //线程休眠时间，单位是ms
        }
    }

    private void Form1_FormClosing(object sender, FormClosingEventArgs e)
    {
        if (thread1.IsAlive)        //判断thread1是否存在，不能撤销一个不存在
                                    //的线程，否则会引发异常
```

```
        {
            thread1.Abort();  //注销thread1
        }
    }
```

上面的代码中首先定义了一个线程，一个委托，一个委托对象。在窗体加载的同时，对委托进行初始化的操作。

18.1.3 线程的生命周期

线程的生命周期大致分为几个部分，包括启动、等待、休眠、被阻止、终止等。当一个线程执行时它可以经过几个状态，包括未开始、活跃、睡眠等。线程类包含允许用户启动、停止、恢复、退出、暂停以及等待一个线程的方法。

用户可以使用 ThreadState 属性来获取线程的当前状态，状态值可能是 ThreadState 枚举中的一个。

Aborted：线程当前处理停止状态，但是不一定已经执行完。

AbortRequested：已经调用 Abort() 方法但是线程还没有接收到将试图终止线程的 System.Threading.ThreadAbortexception。虽然线程还没有停止，但是马上就会停止。

Background：线程在后台执行。

Running：线程已经启动而且没有被阻塞。

Stopped：线程已经完成了所有指令并停止了。

StopRequested：请求线程停止。

Suspend：线程已经被挂起。

SuspendRequested：请求挂起线程。

Unstarted：线程还没有调用 Start()方法之前。

WaitSleepJoin：调用 Wait(), Sleep() 或 Join() 方法后处理阻塞状态的线程。

其实在 C#中能操作线程的已经封装了很多的方法，这使得我们在操作线程的时候更加方便。图 18-1 说明了线程的生命周期的过程。

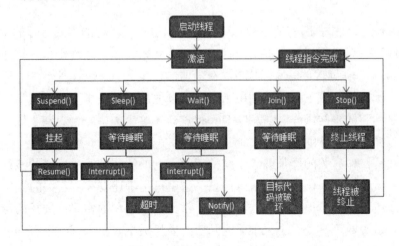

图 18-1　线程的生命周期

18.2 线程调度

处理器存储着将要执行完 CPU 时间的进程的状态和将要在某个时间加载这个进程的状态，线程调度可以在某个时间需要启动它们的时候调用。一个线程可以在任何指定的时间中断另外一个线程的执行。

在非抢占的调度模式下，每个线程可以需要 CPU 多少时间就占用 CPU 多少时间。在这种调度方式下可能一个执行时间很长的线程使得其他所有需要 CPU 的线程"饿死"。在处理机空闲，即该进程没有使用 CPU 时，系统可以允许其他的进程暂时使用 CPU。占用 CPU 的线程拥有对 CPU 的控制权，只有它自己主动释放 CPU 时，其他的线程才可以使用 CPU。

在有些操作系统里面，这两种调度策略都会用到。非抢占的调度策略在线程运行优先级一般时用到，而对于高优先级的线程调度则多采用抢占式的调度策略。如果不确定系统采用的是哪种调度策略，假设抢占的调度策略不可用是比较安全的。在设计应用程序的时候，我们认为那些占用 CPU 时间比较多的线程在一定的间隔是会释放 CPU 的控制权的，这时系统会查看那些在等待队列里面的与当前运行的线程同一优先级或者更高的优先级的线程，而让这些线程得以使用 CPU。如果没有找到同一优先级或更高级的线程，当前线程还继续占有 CPU。当正在执行的线程想释放 CPU 的控制权给一个低优先级的线程，当前线程就转入睡眠状态而让低优先级的线程占有 CPU。

在多处理器系统，操作系统会将这些独立的线程分配给不同的处理器执行，这样将会大大加快程序的运行。线程执行的效率也会得到很大的提高，因为将线程的分时共享单处理器变成了分布式的多处理器执行。这种多处理器在三维建模和图形处理方面是非常有用的。

18.2.1 简述 Thread 类

在 Windows 系统中，所有的应用程序都是采用进程、线程的方式运行的。由于系统由多个进程组成而每个进程又是由多个线程组成，这样系统运行才能平稳。这些进程和线程原本是由 C 或者 C++等软件编写而成的，在当前的这个 Framework 平台中，所有对于线程和进程的操作都被封装成了简单的调用工具，可以通过对这些工具的调用来完成对系统和自己编写的进程和线程的操作。这就是 Thread 类，在这个类中平台封装了很多对进程和线程的操作，包括阻塞、休眠等。

所有同线程操作有关的类都继承于此空间中。C#的编程中几乎所有的线程操作都将是异步的，其中大部分的操作都与网络有关系。这里只是讲述与线程有关的操作。Thread 类中为我们操作线程封装了很多的方法、枚举、常量等。线程通常采用委托的形式来执行它的操作。其构造函数可接受一个无参无返回值的委托类型参数，或一个有 object 类型参数无返回值的委托类型参数。下面来看一下线程是怎么创建的。

18.2.2 创建线程

在 C#中所有线程都使用委托的方式来完成,定义线程的同时,必须定义对应的委托对象。次序是这样的,首先定义一个线程对象,然后定义一个委托类型,为这个委托类型定义一个对象,这是操作线程必须使用到的,最后定义一个能够被线程调用的方法,方法可以只有一个参数,也可以有多个参数。下面为线程和委托分配空间。线程的初始化,参数是以方法名称作为参数的。委托的初始化同样使用函数名称作为参数。下面来看下具体的代码,代码如下。

```csharp
private Thread thread1;                         //定义线程
    delegate void set_Text(string s);           //定义委托
    set_Text Set_Text;                          //定义委托

    public Form1()
    {
        InitializeComponent();
    }

    private void Form1_Load(object sender, EventArgs e)
    {
        label1.Text = "0";

        Set_Text = new set_Text(set_lableText); //实例化
    }

    private void button2_Click(object sender, EventArgs e)
    {
        thread1 = new Thread(new ThreadStart(run));
        thread1.Start();
    }

    private void set_lableText(string s)  //主线程调用的函数
    {
        label1.Text = s;
    }

    private void run()
    {
        for (int i = 0; i < 10; i++)
        {
            label1.Invoke(Set_Text, new object[] { i.ToString() });
                                    //通过调用委托,来改变 lable1 的值
            Thread.Sleep(1000);      //线程休眠时间,单位是 ms
        }
    }

    private void Form1_FormClosing(object sender, FormClosingEventArgs e)
    {
        if (thread1.IsAlive)         //判断 thread1 是否存在,不能撤销一个不
                                     //存在的线程,否则会引发异常
        {
            thread1.Abort();         //注销 thread1
        }
```

    }

前面定义了一个线程的对象（Thread thread1;），然后定义了一个委托 delegate void set_Text(string s);并且带有一个字符串的参数。最后为这个委托定义了一个对象（set_Text Set_Text;）。

下面在窗口的加载事件中初始化了委托对象，将改变控件值的方法作为了参数初始化（Set_Text = new set_Text(set_lableText);），在方法中将参数的值赋给了控件。

在开始按钮中初始化了线程类，并且开始线程的执行（thread1 = new Thread(new ThreadStart(run)); thread1.Start();）。同样是使用方法作为参数初始化。在方法中，放置了一个循环，每次委托，为控件赋值后，休眠 1000ms。运行效果如图 18-2 所示。

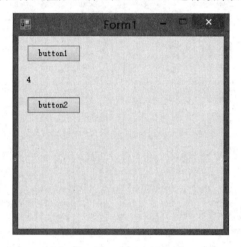

图 18-2　线程运行的效果

当前这个 demo 是可以反复运行的，因为每次线程运行结束后就自动释放了。

18.2.3　挂起与恢复线程

线程的运行过程和放录影带很相像，可以暂停、恢复，可以终止。但是区别在于不能回到从前。在 C#的线程中通常采用下面的方法来挂起线程和恢复线程。代码如下。

```
t = new System.Threading.Thread(new System.Threading.ThreadStart(new Thclass().thwhil));
        System.Threading.Thread.CurrentThread.Name = "主线程";
        t.Start();
        t.Name = "Thclass 线程";
        for (int i = 0; i < 100; i++)
        {
            System.Diagnostics.Debug.WriteLine(i);
            Application.DoEvents();
            System.Threading.Thread.Sleep(1000);
        }
        Thclass.end();
        t.Abort();
        System.Diagnostics.Debug.WriteLine(t.Name + "状态:" + t.ThreadState);
```

```
            //System.Diagnostics.Debug.ReadLine();
```

首先定义了一个线程的运行的类和线程操作的方法。在方法中执行线程所有执行的代码，也就是用户要执行的操作。然后在方法的无限循环中设置变量来控制方法的执行。最后在类中设置其他的方法，比如开始、暂停。设置变量的真与假，来控制线程的执行和暂停。代码如下。

```
    public static bool b_thcls_whi = false;
        public static System.Threading.AutoResetEvent autore = new
        System.Threading.AutoResetEvent(false);

        public void thwhil()
        {
            while (true)
            {
               if (b_thcls_whi)
               {
                   System.Diagnostics.Debug.WriteLine("Hello Word");
                   System.Threading.Thread.Sleep(1000);
               }
               else
               {
                   System.Diagnostics.Debug.WriteLine("Please Wirte");
                   autore.WaitOne();
               }
            }
        }
    //开始方法:
        public static void begin()
        {
           b_thcls_whi = true;
           autore.Set();
        }
    //停止方法:
        public static void end()
        {
           b_thcls_whi = false;
        }
```

为什么要这样做呢？因为其实在 C#中线程的操作是封装了 C++的很多关于线程的操作的。在 C#中没有办法调用封装好的线程方法中的暂停和恢复操作，这也是 C#中的缺点，高度的集成化限制了程序的灵活性。

18.2.4 线程休眠

在 C#的线程中，所有操作被平台高度地集成化了，这样留给我们的实际能操作的方法其实并不多。但是还是有些可以操作的，比如线程的休眠。线程休眠的意思就是使当前运行的线程停止运行一段时间后自动运行起来。在 C#线程中有一个 sleep 方法，用于线程的休眠操作。演示代码如下。

```
using System;
using System.Threading;
public class SleepAndInterrupt
```

```csharp
    {
        //声明两线程
        public static Thread sleeper;
        public static Thread interrupter;
        public static void Main()
        {
            Console.WriteLine("进入Main");
            //创建两线程的委托实例
            sleeper = new Thread(new ThreadStart(SleepThread));
            interrupter = new Thread(new ThreadStart(InterruptThread));
            //开始执行两线程
            sleeper.Start();
            interrupter.Start();
            Console.WriteLine("退出Main");
        }
        //输出从1到50的整数,并在输出10,20和30之后使线程睡眠
        public static void SleepThread()
        {
            for(int i = 1; i <= 50; i++)
            {
                Console.Write (i+" ");
                if(i == 10 || i == 20 || i == 30)
                {
                    Console.WriteLine("在{0}处进入睡眠", i);
                    //捕捉使线程睡眠抛出的异常
                    try
                    {
                        Thread.Sleep(10);
                    }
                    catch
                    {
                    }
                }
            }
        }
        //输出从51~99的整数,并自动检测线程sleeper的状态
        //当sleeper处于WaitSleepJoin时,调用Interrupt使其回到调度队列
        public static void InterruptThread()
        {
            for(int i = 51; i < 100; i++)
            {
                Console.Write(i+" ");
                //判断线程sleeper的当前状态
                if(sleeper.ThreadState == System.Threading.ThreadState. Wait
                SleepJoin)
                {
                    Console.WriteLine("中断睡眠中的线程");
                    sleeper.Interrupt();
                }
            }
        }
    }
```

代码中声明了两个线程,创建两线程的委托实例,例子是输出从1~50的整数,并在输出10,20和30之后使线程睡眠;输出从51~99的整数,并自动检测线程sleeper的状态,当sleeper处于WaitSleepJoin时,调用Interrupt使其回到调度队列。

18.2.5 终止与阻止线程

在 C#的线程中，采用 Abort 方法来终止线程。采用 Join 方法来阻塞线程。在调用 Abort 方法时，线程将终止运行。而 Join 方法主要是用来阻塞调用线程，直到某个线程终止或经过了指定时间为止。Join 方法的声明如下。

```
static void Main()
    {
        var stopwatch = Stopwatch.StartNew();
        Thread[] array = new Thread[5];

        Array.ForEach<Thread>(array, t =>
            {
                t = new Thread(new ThreadStart(Run));
                t.Start();
                t.Join();
            });

        Console.WriteLine("总共使用时间：{0}", stopwatch.ElapsedMilliseconds);
        Console.Read();
    }

    static void Run()
    {
        Thread.Sleep(5000);
    }
```

上端程序的执行结果是：每隔 5s，依次输出当前线程的名称，最后输出总共使用时间 25033。

18.2.6 情景应用：使用多线程制作端口扫描工具

多线程的应用是十分广泛的，在很多方面都有体现，比如现在开发的这个端口扫描工具，可以探测目标计算机的端口开放情况，针对不同的端口采取不同的攻击方式，比如探测 22，23 端口的 FTP 开放，探测 80 端口的 IIS 开放，探测 3389 端口的远程桌面开放等。

多线程连接端口并显示信息，代码如下。

```
//自定义变量
    private int port;
    private string Addr;
    private bool[] done = new bool[65536];
    private int start;
    private int end;
    private Thread scanThread;
    private bool OK;

    private void button1_Click(object sender, EventArgs e)
    {
        //创建线程，并创建 ThreadStart 委托对象
        Thread process = new Thread(new ThreadStart(PortScan));
        process.Start();
```

```csharp
        textBox3.Text = "";
        textBox3.Text += "端口扫描器 v1.0.\r\n";
    }

    private void PortScan()
    {
        start = Int32.Parse(txtStart.Text);
        end = Int32.Parse(txtEnd.Text);
        //检查输入范围合法性
        if ((start >= 0 && start <= 65536) && (end >= 0 && end <= 65536)
            &&(start <= end))
        {
            textBox3.Text += "开始扫描... (可能需要请您等待几分钟)\r\n";
            Addr = textBox4.Text;
            for (int i = start; i <= end; i++)
            {
                port = i;
                //使用该端口的扫描线程
                scanThread = new Thread(new ThreadStart(Scan));
                scanThread.Start();
                //使线程睡眠
                System.Threading.Thread.Sleep(100);

                textBox3.Text += i + "\r\n";
            }
            //未完成时情况
            while (!OK)
            {
                OK = true;
                for (int i = start; i <= end; i++)
                {
                    if (!done[i])
                    {
                        OK = false;
                        break;
                    }
                }
                System.Threading.Thread.Sleep(1000);
            }
            textBox3.Text += "扫描结束!\r\n";
        }
        else
        {
            MessageBox.Show("输入错误，端口范围为[0-65536]");
        }
    }

    private void Scan()
    {
        int portnow = port;
        //创建线程变量
        Thread Threadnow = scanThread;
        done[portnow] = true;
        //创建 TcpClient 对象，TcpClient 用于为 TCP 网络服务提供客户端连接
        TcpClient objTCP = null;
        //扫描端口，成功则写入信息
        try
        {
```

```
                //用 TcpClient 对象扫描端口
                objTCP = new TcpClient(Addr, portnow);
                textBox3.Text += "端口 " + portnow.ToString() + " 开放!\r\n";
            }
            catch
            {
            }
        }
```

18.3 线程同步

在编程时,通常会使用多线程来解决问题,比如一些程序需要在后台处理一大堆数据,但还要使用户界面处于可操作状态;或者程序需要访问一些外部资源如数据库或网络文件等。这些情况都可以创建一个子线程去处理,然而,多线程不可避免地会带来一个问题,就是线程同步的问题。如果这个问题处理不好,就会得到一些非预期的结果。

18.3.1 简述线程同步机制

所谓线程同步,就是给多个线程规定一个执行的顺序(或者称为时间顺序),要求每个线程先执行完一段代码后,另一个线程才能开始执行。下面分为两个部分来说明下线程同步的机制。

1. 同一个进程的多个线程同时访问同一个变量

(1)一个线程写,其他线程读。这种情况不存在同步问题,因为只有一个线程在改变内存中的变量,内存中的变量在任意时刻都有一个确定的值。

(2)一个线程读,其他线程写。这种情况会存在同步问题,主要是多个线程在同时写入一个变量的时候,可能会发生一些难以察觉的错误,导致某些线程实际上并没有真正地写入变量。

(3)几个线程写,其他线程读。这种情况会存在同步问题,主要是多个线程在同时写入一个变量的时候,可能会发生一些难以察觉的错误,导致某些线程实际上并没有真正地写入变量。

多个线程同时向一个变量赋值,就会出现问题,让我们来看下原理是什么。我们编程采用的是高级语言,这种语言是不能被计算机直接执行的,一条高级语言代码往往要编译为若干条机器代码,而一条机器代码,CPU 也不一定是在一个 CPU 周期内就能完成的。计算机代码必须要按照一个"时序"逐条执行。

举个例子,在内存中有一个整型变量 number(4 字节),那么计算++number(运算后赋值)就至少要分为如下几个步骤。

第 1 步:寻址。由 CPU 的控制器找寻到 number 变量所在的地址。

第 2 步:读取。将 number 变量所在的值从内存中读取到 CPU 寄存器中。

第 3 步:运算。由 CPU 的算术逻辑运算器(ALU)对 number 值进行计算,将结果存储在寄存器中。

第4步：保存。由CPU的控制器将寄存器中保存的结果重新存入number在内存中的地址。

这是最简单的时序，如果牵扯到CPU的高速缓存（Cache），则情况就更为复杂了。

在多线程环境下，当几个线程同时对number进行赋值操作时（假设number初始值为0），就有可能发生冲突。

当其中一个线程对number进行++操作并执行到第2步（读取）时（0保存在CPU寄存器中），发生线程切换，该线程的所有寄存器状态被保存到内存后，由另一个线程对number进行赋值操作。当另一个线程对number赋值完毕（假设将number赋值为10），切换回第一个线程，进行现场恢复，则在寄存器中保存的number值依然为0，该线程从第3步继续执行指令，最终将1写入到number所在内存地址，number值最终为1，另一个线程对number赋值为10的操作表现为无效操作。

2．当多个线程组成了创造和消耗时

多线程并不能加快算法速度（多核心处理器除外），所以多线程的主要作用还是为了提高用户的响应，一般有以下两种方式。

（1）将响应窗体事件操作和复杂的计算操作分别放在不同的线程中，这样当程序在进行复杂计算时不会阻塞到窗体事件的处理，从而提高用户操作响应。

（2）对于为多用户服务的应用程序，可以一个独立线程为一个用户提供服务，这样用户之间不会相互影响，从而提高了用户操作的响应。

所以，线程之间很容易就形成了生产者/消费者模式，即一个线程的某部分代码必须要等待另一个线程计算出结果后才能继续运行。目前存在以下两种情况需要线程间同步执行。

（1）多个线程向一个变量赋值或多线程改变同一对象属性。

（2）某些线程等待另一些线程执行某些操作后才能继续执行。

3．变量的原子操作

CPU有一套指令，可以在访问内存中的变量前，将一段内存地址标记为"只读"，此时除了标志内存的那个线程外，其余线程来访问这块内存，都将发生阻塞，即必须等待前一个线程访问完毕后其他线程才能继续访问这块内存。

这种锁定的结果是：所有线程只能依次访问某个变量，而无法同时访问某个变量，从而解决了多线程访问变量的问题。

原子操作封装在Interlocked类中，以一系列静态方法提供。

（1）**Add**方法：对整型变量（4位、8位）进行原子的加法/减法操作，相当于n+=x或n-=x表达式的原子操作版本。

（2）**Increment**方法：对整型变量（4位、8位）进行原子的自加操作，相当于++n的原子操作版本。

（3）**Decrement**方法：对整型变量（4位、8位）进行原子的自减操作，相当于--n的原子操作版本。

（4）**Exchange**方法：对变量或对象引用进行原子的赋值操作。

（5）CompareExchange 方法：对两个变量或对象引用进行比较，如果相同，则为其赋值。

18.3.2 使用 lock 关键字实现线程同步

在使用线程的时候，尤其是在使用多线程的时候，需要资源的同步处理机制，这样才能保证资源的唯一性，比如在操作银行账号的同时就必须保证被操作账户的唯一性操作，只有这样才能保证账户内的资金不会透支或者超出范围。

在使用线程中比较简单的同步方式为锁的机制，这个锁同数据库的锁有些类似，这个锁能够保证资源或者代码只能同时有一个线程访问，只有当前资源或代码的线程释放资源或代码之后才能由其他线程访问。这样在访问的同时就保证了资源的唯一访问要求。

lock 关键字可以用来确保代码块完成运行，而不会被其他线程中断。这是通过在代码块运行期间为给定对象获取互斥锁来实现的。

lock 语句以关键字 lock 开头，它有一个作为参数的对象，在该参数的后面还有一个一次只能由一个线程执行的代码块。下面来看下具体的写法，代码如下。

```
public void myFunction()
{
    System.Object lockThis = new System.Object();
    lock(lockThis)
    {
        //其他可执行代码，或者调用资源
    }
}
```

在上面的代码中，lock 的参数必须为对象类型，这里的对象类型不能为基础对象类型，必须是用户定义的对象类型。

这个锁的范围限定为在函数范围内部，因为函数外不存在任何对该对象的引用。提供给 lock 的对象只是用来唯一标识由多个线程共享的资源，所以它可以是任意类实例。在实际应用中，对象通常表示需要进行线程同步的资源。如果一个容器对象将被多个线程使用，那么可以将该容器传递给 lock，而 lock 后面的同步代码块将访问该容器。只要其他线程在访问该容器前先锁定该容器，那么对该对象的访问将是安全同步的。

下面来看下 lock 关键字在使用的时候有哪些要注意的地方。

首先最好避免锁定 public 类型或锁定不受应用程序控制的对象实例。不受控制的代码也可能会锁定该对象。这可能导致死锁，即两个或更多个线程等待释放同一对象。锁定基础数据类型也可能导致死锁问题。锁定字符串最危险，因为字符串被公共语言运行库"暂留"。这意味着整个程序中任何给定字符串都只有一个实例，就是这同一个对象表示了所有运行的应用程序域的所有线程中的该文本。那么只要在应用程序进程中的任何位置处具有相同内容的字符串上放置了锁，就将锁定应用程序中该字符串的所有实例。最好锁定不会被暂留的私有或受保护成员。

18.3.3 使用 Monitor 类实现线程同步

线程的另一个比较复杂的同步关键字，是 monitor 关键字。使用 monitor 关键同使用锁的道理相近，但是使用 monitor 更加灵活，当然，在 C#中灵活度是受到了很大的限制的。在使用 monitor 关键字的时候可以更好地控制同步。monitor 提供了几个方法来控制语句块的访问，首先一个方法是 enter(object myobj)，这个方法在调用后可以直接获得 myobj 的独占访问权限，直到调用 exit(object myobj)方法释放资源为止。可以多次调用 Enter(Object o)方法，只需要调用同样次数的 Exit(Object o)，方法释放资源或代码段。

还有另外一个方法 tyrenter(object myobj,[int])，这是一个 enter 的重载方法，这个方法是尝试获取独占的控制权，当获取失败时返回 false。下面用代码演示下 lock 和 monitor 的使用方法。

```
lock (x)
{
    DoSomething();
}
```

Lock 的使用等效于 monitor 的使用。

```
object myobj = ( myobject )x;
System.Threading.Monitor.Enter(myobj);
try
{
    DoSomething();
}
finally
{
    System.Threading.Monitor.Exit(myobj);
}
```

上面的代码中，同时使用了 lock 和 monitor 的关键字完成了同样的操作，其实它们在简单的操作方面基本上是相同的。下面来看下 monitor 的具体应用。代码如下。

```
using System;
using System.Collections.Generic;
using System.Linq;
using System.Threading;
using System.Threading.Tasks;
using System.Windows.Forms;

namespace WindowsFormsApplication1
{
    static class Program
    {
        ///// <summary>
        ///// 应用程序的主入口点。
        ///// </summary>
        //[STAThread]
        //static void Main()
        //{
        //    Application.EnableVisualStyles();
        //    Application.SetCompatibleTextRenderingDefault(false);
        //    Application.Run(new Form1());
        //}

        private static object myobj = new object();
        [STAThread]
        static void Main(string[] args)
```

```csharp
        {
            Thread thread1 = new Thread(new ThreadStart(Do));
            thread1.Name = " Thread1 ";
            Thread thread2 = new Thread(new ThreadStart(Do));
            thread2.Name = " Thread2 ";
            thread1.Start();
            thread2.Start();
            thread1.Join();
            thread2.Join();
            Console.Read();
        }
        static void Do()
        {
            if (!Monitor.TryEnter(myobj))
            {
                Console.WriteLine(" 不能访问 " + Thread.CurrentThread.Name);
                return;
            }
            try
            {
                Monitor.Enter(myobj);
                Console.WriteLine(" 可以访问 " + Thread.CurrentThread.Name);
                Thread.Sleep(5000);
            }
            finally
            {
                Monitor.Exit(myobj);
            }
        }
    }
}
```

当线程 1 获取了 myobj 对象独占权时，线程 2 尝试调用 TryEnter(m_monitorObject)，此时会由于无法获取独占权而返回 false，输出信息如下。

18.4 综合实例

完成一个简单的多线程的网络通信程序。这个综合实例为一个简单的通信实例，由客户端和服务器端两个部分组成，它们采用网络通信 socket 方式通信，采用多线程的方式来完成通信的过程。

实例中采用指定的端口通信方式，将一张图片以网络流的形式发送给每个连接到服务器的客户端，客户端接收到图片后存储在磁盘上。此实例使用到的技术比较广泛，如磁盘的 IO 操作、socket 的网络操作和前面学习的线程操作等技术。此实例比较全面地运用了应用程序的技术，对于提高编程的水平和以后的学习会有很大的帮助。主要代码如下。服务器端代码如下。

```csharp
using System;
using System.Net;
using System.Net.Sockets;
using System.Threading;

namespace ConsoleSocketsDemo
{
    class Program
    {
        static void Main(string[] args)
        {

            int sendPicPort = 600;//发送图片的端口
            int recvCmdPort = 400;//接收请求的端口开启后就一直进行侦听

            SocketServer socketServerProcess = new SocketServer(recvCmdPort,
            sendPicPort);
            Thread tSocketServer = new Thread(new ThreadStart(socketServer
            Process.thread));//线程开始的时候要调用的方法为 threadProc.thread
            tSocketServer.IsBackground = true;//设置 IsBackground=true, 后台
                                线程会自动根据主线程的销毁而销毁
            tSocketServer.Start();

            Console.ReadKey();//直接在 main 里边最后加个 Console.Read()即可。要按
                               键才退出。
        }
    }
}

using System;
using System.Text;

using System.Net;
using System.Net.Sockets;
using System.IO;

namespace ConsoleSocketsDemo
{
    class SocketServer
    {
        Socket sRecvCmd;

        int recvCmdPort;//接收图片请求命令
        int sendPicPort;//发送图片命令

        public SocketServer(int recvPort,int sendPort)
        {
            recvCmdPort = recvPort;
            sendPicPort = sendPort;
```

```csharp
        //建立本地 socket，一直对 4000 端口进行侦听
        IPEndPoint recvCmdLocalEndPoint = new IPEndPoint(IPAddress.Any,
        recvCmdPort);
        sRecvCmd = new Socket(AddressFamily.InterNetwork, SocketType.
        Stream, ProtocolType.Tcp);
        sRecvCmd.Bind(recvCmdLocalEndPoint);
        sRecvCmd.Listen(100);
}

public void thread()
{
    while (true)
    {
        System.Threading.Thread.Sleep(1);//每个线程内部的死循环里面都要
        加个"短时间"睡眠，使得线程占用资源得到及时释放

        try
        {
            Socket sRecvCmdTemp = sRecvCmd.Accept();//Accept 以同步方
            式从侦听套接字的连接请求队列中提取第一个挂起的连接请求，然后创建并
            返回新的 Socket

            sRecvCmdTemp.SetSocketOption(SocketOptionLevel.Socket,
             SocketOptionName.ReceiveTimeout, 5000);//设置接收数据超时
            sRecvCmdTemp.SetSocketOption(SocketOptionLevel.Socket,
            SocketOptionName.SendTimeout, 5000);//设置发送数据超时
            sRecvCmdTemp.SetSocketOption(SocketOptionLevel.Socket,
            SocketOptionName.SendBuffer, 1024);//设置发送缓冲区大小 1KB
            sRecvCmdTemp.SetSocketOption(SocketOptionLevel.Socket,
            SocketOptionName.ReceiveBuffer,1024);//设置接收缓冲区大小 1KB


            byte[] recvBytes = new byte[1024];//开启一个缓冲区，存储接收
                                              到的信息
            sRecvCmdTemp.Receive(recvBytes);//将读得的内容放在 recv
                                              Bytes 中
            stringstrRecvCmd=Encoding.Default.GetString(recvBytes);
            //程序运行到这个地方，已经能接收到远程发过来的命令了

            //************
            //解码命令，并执行相应的操作——如下面的发送本机图片
            //************
            string[] strArray = strRecvCmd.Split(';');
            if (strArray[0] == "PicRequest")
            {
                string[] strRemoteEndPoint = sRecvCmdTemp. Remote
                EndPoint.ToString().Split(':');//远处终端的请求端 IP 和
                                              端口，如 127.0.0.1: 4000
                string strRemoteIP = strRemoteEndPoint[0];
                SentPictures(strRemoteIP,sendPicPort);//发送本机图片文件

                recvBytes = null;
            }

        }
        catch(Exception ex)
        {
```

```csharp
            Console.Write(ex.Message);
        }
    }
}

/// <summary>
/// 向远程客户端发送图片
/// </summary>
/// <param name="strRemoteIP">远程客户端 IP</param>
/// <param name="sendPort">发送图片的端口</param>
private static void SentPictures(string strRemoteIP, int sendPort)
{
    string path = "D:\\images\\";
    string strImageTag = "image";//图片名称中包含 image 的所有图片文件

    try
    {
        string[] picFiles = Directory.GetFiles(path, strImageTag + "*",
        SearchOption.TopDirectoryOnly);//满足要求的文件个数

        if (picFiles.Length == 0)
        {
            return;//没有图片，不做处理
        }

        long sendBytesTotalCounts = 0;//发送数据流总长度

        //消息头部：命令标识+文件数目+……+文件 i 长度+
        string strMsgHead = "PicResponse;" + picFiles.Length + ";";


        //消息体：图片文件流
        byte[][] msgPicBytes = new byte[picFiles.Length][];
        for (int j = 0; j < picFiles.Length; j++)
        {
            FileStream fs = new FileStream(picFiles[j].ToString(),
            FileMode.Open, FileAccess.Read);
            BinaryReader reader = new BinaryReader(fs);
            msgPicBytes[j] = new byte[fs.Length];
            strMsgHead += fs.Length.ToString() + ";";
            sendBytesTotalCounts += fs.Length;
            reader.Read(msgPicBytes[j], 0, msgPicBytes[j].Length);
        }

        byte[] msgHeadBytes = Encoding.Default.GetBytes(strMsg Head);
        //将消息头字符串转成 byte 数组
        sendBytesTotalCounts += msgHeadBytes.Length;
        //要发送的数据流：数据头＋数据体
        byte[] sendMsgBytes = new byte[sendBytesTotalCounts];
        //要发送的总数组

        for (int i = 0; i < msgHeadBytes.Length; i++)
        {
            sendMsgBytes[i] = msgHeadBytes[i]; //数据头
```

第 18 章　线程的基础知识

```
        }
        int index = msgHeadBytes.Length;
        for (int i = 0; i < picFiles.Length; i++)
        {
            for (int j = 0; j < msgPicBytes[i].Length; j++)
            {
                sendMsgBytes[index + j] = msgPicBytes[i][j];
            }
            index += msgPicBytes[i].Length;
        }
        //程序执行到此处，带有图片信息的报文已经准备好了
        //PicResponse;2;94223;69228;
        //+图片 1 比特流+……+图片 2 比特流

        try
        {
            #region 发送图片
            Socket sSendPic = new Socket(AddressFamily.InterNetwork,
            SocketType.Stream, ProtocolType.Tcp);
            IPAddress ipAddress = IPAddress.Parse(strRemoteIP);
            //remoteip = "127.0.0.1"


            try
            {
                sSendPic.Connect(ipAddress,sendPort);//连接远端客户端主机
                sSendPic.Send(sendMsgBytes, sendMsgBytes.Length, 0);
                //发送本地图片
            }
            catch (System.Exception e)
            {
                System.Console.Write("SentPictures 函数在建立远程连接时
                出现异常: " + e.Message);
            }finally
            {
                sSendPic.Close();
            }
            #endregion
        }
        catch
        {
        }


    }
    catch(Exception ex)
    {
        Console.Write(ex.Message);
    }


    }


}
```

客户端代码如下：

```csharp
using System;
using System.Text;

using System.Net;
using System.Net.Sockets;
using System.Threading;

namespace ConsoleClientSocketDemo
{
    class Program
    {
        static void Main(string[] args)
        {
            int recvPort = 600;    //客户端一直对600端口进行侦听——接收图片的端口
            RecvPic recvPic = new RecvPic(recvPort);
                                //监听接收来自图片服务器的图片以及客户端的命令
            Thread tRecvPic = new Thread(new ThreadStart(recvPic.thread));
            tRecvPic.IsBackground = true;
            tRecvPic.Start();

            string strPicServerIP = "127.0.0.1";//图片服务器的IP——127.0.0.1
            (localhost)——以本机为例
            int sendRequestPort = 400;//发送图片请求的端口
            SendStrMsg(strPicServerIP, sendRequestPort);

            Console.ReadKey();//直接在main里边最后加个Console.Read()即可。要按
                              键才退出
        }

        /// <summary>
        /// 向目标主机发送字符串 请求图片
        /// </summary>
        /// <param name="strPicServerIP">目标图片服务器IP</param>
        /// <param name="sendRequestPort">目标图片服务器接收请求的端口</param>
        private static void SendStrMsg(string strPicServerIP, int send
        RequestPort)
        {
            //可以在字符串编码上做文章，可以传送各种信息内容，目前主要有三种编码方式：
            //1.自定义连接字符串编码——微量
            //2.JSON编码—轻量
            //3.XML编码—重量
            string strPicRequest = "PicRequest;Hello world,need some
            pictures~!";//图片请求


            IPEndPoint ipEndPoint = new IPEndPoint(IPAddress.Parse(strPic
            ServerIP.ToString()), sendRequestPort);
            Socket answerSocket = new Socket(AddressFamily.InterNetwork,
            SocketType.Stream, ProtocolType.Tcp);
            try
            {
```

```csharp
                    answerSocket.Connect(ipEndPoint);//建立 Socket 连接
                    byte[] sendContents = Encoding.UTF8.GetBytes(strPicRequest);
                    answerSocket.Send(sendContents, sendContents.Length, 0);
                        //发送二进制数据
                }
                catch (Exception ex)
                {
                    Console.Write(ex.Message);
                }
                finally
                {
                    answerSocket.Close();
                }

            }
        }
    }

using System;
using System.Text;

using System.Net;
using System.Net.Sockets;
using System.IO;

namespace ConsoleClientSocketDemo
{
    class RecvPic
    {
        Socket sRecvPic;//接收图片的 socket
        int recvPicPort;//接收图片端口

        public RecvPic(int recvPort)
        {
            recvPicPort = recvPort;
            IPEndPointlocalEndPoint=new IPEndPoint(IPAddress.Any, recvPicPort);
            sRecvPic=newSocket(AddressFamily.InterNetwork, SocketType.Stream,
            ProtocolType.Tcp);
            sRecvPic.Bind(localEndPoint);
            sRecvPic.Listen(100);
        }

        public void thread()
        {
            while (true)
            {
                System.Threading.Thread.Sleep(1);//每个线程内部的死循环里面都要
                            加个"短时间"睡眠,使得线程占用资源得到及时释放
                try
                {
                    Socket sRecvPicTemp = sRecvPic.Accept();//一直在等待 socket
                        请求,并建立一个和请求相同的 socket,覆盖掉原来的 socket
                    sRecvPicTemp.SetSocketOption(SocketOptionLevel.Socket,
```

```csharp
SocketOptionName.ReceiveTimeout, 5000); //设置接收数据超时
sRecvPicTemp.SetSocketOption(SocketOptionLevel.Socket,
SocketOptionName.SendTimeout, 5000);//设置发送数据超时
sRecvPicTemp.SetSocketOption(SocketOptionLevel.Socket,
SocketOptionName.SendBuffer, 1024);//设置发送缓冲区大小——
                                    1KB大小
sRecvPicTemp.SetSocketOption(SocketOptionLevel.Socket,
SocketOptionName.ReceiveBuffer,1024);//设置接收缓冲区大小


#region 先取出数据头部信息——并解析头部

byte[] recvHeadBytes = new byte[1024];//先取1KB的数据,提
                                       取出数据的头部
sRecvPicTemp.Receive(recvHeadBytes,recvHeadBytes.Length,0);
string recvStr = Encoding.UTF8.GetString(recvHeadBytes);
string[] strHeadArray = recvStr.Split(';');//PicResponse;
2;94223;69228;
string strHeadCmd = strHeadArray[0];//头部命令
int picCounts = Convert.ToInt32(strHeadArray[1]);
                             //数据流中包含的图片个数
int[] picLength=new int[picCounts];//每个图片的长度
for (int i = 0; i < picCounts;i++ )
{
    picLength[i] = Convert.ToInt32(strHeadArray[i+2]);
}

#endregion


int offset=0;//数据头的长度
for (int k = 0; k < strHeadArray.Length - 1;k++ )
{
    offset += strHeadArray[k].Length + 1;//因为后面的分号
}

int picOffset = recvHeadBytes.Length - offset;
             //第一张图片在提取数据头的时候已经被提取了一部分了


if (strHeadCmd == "PicResponse")
{
    #region 储存图片——为了节约内存,可以每接收一次就保存一次图片
    for (int i = 0; i < picCounts; i++)
    {
        byte[] recvPicBytes = new byte[(picLength[i])];
        //每次只接收一张图片

        if (i == 0)//第一幅图片有一部分在提取数据头的时候已
                   经提取过了
        {
            byte[] recvFirstPicBuffer = new byte[picLeng
             th[i] - picOffset];
            sRecvPicTemp.Receive(recvFirstPicBuffer,
             recvFirstPicBuffer.Length, 0);
            for (int j = 0; j < picOffset; j++)
            {
```

```csharp
                            recvPicBytes[j] = recvHeadBytes[offset +
                                j];//第一幅图片的前一部分
                        }

                        for (int j = 0; j < recvFirstPicBuffer.Length;
                            j++)//第一张图片的后半部分
                        {
                            recvPicBytes[picOffset + j] = recvFirst
                                PicBuffer[j];
                        }

                        //将图片写入文件
                        SavePicture(recvPicBytes,"-0");
                    }
                    else
                    {
                        sRecvPicTemp.Receive(recvPicBytes, recvPic
                            Bytes.Length,0);//每次取一张图片的长度
                        SavePicture(recvPicBytes,"-"+i.ToString());
                        //将图片数据写入文件
                    }
                }
            #endregion

            }

        }
        catch(Exception ex)
        {
            Console.Write(ex.Message);
        }
        finally
        {

        }
    }
}

/// <summary>
/// 保存图片到指定路径
/// </summary>
/// <param name="picBytes">图片比特流</param>
/// <param name="picNum">图片编号</param>
public void SavePicture(byte[] picBytes, string picNum)
{
    string filename = "receivePic";

    if (!Directory.Exists("E:\\images\\"))
        Directory.CreateDirectory("E:\\images\\");
    if (File.Exists("E:\\images\\" + filename + picNum + ".jpg"))
        return;
    FileStream fs = new FileStream("E:\\images\\" + filename + picNum
        + ".jpg", FileMode.OpenOrCreate, FileAccess.Write);

    fs.Write(picBytes, 0, picBytes.Length);
    fs.Dispose();
    fs.Close();
```

```
            }

        }
    }
```

小结

　　本章中简单介绍了线程的基本知识，包括线程的创建、挂起、休眠、恢复和终止操作。这些操作都是非常基础的，需要在以后的编程中灵活运用。在 C#的线程操作中已经简化了很多线程底层的操作方法。这样能够使我们在操作线程时非常便捷。在 C#中，线程一般都随同网络通信一同编程。本章还介绍了关于线程的同步问题。这些知识需要读者在今后的编程过程中慢慢领会掌握，这样才能完成更加复杂的编程操作。

第 19 章 Windows 应用程序的打包及部署

在 Windows 程序中打包和部署程序是必不可少的一步。所有应用程序在交付客户使用的时候，都必须打包成可以安装的文件，然后才能发布给客户。由客户安装部署到他们所需要的地方。本章就来学习 Windows 应用程序的打包及部署。

本章主要内容：
- 创建部署项目
- 简单的打包和部署
- 自定义的打包程序

19.1 安装工具简介

在 Visual Studio 2012 的开发工具中，提供了一整套的程序打包和部署的方案。其中包括自定义的打包和工具提供的打包方案。

在通常的打包程序中，大概包括以下几个步骤：在解决方案中添加打包的项目，在项目中添加要打包的文件和对应的快捷方式，添加必要的注册表项，添加资源项目等。

在添加打包应用程序之前，首先要添加一个第三方的插件 InstallShield2013 SPRLimitedEdition。在 Visual Studio 2012 以前的版本中。所有的打包安装程序都是集成在开发环境中的。但是在以后的开发环境中，将需要手动安装添加。这也是微软以后要走的主要方向。以后微软所有的组件可能都需要定制安装才能够使用。在安装完成后就可以使用打包程序了。下面来看下具体创建项目的步骤。

在 Visual Studio 2010 以后的版本打包的工具都必须是独立安装的。在使用 Visual Studio 2012 打包程序之前首先要安装它。

19.2 创建部署项目

在 Visual Studio 2010 以后的版本中，所有的打包工程的项目都独立出来，这也是微软为后期采用服务的模式作为他们的主要发展方向作为主要方向的一个铺垫。以后的开发工具独立性将越来越强，在 Visual Studio 2010 以后连原来的体验版的数据库都取消了。在 Visual Studio 2012 中打包程序的项目已经独立出来。

但是在 Visual Studio 2012 中所使用到的打包工具是免费的，就是注册比较复杂。首先打开编辑器建立一个新的打包程序的时候要去谷歌的网站去注册一个用户，然后网站会给一个注册码，接着就是下载一个 InstallShield2013LimitedEdition.exe 安装包，接下来就是安装程序，输入注册码。打包工具就安装完成了。这里要注意的是，在去谷歌注册程序和下载程序的时候有一个小小的要求，就是能够访问谷歌的固定服务器，这个固定的服务器在中国国内是不能正常访问的，只有在能够正常访问谷歌的时候才能注册用户并正确下载程序。下面来建立一个简单的打包和部署项目。

19.3 简单的打包和部署

1. 添加安装部署项目

右击解决方案，选择添加新的项目。在"添加新项目"对话框中选择"安装和部署"。填写安装和部署项目的名称后，单击"确定"按钮建立完成。具体操作如图 19-1 所示。

2. 生成程序

选择当前要打包的应用程序，单击鼠标右键，选择"重新生成"命令，重新生成当前要打包的应用程序，如图 19-2 所示。

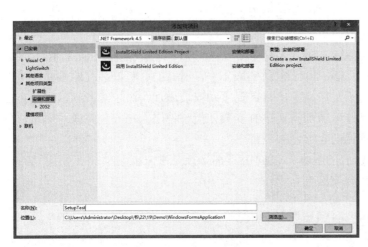

图 19-1　建立安装和部署项目　　　　　图 19-2　重新生成程序

3. 设置安装程序信息

重新生成应用程序后，将对安装程序的基本信息进行设置，包括开发程序的公司，应用程序名称，版本号和公司网站。下方则是选择应用程序所使用的图标，当然必须要是 ico 格式的图标。设置信息如图 19-3 所示。

第 19 章　Windows 应用程序的打包及部署

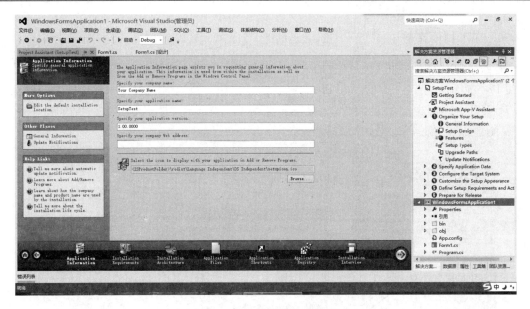

图 19-3　应用程序基础信息

设置信息还有另外一个详细设置的界面，如图 19-4 所示，这部分是对于安装程序更加详细的设置，详细设置大致包括 4 个部分。

第一部分为一般信息设置，包括项目名称、编号、语言等基础信息。

第二部分包括安装信息设置，包括安装包的标题、安装包使用的键盘等信息。

第三部分为添加和删除项的设置，包括安装包的图标、添加删除按钮、技术支持的网站、项目网站等信息。

第四部分为安装软件的信息设置，包括软件公司的信息、公司名称开发者信息等。

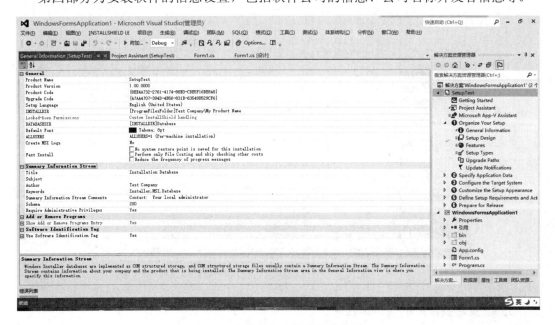

图 19-4　安装包基础信息的详细设置

4．添加程序文件

在设置基础信息完成后，将添加安装所需要的程序文件。单击 Application Files 按钮，如图 19-5 所示。单击下方的 Add Project Outputs 按钮，将当前应用程序的文件添加入安装包的程序中。

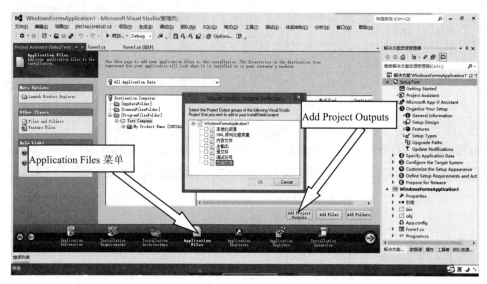

图 19-5　选择要打包的应用程序文件

5．添加资源文件

单击 Add Project Outputs 按钮后可以选择开发程序的任意文件，包括源文件在内的所有文件都能够选择打包进安装程序，当然也可以新建目录放置需要的文件，如图 19-6 所示。

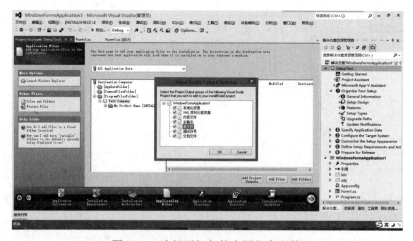

图 19-6　选择要打包的应用程序文件

6．设置需要注册的动态链接库

在添加的资源文件列表中（这里的列表指的是添加到图 19-6 界面的列表中的文件）选

第 19 章 Windows 应用程序的打包及部署

择需要注册的动态链接库文件后，单击鼠标右键弹出提示框，选择 Properties 命令，如图 19-7 所示。然后在打开的对话框中选择 COM&.NET Settings 选项卡，可以编辑需要注册的动态链接库的信息，如图 19-8 所示。

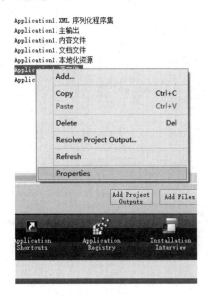 

图 19-7　选择 Properties 命令　　　图 19-8　注册动态链接库选择界面

7. 设置快捷方式

在主页面的下方单击 Application Shortcuts 按钮，如图 19-9 所示。当前界面是添加快捷方式和卸载程序的界面，左侧第一项为添加卸载程序的快捷方式，添加完成后可以选择这个快捷方式的位置，包括桌面、"开始"菜单和安装目录。单击左侧 Other Places 选项下的 Shortcuts 按钮，为添加应用程序的快捷方式界面，如图 19-10 所示，可以在安装包中设置任意的位置添加需要的快捷菜单。

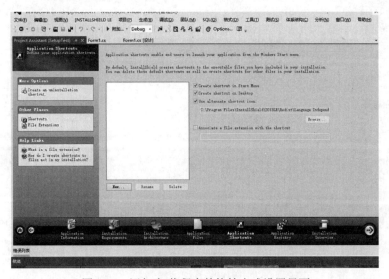

图 19-9　添加/卸载程序的快捷方式设置界面

· 407 ·

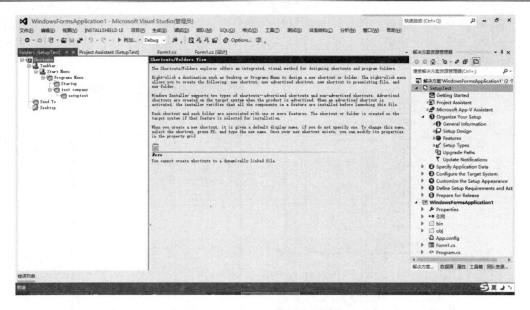

图 19-10　设置程序的快捷方式

8．设置注册表

单击 Application Registry 按钮，将显示安装程序的注册表编辑项，如图 19-11 所示，这里可以编辑安装程序的所有注册表项目，单击左侧的 Registry 菜单转到注册表的编辑项，如图 19-12 所示，这里是注册表的基础编辑项，上面窗口显示本机的注册表项目，下面是安装到目标上面的注册表编辑项，包括 64 位和 32 位两个版本。注册表项目这里就不多做介绍了。

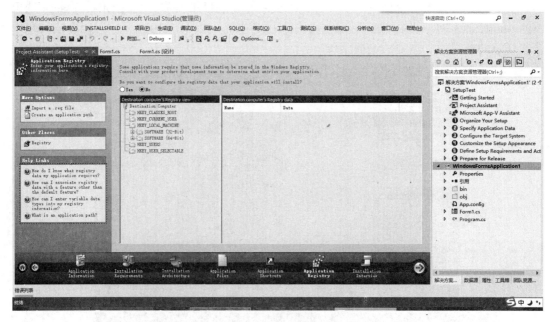

图 19-11　注册表编辑项

第 19 章　Windows 应用程序的打包及部署

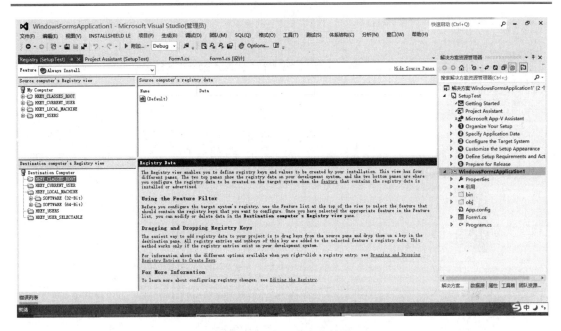

图 19-12　注册表内容编辑

9. 设置安装视图

单击下方的 Installation Interview 按钮，显示程序安装基本视图，如图 19-13 所示。这里可以选择基本视图中的选项，包括自定义公司名称，安装协议用户等信息。详细信息如图 19-14 所示，这里将对安装视图的信息进行详细设置，左侧的列表中包括的选择项，是每一个视图的信息，不能编辑的视图为灰色状态。

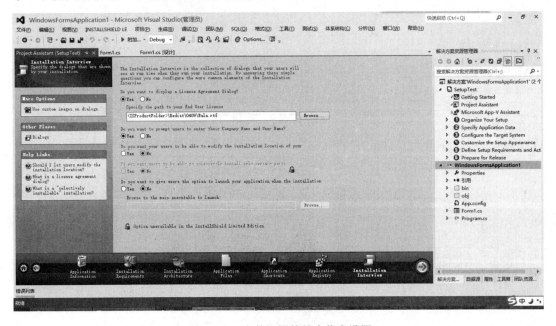

图 19-13　安装视图的基本信息设置

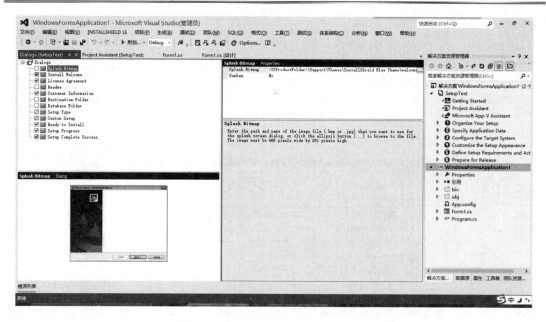

图 19-14　安装视图的详细信息设置

10．打包使用环境

单击下方的 Installation Requirements 按钮，显示程序要运行的环境是否需要打包进入安装文件中。界面如图 19-15 所示。这个界面是打包需要环境的基本信息设置，详细信息设置如图 19-16 所示。这里可以设置运行程序需要的环境。当然，都是本机已经安装了的环境，包括 framework 平台的多个版本，IE 的多个版本，Office 的多个版本等环境。

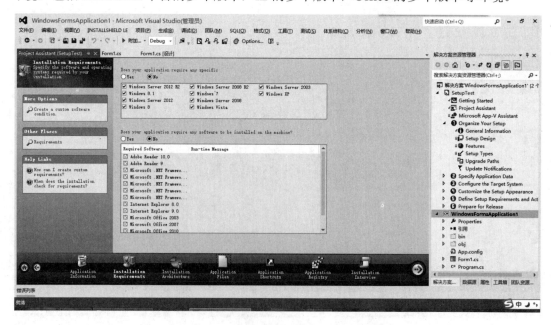

图 19-15　打包应用程序需要的运行环境

第 19 章　Windows 应用程序的打包及部署

图 19-16　打包应用程序需要的运行环境的详细设置

11. 发布程序

右击右侧的解决方案，选择重新生成解决方案。如果程序没有错误，解决方案将全部自动生成，包括刻录光盘所需要的文件。生成的文件如图 19-17 所示。

图 19-17　生成安装文件

19.4　自定义的打包程序

在与 Visual Studio 2012 一起的安装版本中，一般来讲要是完成比较复杂的安装包，那么开发工具自带的打包工具就不能完成要求了。比如发布 Web 程序的时候的一些特殊的操作，这样就需要一个自定义的类来完成安装包的一些复杂的操作。下面就来看下 Install 这个类，这个类是系统提供的安装包的类。

在开发中，要使用这个类就必须要继承它，然后重写里面的内容，代码如下。

```
public override  void Install(System.Collections.IDictionary stateSaver)
  {
    System.IO.StreamWriter sw = new StreamWriter(@"d:\setup.txt",true);
    sw.WriteLine(Context.Parameters["key"].Trim()+Context.Parameters
    ["targetDir"].Trim());
    sw.Flush();
    sw.Close();
  }
```

这段代码中继承类初始化安装的类，在类里面做了一些简单的操作。这就是自定义的打包程序。在这个打包程序中可以调用任意需要的操作和调用系统的资源。

小结

　　本章对于 VS2012 开发环境下 Windows 的应用程序的打包和发布做了详细的介绍。打包程序在以后的方向也逐渐走向了第三方的安装程序，这也是微软今后的主要走向，所有的功能全部独立出来，每个功能都采用服务的模式发布和使用。

　　本章的安装程序已经采用了这种模式的服务，必须下载第三方的安装包才能编辑发布程序。第三方的编辑工具还是比较好用的，微软的软件其实都是比较人性化的，可视化的。

　　本章的打包工具也不是唯一的打包工具，还有其他很多的打包工具，希望读者在今后的学习和工作中慢慢学习和掌握。

第 20 章 Windows 安全性

在以前传统的开发中我们都知道，一个应用程序对应一个进程，并为该进程指定虚拟内存，由操作系统来映射实际的物理内存，有效地维护了进程之间的安全性。但另一方面，每一个进程都会消耗一定的系统资源，降低了性能，并且进程间的通信也比较麻烦。

在.NET 中推出了一个新的概念：C#应用程序域（AppDomain），可以将其理解成很多应用程序域都可以运行在同一个.NET 的进程中，可以降低系统消耗，同时不同的域之间互相隔离，在安全性方面有保障。另外，对于同一个进程内不同域之间的通信也相对简单一点儿。

本章主要内容：
- Windows 应用程序安全性概述
- 身份验证和授权
- 加密
- 资源的访问控制
- 代码访问安全性

20.1 Windows 应用程序的安全性概述

域是活动目录中逻辑结构的核心单元。一个域包含许多台计算机，它们由管理者设定，共用一个目录数据库。一个域有一个唯一的名字，给那些由域管理者集中管理的用户账号和组账号提供访问通道。

应用程序域涉及的内容很多，下面简要介绍两个主要方面的内容。

20.1.1 如何创建、卸载域

域不只是网络管理的一个模式，也包括软件部分。可以通过程序控制，在域中使用公共的资源和公共的信息，下面来看一段代码。在.NET 中提供 AppDomain 类为执行托管代码提供隔离、卸载和安全边界，这个边界指的就是域的边界，在边界内访问全部采用域的安全机制。

```
AppDomainSetup info = new AppDomainSetup();
info.LoaderOptimization = LoaderOptimization.SingleDomain;
AppDomain domain = AppDomain.CreateDomain("MyDomain", null, info);
domain.ExecuteAssembly("C:\\test\\DomainCom.exe");
AppDomain.Unload(domain);
```

使用 AppDomainSetup 类定义新域的属性，比如可以设置应用程序的根目录，设置被

加载程序的类别。

上述代码片段中使用的是 SingleDomain 模式，表示加载程序不但可以在 C#应用程序域之间共享内部资源，还可以使用 MultiDomain、MultiDomainHost 等其他属性访问资源、公共信息等。

在第 4 行创建一个名字为 MyDomain 的新域，第 4 行在新域内部执行一个应用程序，第 5 行卸载这个新域。

通过这样创建后，新域的执行就算出现系统异常也不会影响原来域的执行，那么就可以做类似 WatchDog(监控子程序，一旦退出就重启)的程序了。

20.1.2 如何实现域间的通信

公共语言运行库禁止在不同域中的对象之间进行直接调用，但可以复制这些对象或通过代理访问这些对象。下面的代码简单演示了在使用域的时候进行简单通信的例子。

```
AppDomainSetupinfo2=newAppDomainSetup();
info2.LoaderOptimization=LoaderOptimization.SingleDomain;
info2.ApplicationBase="C:\Windows\System32";
AppDomainAppDomaindomain2=AppDomain.CreateDomain("MyDomain2",null,info2);
ObjectHandleobjHandle=domain2.CreateInstance("DomainCom","DomainCom.TestStatic");
ICollectionobj=objHandle.Unwrap()asICollection;
inti=obj.Count;
domain2.ExecuteAssembly("c:\Windows\System32\notepad.exe");
AppDomain.Unload(domain2);
```

第 5 行在新域中创建一个对象（类 DomainCom.TestStatic），并返回一个代理 ObjectHandle 类用于在多个 C#应用程序域之间传递对象。DomainCom.TestStatic 必须从 MarshalByRefObject 类继承，为了演示方便，这个类很简单，从 ICollection 接口继承，就实现了一个 Count 属性。

第 6 行取得新域中的对象。

第 7 行在当前域中给新域中的对象赋值。

第 8 行执行新域中的应用程序,这个应用程序就是弹出一个对话框并显示 Count 的值。

20.2 身份验证和授权

"认证"与"授权"是几乎所有系统中都会涉及的概念，通俗地讲：认证就是判断用户有没有登录，好比 Windows 系统，没登录就无法使用；授权就是"用户登录后的身份/角色识别"，好比管理员用户登录 Windows 后，能安装软件、修改 Windows 设置等所有操作，而 Guest 用户登录后，只有做有限的操作（比如安装软件就被禁止了）。.NET 中与"认证"对应的是 IIdentity 接口，而与"授权"对应的则是 IPrincipal 接口，这两个接口的定义均在命名空间 System.Security.Principal 中。

下面用简单的代码来介绍下。下面是继承 IIdentity 接口的代码。

第 20 章 Windows 安全性

```
using System;
using System.Runtime.InteropServices;
namespace System.Security.Principal
{
    [ComVisible(true)]
    public interface IIdentity
    {
        string AuthenticationType { get; }
        bool IsAuthenticated { get; }
        string Name { get; }
    }
}
```

下面是继承 IPrincipal 接口的代码。

```
using System;
using System.Runtime.InteropServices;
namespace System.Security.Principal
{
    [ComVisible(true)]
    public interface IPrincipal
    {
        IIdentity Identity { get; }
        bool IsInRole(string role);
    }
}
```

应该注意到：IPrincipal 接口中包含着一个只读的 IIdentity，这也跟最开始提到的概念是一致的：识别身份的前提是先登录，只有登录成功后才能进一步确认身份。

用 Membership/Role 做过 ASP.NET 开发的读者，看到这两个接口的定义，应该熟悉。以前在 ASP.NET 页面中也是使用相同的接口来判断用户是否登录以及用户所述的角色的。

简单的登录代码如下。

```
protected void Page_Load(object sender, EventArgs e)
    {
        HttpContext ctx = HttpContext.Current;
        if(ctx.User.Identity.IsAuthenticated&&ctx.User.IsInRole("管理员"))
        {
            //管理员该做的事，就写在这里
        }
        else
        {
            //Hi，您不是管理员，别胡来！
        }
    }
```

这段代码再熟悉不过了，membership/role 的原理就是基于这两个接口的，如果再对 HttpContext.Current.User 刨根问底，能发现下面的定义，如图 20-1 所示。

```
16  using System.Web.SessionState;
17  using System.Web.UI;
18  using System.Web.Util;
19
20  namespace System.Web
21  {
22      public sealed class HttpContext : IServiceProvider
25      {
26          public HttpContext(HttpWorkerRequest wr);
34          public HttpContext(HttpRequest request, HttpResponse response);
46
47          public Exception[] AllErrors { get; }
53          public HttpApplicationState Application { get; }
65          public HttpApplication ApplicationInstance { get; set; }
81          public System.Web.Caching.Cache Cache { get; }
88          public static HttpContext Current { get; set; }
95          public IHttpHandler CurrentHandler { get; }
103         public RequestNotification CurrentNotification { get; internal set; }
116         public Exception Error { get; }
125         public IHttpHandler Handler { get; set; }
133         public bool IsCustomErrorEnabled { get; }
141         public bool IsDebuggingEnabled { get; }
148         public bool IsPostNotification { get; internal set; }
161         public IDictionary Items { get; }
171         public IHttpHandler PreviousHandler { get; }
178         public ProfileBase Profile { get; }
186         public HttpRequest Request { get; }
197         public HttpResponse Response { get; }
208         public HttpServerUtility Server { get; }
216         public HttpSessionState Session { get; }
225         public bool SkipAuthorization { get; set; }
234         public DateTime Timestamp { get; }
241         public TraceContext Trace { get; }
248         public IPrincipal User { get; set; }
255
256         public void AddError(Exception errorInfo);
263         public void ClearError();
267         public static object GetAppConfig(string name)
```

图 20-1 接口系统定义

即 HttpContext.Current.User 本身就是一个 IPrincipal 接口的实例。

20.2.1 标识和 Principal

在 C#中提供了很多安全方面的命名空间。System.Security.Principal 命名空间是其中使用比较简便的，它表示代码在这个命名空间中运行的安全上下文的用户对象。

.NET 3.5 版本以后推出了 System.DirectoryServices.AccountManagement 命名空间，它封装了有关使用者、计算机和群组主体的类别，可以让我们更容易地操作 Windows 的账号信息。在后续的版本中进行了升级。

当应用程序需要多个批准完成某项操作时，也可以使用基于角色的安全性。例如一个采购系统，在该系统中，任何雇员均可生成采购请求，但只有采购代理人可以将此请求转换成可发送给供应商的采购订单。

20.2.2 角色

"角色"一词源于戏剧，首先运用角色的概念来说明个体在社会舞台上的身份及戏剧中的人物及其行为以后，角色的概念被广泛应用于社会学与心理学的研究中。社会学对角色的定义是"与社会地位相一致的社会限度的特征和期望的集合体"。在企业管理中，组织对不同的员工有不同的期待和要求，就是企业中员工的角色。

我们现在讨论的是系统安全方面的角色，这个角色的概念同发明这个词的本意是相同的。在 Windows 系统中安全大致分为几个方面，首先是用户，为用户分配组，为组分配角色，为角色分配权限，这是 Windows 的基本权限结构，现在大多数都采用这样的模式来负责安全性。在 Windows 的域中也是采用类似的方案解决安全问题。

在 Windows 的域中，具有多个主机的复制环境下，任何域控制器理论上都可以更改 Active Directory 中的任何对象。但是在实际操作中就要复杂得多了。有些特定的 AD 功能不允许在多台计算机上完成，那样可能会造成 AD 数据库一致性错误。这些特殊的功能称为"灵活单一主机操作"。拥有这些特殊功能执行能力的主机被称为 FSMO 角色主机。Windows AD 域中，FSMO 有 5 种角色。每种角色具备不同的权限，完成不同的功能。下面来分别看下每个角色的功能。

主机架构：控制活动目录，在整个域中可以定义和修改所有对象和属性，具有架构主机角色的主机。可以更新目录架构的唯一主机。这些架构更新会从架构主机复制到目录域中的所有其他域控制器中。架构主机是基于目录域的，整个目录域中只有一个架构主机。

域命名主机：可以向目录域中添加新域和从目录域中删除现有的域。添加或删除描述外部目录的交叉引用对象。

PDC 模拟器：向后兼容低级客户端和服务器，担任 NT 系统中的 PDC 角色，可以作为时间同步服务源。作为本域权威时间服务器，可以为本域中其他主机以及客户机提供时间同步服务。域中根域的 PDC 模拟器又为其他域的 PDC 模拟器提供时间同步功能。可以作为密码最终验证服务器，当用户在本地主机登录，而本地主机验证本地用户输入密码无效时，本地主机会查询 PDC 模拟器，询问密码是否正确。可以作为首选的组策略存放位置，组策略对象（GPO）由两部分构成：GPT 和 GPC。其中 GPC 存放在 AD 数据库中，GPT 默认存放 PDC 模拟器在主机中的\\windows\sysvol\sysvol\目录下，然后通过 DFS 复制到本域其他主机中。可以作为名称域主机浏览器，提供通过网上邻居查看域环境中所有主机的功能。

角色主机/RID 主机：Windows 域环境中，所有的安全主体都有 SID，SID 由域 SID 加序列号组合而成，序列号称为"相对 ID"，由于任何主机都可以创建安全主体，为保证整个域中每个主机所创建的安全主体对应的 SID 在整个域范围唯一性，才设立 RID 角色主机。它负责向其他主机分配 RID 池，所有非 RID 主机在创建安全实体时，都从分配给的 RID 池中分配 RID，以保证 SID 不会发生冲突。当非 RID 主机中分配的 RID 池使用到 80%时，会继续向 RID 主机申请分配下一个 RID 地址池。

基础架构主机：基础结构主机的作用是负责对跨域对象引用进行更新，用来保证所有域间操作对象的一致性。基础架构主机工作机制是，定期更新没有保存在本机的引用对象信息。如果基础架构主机与 GC 在同一台计算机，那么基础架构主机就不会更新到任何对象。在多域情况下，不建议将基础架构主机设为 GC。

20.2.3　声明基于角色的安全性

声明具有角色的安全性是 Windows 的安全性基础，所有的用户都将被分配给用户组，为用户组分配角色。然后再为角色分配权限。这样即使是在后期的无限拓展的情况下都能够简单有效地创建环境。

在基于角色的安全性原则下，能够随意地分配权限给角色，当然这也出现了一个安全的问题，就是在权限冲突下的原则。在 Windows 的安全性原则中，还有另外一个原则，就是拒绝为最高原则，这样就能保证在角色权限冲突的情况下的优先权。

简单来说就是，用户同时出现在两个不同的角色当中的时候，如果同时具备访问和拒绝访问的权限，将首先执行拒绝访问的权限。

C#中基于角色的安全性通常情况下都是向当前线程提供一个关于主体的信息来支持授权。这个主体根据关联的标识进行构造。标识可以是基于 Windows 账户的也可以是和 Windows 系统账户无关的自定义标识。C#应用程序可以根据主体的标识或者角色成员的条件做出授权决定。应用程序可以使用角色成员条件来确定主体是否有权执行某项请求的操作。

为了使代码访问安全性易于使用并提供与它的一致性，C#基于角色的安全性提供了一个命名空间 System.Security.Permissions.PrincipalPermission，这个命名空间能够使公共语言运行时按照与代码访问安全性检查类似的方式执行授权。

PrincipalPermission 类表示主体必须匹配的标识或角色，并且可以与声明性安全检查和命令性安全检查都兼容。也可以直接访问主体的标识信息，并在需要时在代码中执行角色和标识检查。C#中还提供了灵活且可扩展的基于角色的安全性支持，来满足广泛的应用程序的需要。也可以选择同现有的身份验证结构相互操作或者创建自定义身份验证系统。基于角色的安全性主要适用于在服务器处理的 C#应用程序，也可用于客户端处理。

20.3　加密

在现实的软件开发当中，所有的系统无论大小都会有加密的处理问题，无论是在系统通信方面，还是系统登录方面都要用到加密的数据处理。在实际的操作中加密的方式通常分为两大类。一是对称加密，一是非对称加密。一般非对称的加密方式都是不可逆的，这个在系统登录等方面应用得比较广泛，而对称加密方式在数据传输、配置存储等方面则应用广泛，说白了就是在存储配置信息时，必须是能够还原回来的加密方式，而在存储密码的时候只要能够通过加密的方式得到结果对比就可以了。

在两种加密方式中对称的加密方式现在比较流行的都是采取具有一个临时的 Key 的加密方式，在对原始数据进行加密的时候加入一个 Key 的常量，使用这个常量对原始数据进行换算，然后再加上位移等操作得出一个结果，这样的加密方式几乎是没法破解的。

非对称加密就更加难以破解了，原因就是在非对称加密的同时，是按照规律丢弃了一部分的原始数据的情况下产生的结果。具体的加密方式有 MD5、SHA256、哈希数值等。这些都是非对称加密方式中比较好的算法，其中 MD5 至今还没有被任何人破解过。

下面介绍在实际当中应用比较广泛的对称加密算法，代码如下。

```
using System.IO;
using System.Security.Cryptography;
...
private SymmetricAlgorithm mobjCryptoService;
private string Key;
/// <summary>
/// 对称加密类的构造函数
/// </summary>
public SymmetricMethod()
{
mobjCryptoService = new RijndaelManaged();
Key = "Guz(%&hj7x89H$yuBI0456FtmaT5&fvHUFCy76*h%(HilJ$lhj!y6&(*jkP87jH7";
}
/// <summary>
/// 获得密钥
/// </summary>
/// <returns>密钥</returns>
private byte[] GetLegalKey()
{
string sTemp = Key;
mobjCryptoService.GenerateKey();
byte[] bytTemp = mobjCryptoService.Key;
int KeyLength = bytTemp.Length;
if (sTemp.Length > KeyLength)
sTemp = sTemp.Substring(0, KeyLength);
else if (sTemp.Length < KeyLength)
sTemp = sTemp.PadRight(KeyLength, ' ');
return ASCIIEncoding.ASCII.GetBytes(sTemp);
}
/// <summary>
/// 获得初始向量 IV
/// </summary>
/// <returns>初试向量 IV</returns>
private byte[] GetLegalIV()
{
string sTemp = "E4ghj*Ghg7!rNIfb&95GUY86GfghUb#er57HBh(u%g6HJ($jhWk7 &!hg4ui%$hjk";
mobjCryptoService.GenerateIV();
byte[] bytTemp = mobjCryptoService.IV;
int IVLength = bytTemp.Length;
if (sTemp.Length > IVLength)
sTemp = sTemp.Substring(0, IVLength);
else if (sTemp.Length < IVLength)
sTemp = sTemp.PadRight(IVLength, ' ');
return ASCIIEncoding.ASCII.GetBytes(sTemp);
}
/// <summary>
/// 加密方法
/// </summary>
/// <param name="Source">待加密的串</param>
```

```
/// <returns>经过加密的串</returns>
public string Encrypto(string Source)
{
byte[] bytIn = UTF8Encoding.UTF8.GetBytes(Source);
MemoryStream ms = new MemoryStream();
mobjCryptoService.Key = GetLegalKey();
mobjCryptoService.IV = GetLegalIV();
ICryptoTransform encrypto = mobjCryptoService.CreateEncryptor();
CryptoStream cs = new CryptoStream(ms, encrypto, CryptoStreamMode.Write);
cs.Write(bytIn, 0, bytIn.Length);
cs.FlushFinalBlock();
ms.Close();
byte[] bytOut = ms.ToArray();
return Convert.ToBase64String(bytOut);
}
/// <summary>
/// 解密方法
/// </summary>
/// <param name="Source">待解密的串</param>
/// <returns>经过解密的串</returns>
public string Decrypto(string Source)
{
byte[] bytIn = Convert.FromBase64String(Source);
MemoryStream ms = new MemoryStream(bytIn, 0, bytIn.Length);
mobjCryptoService.Key = GetLegalKey();
mobjCryptoService.IV = GetLegalIV();
ICryptoTransform encrypto = mobjCryptoService.CreateDecryptor();
CryptoStream cs = new CryptoStream(ms, encrypto, CryptoStreamMode.Read);
StreamReader sr = new StreamReader(cs);
return sr.ReadToEnd();
}
```

上面的代码中包括加密和解密的代码。这个算法是对称的算法，是可以加密和解密的，也就是说是有可能被破解的算法。

下面来看一段非对称算法中的经典算法——MD5 加密算法的使用代码。

```
using System.Security.Cryptography;
//MD5 不可逆加密
//32 位加密
public string GetMD5_32(string s, string _input_charset)
{
MD5 md5 = new MD5CryptoServiceProvider();
byte[] t = md5.ComputeHash(Encoding.GetEncoding(_input_charset).GetBytes(s));
StringBuilder sb = new StringBuilder(32);
for (int i = 0; i < t.Length; i++)
{
sb.Append(t[i].ToString("x").PadLeft(2, '0'));
}
return sb.ToString();
}
//16 位加密
public static string GetMd5_16(string ConvertString)
{
MD5CryptoServiceProvider md5 = new MD5CryptoServiceProvider();
string t2 = BitConverter.ToString(md5.ComputeHash(UTF8Encoding.Default.GetBytes(ConvertString)), 4, 8);
t2 = t2.Replace("-", "");
```

```
            return t2;
        }
```

这个算法是使用了系统的算法产生的 MD5 的加密，这个加密算法是不可逆的。至少到目前为止还没有被破解过。这样的算法适用于对登录密码的加密。

20.3.1　签名

在日常工作中，有很多文件需要领导审阅、签名和盖章。领导签名盖章变得很麻烦，开始的时候人们通过邮寄、传真等方式来解决，这样的方式在程序中将转变为另外的一种模式，当然不是网络签名这样的方式。本节讨论的是关于程序签名的问题。

在以前的程序中，即 C#出现之前，都是采用 C 或者 C++开发应用程序和供第三方调用的 DLL 程序。在这些程序开发的时候是没有签名存在的，都是通过版本号来判断 DLL 或者程序的更新与版本。这样非常麻烦。

在 C#出现以后，随着出现的是一个叫强名称的概念。那么什么是强名称呢？

强名称是由程序集的标识加上公钥和数字签名组成的。其中，程序集的标识包括简单文本名称、版本号和区域性信息。强名称是使用相应的私钥，通过程序集文件（包括程序集清单的文件，也包含构成该程序集的所有文件的名称和散列）生成的。Microsoft Visual Studio.NET 和在.NET Framework SDK 中提供的其他开发工具能够将强名称分配给一个程序集。强名称相同的程序集是相同的。

.NET 又因为历史原因，在前期开发的时候由于计算机还没有 64 位的处理器，因此虽然.NET 程序编译成 MSIL 中间代码以后，CLR 可以根据所运行的机器的处理器架构生成对应的代码，但是还是有一些 Assembly 模块是依赖于指定平台的。强名称就将程序所依赖的处理器信息也作为其中的一部分。

另外，由于公司需要开发国际化软件产品，一般希望只保留一份代码，然后将代码里面用到的字符串放到其他 Assembly 里面。这个 Assembly 叫作资源 Assembly。在代码 Assembly 使用字符串的时候，只需要指定字符串在资源 Assembly 中对应的标识符即可，在做本地化的时候,软件发布厂商只需要为需要支持的语言添加对应的资源 Assembly 就可以了。比如 mscorlib.dll 里面会扔出很多的异常，为了能为不同国家的.NET 用户显示本地化的异常消息，mscorlib.dll 将所有异常消息都提取到资源 Assembly 里面，因此会看到系统里面安装了 mscorlib.en-us.dll、mscorlib.zh-cn.dll 等。

使用.NET 的 ResourceManager 类可以根据字符串标识符将资源 Assembly 里面对应的字符串和其他资源提取出来，所以强名称就将程序支持的区域信息作为其中的一部分。

签名程序的具体操作如下。

（1）打开"Visual Studio 命令提示"命令行工具。

（2）用 Sn.exe 生成一个 Public/Private Key Pair 文件：Sn -k test.snk。如果不指定大小，它的大小就是 596 B（128B publicKey+32BpublicKey Header+436BPrivateKey）。

（3）添加 [assembly: AssemblyKeyFile(@"test.snk")] 到程序的 AssemblyInfo.cs 中，也可以在 Build Option 中指定（/keyfile:test.snk），再重新生成 test.dll，在 VisualStudio 中还可以用工程属性指定。

（4）Sn -v test.dll 查一下 test.dll 是不是已经是一个强名称的程序了，输出：test.dll is valid，表示成功生成了一个具有 PublicKey 的程序。Sn -T test.dll 可以得到这个 assembly 的 PublickKeyToken。

如果在没有网络的情况下使用签名程序，可以直接在命令行输入"sn"直接回车，这样系统会为我们提供所有参数的帮助。

20.3.2 交换密钥和安全传输

当前计算机发展非常迅速，尤其是互联网的开发。涉及联网的时候就无法避免地要有数据交互，计算机已经完全摆脱了原来单机操作的模式，现在的网络已经发展到一个新的高度。所有的数据都将存储于服务器中，客户端只负责简单的展示功能。这样网络传输将更加重要，连带的网络传输的安全性也要有相应的提高。网络传输也是需要加密处理的。下面来看下关于网络传输数据的加密密钥的知识。

要建立安全传输，首先要在两台计算机之间建立协议。协议在这里是指在安全关联中双方就如何交换与保护信息达成一致的一个协商结果。密钥则是一种用于读取、修改或验证安全数据的机密的代码或数字。密钥与算法结合使用来保护数据。在密钥中有两个使用密钥的阶段或者模式。主模式首先出现并生成共享的主密钥，双方可以使用这个主密钥以安全的方式交换密钥信息。然后建立用于数据完整性或加密的一个或多个会话密钥。在这个过程中，则由快速模式使用主密钥来提供安全保护。在这个协议中双方必须就如何交换与保护信息达成一致，生成和管理用于保护信息的共享机密密钥。

这个过程不仅用于保护计算机之间的通信，还保护请求对公司网络进行安全访问的远程计算机。另外，每当安全网关执行最终目标计算机的协商时都将进行此过程。安全关联定义的 SA 是协商密钥、安全协议与安全参数索引（SPI）的组合。它们定义了用于保护从发送方到接收方通信的安全。SPI 是 SA 中的唯一标识值，用于区分接收端计算机上存在的多个安全关联。一台计算机同时与多台计算机进行安全通信就会存在多个关联的时候。当计算机作为给多个客户端提供服务的文件服务器或远程访问服务器时，就会出现需要多个密钥的情况。在这些情况下接收计算机使用 SPI 来决定使用哪个 SA 处理传入的数据包。

主模式 SA 是为确保通信的成功与安全 IKE 执行两个阶段的操作。在每一阶段过程中通过使用安全协商期间两台计算机达成的加密与身份验证算法，才能确保实现保密与身份验证。通过两个阶段所担负的任务可快速完成密钥创建。在第一阶段期间两台计算机建立一种安全的经过身份验证的通道。这称为主模式 SA。IKE 在此交换期间自动提供所需的标识保护。下列步骤描述了主模式协商的过程。

（1）策略协商。下面几个强制性参数作为主模式 SA 的部分进行协商：加密算法（DES 或 3DES）、哈希算法（MD5 或 SHA1），身份验证方法（Kerberos 或 V5 身份验证协议、证书或预共享密钥身份验证）。

（2）身份验证。计算机试图对 DH 密钥交换进行身份验证时，在没有对 DH 密钥交换进行身份验证通信时，就很容易遭受中间人的攻击。没有成功的身份验证通信就无法继续。主密钥与协商算法和方法配合使用对标识进行身份验证。整个标识负载（包括标识类型、端口和协议）都使用从通信交互中的 DH 交换生成的密钥进行哈希计算和加密。无论使用何种身份验证方法都保护标识负载以防止修改和破解。

（3）快速模式 SA。在快速模式下会以 IP 安全驱动程序的名义对 SA 进行协商。IPSec 计算机将交换下面两个保护数据传输的要求：IPSec 协议完整性和身份验证的哈希算法或加密的算法。如果请求达成，那么通用协议将建立两个 SA。一个 SA 用于入站通信，另一个用于出站通信。刷新或交换会话密钥材料。IKE 刷新密钥材料并生成用于数据包完整性、身份验证与加密（如果已协商）的新共享密钥。如果需要重新加密，则会进行第二次 DH 交换（如主模式协商中所述）或者使用原始 DH 密钥进行刷新。SA、密钥以及 SPI 已传递到 IP 安全驱动程序。安全设置与密钥材料（用于保护数据）的快速模式协商受主模式 SA 保护。

20.4 资源的访问控制

在开发工具越来越庞大的今天，编程已经不像原来的模式了。编程变得更加简单快捷，不再是以前那么神秘，复杂的工作。这样也带来了很多的麻烦。大量的编程人员水平良莠不齐，造成了编程的方向出现了很多偏差。有些人甚至只为编写木马和病毒程序而学习编程。这样为了提高系统的安全性，C#采取了一些必要的办法。

在使用 C#编程时，引入了一种安全机制，称为代码访问安全性。机制可帮助保护计算机系统免受恶意移动代码的侵害，允许来自未知源的代码在实施保护的情况下运行，并帮助防止受信任的代码免受有意或无意安全性折损影响。代码访问安全性使代码可以根据所来自的位置以及代码标识的其他方面获得不同等级的受信任程度。代码访问安全性还对代码强制实施不同的信任级别，从而最大程度地减少必须完全可信方能运行的代码数量。使用代码访问安全性可以降低恶意或有错代码滥用代码的可能性.指定允许代码执行的操作。代码访问安全性还可以最大程度地减少代码安全漏洞所产生的损害。

代码访问安全性主要影响库代码和部分受信任的应用程序。调用类库的开发人员必须防止部分受信任的应用程序在未经授权的情况下访问其代码。部分受信任的应用程序是可以从外部加载应用程序的。

在台式计算机或本地局域网中安装的应用程序完全受信任并可运行。完全受信任的应用程序不会受到代码访问安全性的影响，因为这些应用程序完全受信任。完全受信任应用程序的唯一限制是标记有 SecurityTransparentAttribute 特性的应用程序,其他不受信任的应用程序无法调用标记有 SecurityCriticalAttribute 特性的代码。部分受信任的应用程序必须在沙盒中运行，以确保应用代码访问安全性。

代码访问安全性帮助限制代码对受保护资源和操作的访问权限。在 C#中，代码访问安全性具有以下几个功能。

（1）定义权限和权限集，它们表示访问各种系统资源的权限。

（2）使代码能够要求其调用方拥有特定的权限。

（3）使代码能够要求其调用方拥有数字签名，从而只允许特定组织或特定站点的调用方来调用受保护的代码。

（4）通过将调用堆栈上为每个调用方授予的权限与调用方必须拥有的权限相比较，加强在运行时对代码的限制。

20.5 代码访问安全性

代码访问的安全性在C#中是至关重要的，它决定了程序合作开发的基础。很多程序和操作都是采用第三方的模式完成的，尤其是涉及硬件方面的，大多数都将调用第三方的DLL来完成，这样安全性方面就显得非常重要了。在C#中提供了为提高代码安全性访问的一些操作和限制。下面分别介绍关于C#中代码访问的安全性方面的几种方式。代码访问的安全性大致包括以下三个部分。

20.5.1 声明式安全性

顾名思义，声明式的方式就是采用事先声明的方式表明代码访问的安全性，就是指在使用前要事先声明。下面来看下具体的代码。

```
[MyPermission(SecurityAction.Demand, Unrestricted = true)]
public class MyClass
{
    public MyClass()
    {
        //The constructor is protected by the security call.
    }

    public void MyMethod()
    {
        //This method is protected by the security call.
    }

    public void YourMethod()
    {
        //This method is protected by the security call.
    }
}
```

上面的代码段为声明式语法，主要用于请求代码的调用方拥有名为 MyPermission 的自定义权限。权限是假设的自定义权限，在C#中并不存在。声明式调用直接放在类定义之前，指定将权限应用到类级别，向属性传递一个 SecurityAction.Demand 结构来指定调用方必须拥有权限才能运行。

20.5.2 强制安全性

强制安全性的意思更加明显了，在代码访问的时候将强制执行安全性方案。如果没有具备权限，将拒绝执行调用。下面来看下强制安全性的代码过程。

```
public class MyClass {
    public MyClass(){
```

```
    }
    public void MyMethod() {
        //强制代码权限
        MyPermission Perm = new MyPermission();
        Perm.Demand();
        //受保护的方法
    }
    public void YourMethod() {
        //受保护的方法
    }
}
```

上面的代码段中，请求代码的代码调用方拥有名为 MyPermission 的自定义权限，所用的为强制性语法。权限是假设的自定义权限，实际在 C#中并不存在，需要自行编写。在 MyMethod 中创建 MyPermision 的一个新实例，使用安全性调用仅保护这一个方法。

20.5.3 请求权限

请求权限在所有访问安全性中是最为复杂的一个，当然也是使用最为方便的一个。这个模式的访问安全性是根据请求的不同方式来判断处理的。不同的请求方式带来不同的权限和对应的访问范围。

如果应用程序在不使用独立存储的情况下向本地硬盘进行写入数据，那么应用程序必须拥有 FileIOPermission 权限。如果代码不请求 FileIOPermission 权限，并且本地安全设置不允许应用程序拥有这个权限，那么就会在应用程序尝试向磁盘写入时引发安全性异常。即使应用程序能够处理此异常，也不会允许它向磁盘写入。另外，如果应用程序请求 FileIOPermission 并且它是受信任的应用程序，那么管理员可以调整安全策略来允许它从远程共享执行。下面来看下代码访问安全权限中的几个类型。

（1）最小权限（RequestMinimum）：代码要运行必须拥有的权限。

（2）可选的权限（RequestOptional）：代码可以使用的权限，但在没有这些权限时代码仍可有效运行。此请求隐式拒绝未明确请求的所有其他权限。

（3）拒绝的权限（RequestRefuse）：要确保永远不授予代码的权限（即使安全策略允许将它们授予代码）。

（4）对内置权限集执行上述任何请求（请求内置权限集），内置的权限集包括：Nothing、Execution、FullTrust、Internet、LocalIntranet 和 SkipVerification。

小结

本章讲解了关于 C#在 Windows 编程的安全性方面的问题。这些问题在今后的编程当中不会像使用其他资源那样经常用到，但是安全性的问题还是至关重要的，尤其是在涉及 Windows 编程中的域编程方面，在大型的应用程序中会使用得非常广泛，希望读者多多练习掌握。